600MW火力发电机组技

电气运行技术问答

谷振宇 董银怀 闵聿华 等 编著

中国电力出版社
CHINA ELECTRIC POWER PRESS

内容提要

《600MW火力发电机组技术问答丛书》共分为《锅炉运行技术问答》《汽轮机运行技术问答》、《电气运行技术问答》、《热工控制技术问答》等分册。

本书为《电气运行技术问答》分册，采用简明扼要的问答形式介绍电气运行的知识要点，以方便读者的理解和掌握，具体内容包括电工基础、旋转电机、变压器、高压电器、低压电器、过电压保护及接地技术、继电保护、电测仪表、蓄电池通信和远动、安全和节约用电、直流及UPS系统、智能电网技术等。本书着重解答大机组电气运行中遇到的实际问题，从而使读者达到学以致用的目的。

本书主要作为从事600MW级亚临界、超临界、超超临界机组生产一线电气运行、维护、管理人员的技能培训读本，也可作为大机组电气专业技术人员的生产技能指导参考书和具有大中专以上文化程度的专业电力生产人员的培训教材。

图书在版编目(CIP)数据

电气运行技术问答/谷振宇等编著. —北京：中国电力出版社，2013.3（2022.8重印）
（600MW火力发电机组技术问答丛书）
ISBN 978-7-5123-3778-7

Ⅰ.①电… Ⅱ.①谷… Ⅲ.①电力系统运行-问题解答
Ⅳ.①TM732-44

中国版本图书馆CIP数据核字（2012）第279865号

中国电力出版社出版、发行
（北京市东城区北京站西街19号 100005 http://www.cepp.sgcc.com.cn）
北京雁林吉兆印刷有限公司印刷
各地新华书店经售

*

2013年3月第一版　2022年8月北京第三次印刷
850毫米×1168毫米 32开本 14.75印张 328千字
印数4501—5300册　定价 **40.00** 元

版 权 专 有　侵 权 必 究

本书如有印装质量问题，我社营销中心负责退换

前 言

超临界、超超临界发电技术是目前广泛应用的一种成熟、先进、高效的发电技术，可以大幅提高机组的热效率。自20世纪80年代起，我国陆续投建了大批的大容量600MW级及以上的超（超）临界机组。目前600MW级火力发电机组已成为我国电力系统的主力机组，对优化电网结构和节能减排起到了关键的作用。随着发电机组单机容量的不断增大，对机组运行可靠性的要求也越来越高，由此对电厂的运行、管理等技术人员提出了更高的要求。为了满足大型发电厂运行人员学习专业知识、掌握机组运行技能的专业需要，特组织生产一线的有关专家历时两年多编写了一套《600MW火力发电机组技术问答丛书》，分《锅炉运行技术问答》、《汽轮机运行技术问答》、《电气运行技术问答》、《热工控制技术问答》等分册。

本丛书以600MW级火力发电机组为介绍对象，以做好基层发电企业运行培训、提高运行人员技术水平为主要目的，采取简洁明了的问答形式，将大型机组新设备的原理结构知识、机组的正常运行、运行中的监视与调整、异常运行分析、事故处理等关键知识点进行了总结归纳，便于读者有针对性地掌握知识要点，解决实际生产中的问题。

本书为《电气运行技术问答》分册，通过总结多年来大机组电气运行的实践经验，根据电气运行的理论知识，将电气运行中诸多实际生产知识贯穿其中，实现理论与实际的紧密结合。力求满足当前大型发电厂集控运行人员学习和掌握电气运行技能的迫切需求。

本书由鹤壁电厂高级工程师谷振宇编写，定州电厂董银怀工程师及华电集团闵聿华参与编写，华能石洞口第二电厂高级工程师杨茂生审阅书稿并提出了完善意见。在编写过程中，得到张海涛高级工程师、刘家深高级工程师、倪志英高级工程师的大力支持，谨此致谢。

限于编者的水平，本书疏漏之处在所难免，恳请广大读者提出宝贵意见，以便今后修订，提高质量。

编　者

2012 年 11 月

目 录

前言

第一章 电工基础 …………………………………… 1

1-1 什么是正弦交流电？为什么普遍采用正弦交流电？ …………………………………… 2

1-2 什么是交流电的周期、频率和角频率？ ……… 2

1-3 什么是交流电的相位、初相角和相位差？ …… 2

1-4 简述感抗、容抗的意义。 ……………………… 3

1-5 交流电的有功功率、无功功率和视在功率的定义是什么？ ………………………………… 3

1-6 什么是交流电谐振？ …………………………… 4

1-7 什么是并联谐振？ ……………………………… 4

1-8 什么是串联谐振？ ……………………………… 4

1-9 涡流是怎样产生的？什么叫涡流损耗？ ……… 5

1-10 什么叫过渡过程？产生过渡过程的原因是什么？ …………………………………… 5

1-11 什么是叠加原理？ ……………………………… 5

1-12 什么是电磁感应？ ……………………………… 5

1-13 如何判断感应电动势的方向？ ………………… 6

1-14 什么是自感现象和互感现象？ ………………… 6

1-15 采用三相发、供电设备有什么优点？ ………… 6

1-16 为什么三相电动机的电源可以用三相三线制，而照明电源必须用三相四线制？ ……… 6

1-17 什么是交流电的有效值？ ……………………… 6

1-18 什么叫集肤效应？ ……………………………… 7

1

1-19	什么是沿面放电？	7
1-20	什么是尖端放电？	7
1-21	什么是微分电路和积分电路？	7
1-22	滤波电路有什么作用？	7
1-23	半波整流电路是根据什么原理工作的？有何特点？	8
1-24	全波整流电路的工作原理是怎样的？有何特点？	8
1-25	如何用晶闸管实现可控整流？	8
1-26	三相全波整流器的电源回路有时发生直流母线电压显著下降的情况是什么原因？	8
1-27	在整流电路输出端为什么要并联一个电容？	9
1-28	为什么要采用安全色？设备的安全色是如何规定的？	9
1-29	什么是电气一次设备和一次回路？	9
1-30	什么是电气二次设备和二次回路？	9

第二章 旋转电机 ········ 11

第一节 发电机及励磁系统 ········ 12

2-1	发电机定子、转子主要由哪些部分组成？	12
2-2	简述同步发电机的运行原理。	12
2-3	同步发电机的定子旋转磁场有何特点？	12
2-4	发电机定子绕组为什么不采用三角形接法？	12
2-5	什么叫同步发电机电枢反应？	13
2-6	发电机的损耗分为哪几类？	13
2-7	同步发电机的基本运行特性有哪些？	13
2-8	同步发电机和系统并列应满足哪些条件？	13
2-9	发电机防虹吸管的作用？	13
2-10	《防止电力生产重大事故的二十五项重点要求》(国电发〔2000〕589号)中，关于水内冷	

	发电机的绕组温度是如何规定的？	14
2-11	什么是发电机的调整特性？	14
2-12	发电机冷却介质的置换为什么要用 CO_2 做中间气体？	14
2-13	发电机气体置换合格的标准是什么？	14
2-14	发电机运行特性曲线（P-Q 曲线）的四个限制条件是什么？	15
2-15	对发电机内氢气品质的要求是什么？	15
2-16	大型发电机的定期分析内容有哪些？	15
2-17	什么是发电机漏氢率？	15
2-18	提高发电机的功率因数对发电机的运行有什么影响？	15
2-19	发电机入口风温为什么规定上下限？	16
2-20	发电机短路试验的目的何在？短路试验的条件是什么？	16
2-21	如何防止发电机绝缘过冷却？	16
2-22	励磁调节器运行时，手动调整发电机无功负荷时应注意什么？	16
2-23	发电机进相运行受哪些因素限制？	17
2-24	运行中在发电机集电环上工作应注意哪些事项？	17
2-25	水冷发电机在运行中要注意什么？	17
2-26	为什么发电机要装设转子接地保护？	18
2-27	一般发电机内定子冷却水系统泄漏有哪几种情况？	18
2-28	发电机过热的原因是什么？	18
2-29	发电机在运行中功率因数降低有什么影响？	19
2-30	短路对发电机有什么危害？	19
2-31	发电机定子绕组单相接地对发电机有何危险？	19
2-32	如何根据发电机的吸收比判断绝缘受潮情况？	19

2-33 发电机启动升压时为何要监视转子电流、定子电压和定子电流？ ………………………… 20
2-34 发电机漏氢的薄弱环节有哪些？ ……………… 20
2-35 氢冷发电机漏氢有哪几种表现形式？哪种最危险？ ……………………………………… 20
2-36 什么叫同步发电机的同步振荡和异步振荡？ …… 20
2-37 发电机常发生哪些故障和不正常状态？ ……… 21
2-38 运行中，定子铁芯个别点温度突然升高时应如何处理？ ……………………………… 21
2-39 发电机电压达不到额定值有什么原因？ ……… 21
2-40 氢冷发电机在运行中氢压降低是什么原因引起的？ ………………………………………… 22
2-41 运行中如何防止发电机集电环冒火？ ………… 22
2-42 为何要在集电环表面上铣出沟槽？ …………… 23
2-43 运行中，对集电环应定期检查哪些项目？ …… 23
2-44 为什么发电机定子铁芯采用硅钢片叠成？ …… 23
2-45 为什么发电机转子可采用整块钢来锻成？ …… 23
2-46 大型发电机解决发电机端部发热问题的方法有哪些？ ……………………………… 24
2-47 发电机过负荷运行应注意什么？ ……………… 24
2-48 运行中引起发电机振动突然增大的原因有哪些？ ………………………………………… 24
2-49 发电机定子线棒或导水管漏水有何现象？如何处理？ ……………………………… 25
2-50 发电机断水时应如何处理？ …………………… 25
2-51 运行中励磁机整流子发黑的原因是什么？ …… 25
2-52 简述发电机电压互感器回路断线的现象和处理方法。 ……………………………… 26
2-53 发电机启动前运行人员应进行哪些试验？ …… 27
2-54 发电机启动前，对碳刷和集电环应进行哪

	些检查？………………………………………	27
2-55	综合分析氢冷发电机、励磁机着火及 氢气爆炸的特征、原因及处理方法。………	28
2-56	氢冷发电机内大量进油有哪些危害？ 怎样处理？………………………………………	28
2-57	发电机应装设哪些类型的保护装置？ 有何作用？………………………………………	29
2-58	发电机甩负荷有什么后果？…………………	30
2-59	机组正常运行时，若发生发电机失磁 故障，应如何处理？…………………………	30
2-60	发电机非全相运行的处理步骤是什么？……	31
2-61	对于主变压器为 YNd11 接线的发电 机—变压器组系统，发电机非全相 运行有什么现象？……………………………	32
2-62	发电机低励、过励、过励磁限制的 作用是什么？…………………………………	32
2-63	防止励磁系统故障引起发电机损坏的 要求是什么？…………………………………	33
2-64	发电机启动前应进行哪些检查工作？………	33
2-65	发电机电流互感器二次回路断线的故 障现象及处理措施是什么？…………………	34
2-66	简述发电机逆功率现象及处理措施， 逆功率与程跳逆功率的区别。………………	35
2-67	发电机并网后怎样接带负荷？………………	36
2-68	为什么发电机在并网后，电压一般 会有些降低？…………………………………	36
2-69	频率过高或过低对发电机有何影响？………	37
2-70	如何区分系统发生的振荡属同步振荡 还是异步振荡？………………………………	37
2-71	为什么提高氢冷发电机的氢气压力可	

5

	以提高发电机效率？ ……………………………… 37
2-72	发电机的同期装置在使用时一般应注意哪些事项？ …………………………… 38
2-73	发电机误上电保护何时投切？ …………… 38
2-74	不对称运行对汽轮发电机有哪些危害？ … 38
2-75	电力系统发生振荡时会出现哪些现象？ … 39
2-76	发电机振荡应如何处理？ ………………… 39
2-77	发电机仪表指示不正常，应如何分析和处理？ …… 40
2-78	发电机温度异常升高如何处理？ ………… 41
2-79	如何对电压降低的事故进行处理？ ……… 41
2-80	发电机假同期试验的目的是什么？ ……… 42
2-81	试述非同期并列可能产生的后果及防止非同期并列事故应采取的技术和组织措施。 …… 42
2-82	试述准同期并列法。 ……………………… 43
2-83	发电机—变压器组接线方式，发电机大修应做哪些安全措施？ …………………… 43
2-84	发电机—变压器组保护动作跳闸，应如何处理？ ……………………………… 44
2-85	发电机必须满足哪些条件才允许进相运行？ …… 45
2-86	发电机运行中两侧汇流管屏蔽线为什么要接地？不接地行吗？测发电机绝缘时为什么屏蔽线要接绝缘电阻表屏蔽端？ …… 45
2-87	发电机大轴接地电刷有什么用途？ ……… 46
2-88	为什么电压变动调无功负荷？ …………… 46
2-89	发电机失磁后为什么必须采用瞬停方法切换厂用电？ ……………………………… 47
2-90	端电压高了或低了对发电机本身有什么影响？ …… 47
2-91	发电机转子绕组匝间短路有哪些危害？ … 47
2-92	发电机转子绕组匝间短路的原因有哪些？ … 47
2-93	发电机转子绕出现匝间短路如何处理？ … 48

2-94	发电机转子绕组发生一点接地可以继续运行吗？	48
2-95	发电机运行中在什么情况下立即停机处理？	49
2-96	600MW发电机中性点采用何种方式接地？有什么优缺点？	49
2-97	发电机在运行中功率因数过低有什么影响？	49
2-98	大容量发电机为什么要采用100％定子接地保护？	50
2-99	发电机为什么要装设负序电流保护？	50
2-100	什么是发电机安全运行极限？	50
2-101	什么是发电机的空载特性？	51
2-102	什么是发电机的短路特性？	51
2-103	什么是发电机的负载特性？	51
2-104	什么是发电机的外特性？	51
2-105	什么是发电机的调整特性？	51
2-106	什么是发电机的功角特性？	51
2-107	什么是发电机不对称运行？	51
2-108	定子铁芯采用何种通风方式？采用氢气作为冷却介质有何优点（与空气作比较）？	52
2-109	试述发电机异步运行时的特点。	52
2-110	汽轮发电机为什么需要冷却？	52
2-111	发电机与主变压器的连接采用什么母线及其优缺点？	53
2-112	带发电机出口断路器（GCB）的接线方式与不带发电机出口断路器的接线方式相比有何优点？	53
2-113	哪些情况可能造成发电机过励磁？哪些情况可能造成变压器过励磁？	54
2-114	发电机逆功率运行但逆功率保护未动作如何处理？	55

7

2-115	发电机为何要装设逆功率保护？	55
2-116	发电机失步与系统短路故障两种情况下，机端测量阻抗的变化规律有什么不同？	55
2-117	什么是发电机的轴电压及轴电流？	55
2-118	发电机的轴电流的危害有哪些？	56
2-119	防止发电机轴电流的措施有哪些？	56
2-120	为什么大容量发电机应采用负序反时限过流保护？	56
2-121	电力系统有功功率不平衡会引起什么问题？怎样处理？	57
2-122	大型发电机定子接地保护应满足哪几个基本要求？	57
2-123	发电机自动励磁调节系统的基本要求是什么？	57
2-124	励磁系统的电流经整流装置整流后的优点是什么？	57
2-125	发电机励磁回路中的灭磁电阻起何作用？	58
2-126	为什么同步发电机励磁回路的灭磁开关不能装设动作迅速的断路器？	58
2-127	励磁系统的主要作用有哪些？	58
2-128	发电机获得励磁电流有哪几种方式？	58
2-129	发电机为什么实行强行励磁（简称强励）？强励时间受哪些因素限制？强励动作后不返回有哪些危害？应怎样处理？	59
2-130	何谓强励顶值电压倍数？	59
2-131	何谓励磁电压上升速度？	59
2-132	试分析引起转子励磁绕组绝缘电阻过低或接地的常见原因有哪些？	60
2-133	励磁系统故障对电力系统有什么影响？	60
2-134	励磁系统故障对发电机有什么影响？	61

2-135	什么是无励磁机的励磁方式？	61
2-136	什么是发电机电压的调节？	62
2-137	什么是发电机无功功率的调节？	62
2-138	自动电压调节器的调节范围是多少？	62
2-139	励磁系统必须满足哪些要求？	62
2-140	什么是发电机静止励磁系统？其主要组成有哪几部分？	62
2-141	自并励静止励磁系统的主要优点有哪些？	63
2-142	自并励静止励磁系统的主要缺点是什么？	63
2-143	过励磁限制的作用是什么？	63
2-144	欠励限制的功能是什么？	63
2-145	什么是电力系统稳定器(PSS)？	64
2-146	简述大型发电机组加装电力系统稳定器(PSS)的作用。	64
2-147	双通道励磁调节器通道控制方式如何实现自动/手动的切换？	64
2-148	双通道励磁调节系统如何实现通道的切换？	65
2-149	励磁机的正负极性反了对发电机的运行有没有影响？什么情况下，励磁机的极性可以变反？	65
2-150	简述发电机灭磁开关的作用。	66
2-151	运行中，整流柜应进行哪些检查？	66
2-152	PSS的运行有哪些规定？	67
2-153	AVC装置的功能是什么，运行中有哪些限制条件？	67
2-154	AVC装置的使用规定有哪些？	68
2-155	什么是发电机空载特性试验？	68
2-156	什么是同步发电机的三相稳态短路特性试验？	68
2-157	简述发电机定子三相电流不平衡时的运	

	行处理。……	68
2-158	简述发电机出口 TV 电压回路断线时的运行处理。……	69
2-159	发电机运行参数指示失常时如何处理？……	70
2-160	发电机转子一点接地时如何处理？……	71
2-161	发电机失磁后有何现象？……	71
2-162	发电机升不起电压时运行人员如何处理？……	72
2-163	造成发电机失步及电力系统振荡的可能原因有哪些？……	72
2-164	发电机运行中发生系统振荡时，由于振荡中心位置的不同，振荡分别呈现何种特点？……	73
2-165	发电机运行中发生系统振荡时，集控值班人员应按什么原则处理？……	73
2-166	发电机非全相运行的现象有哪些？……	74
2-167	发电机非全相运行后，当保护拒动时如何处理？……	74
2-168	氢冷发电机着火和氢气系统爆炸后如何处理？……	75
2-169	发电机非同期并列如何处理？……	76
2-170	发电机—变压器组保护动作跳闸后的运行处理原则是什么？……	76
2-171	发电机—变压器变组保护异常的处理原则是什么？……	77
2-172	600MW 汽轮发电机经大、小修或较长时间备用后，启动前应做哪些试验？……	78
2-173	汽轮发电机经检修后或较长时间备用后，启动前必须由检修人员测量发电机定子回路、励磁回路及发电机轴承等发电机各部分的绝缘，绝缘数据有何规定？……	79

2-174	汽轮发电机励磁系统经大、小修后或较长时间备用后，必须确认哪些电气试验并检查合格？	80
2-175	汽轮发电机主变压器、各高压厂用变压器、各高压备用变压器、励磁变压器及各厂用变压器经大、小修后或较长时间备用后，启动前应进行哪些检查？	81
2-176	何谓发电机进相运行？发电机进相运行时应注意什么？为什么？	82
2-177	发电机中性点一般有哪几种接地方式？各有什么特点？	82
2-178	发电机失磁对系统有何影响？	83
2-179	发电机失磁对发电机本身有何影响？	84
2-180	发电机定子绕组中的负序电流对发电机有什么危害？	85
2-181	试述发电机励磁回路接地故障有什么危害？	85
第二节	电动机及变频调速	86
2-182	电动机的设备规范一般应包括哪些？	86
2-183	对三相感应电动机铭牌中的额定功率如何理解？	86
2-184	电机中使用的绝缘材料分哪几个等级？各级绝缘的最高允许工作温度是多少？	86
2-185	发电厂中有些地方为什么用直流电动机？	86
2-186	电动机的启动间隔有何规定？	87
2-187	什么叫电动机自启动？	87
2-188	三相异步电动机有哪几种启动方法？	87
2-189	直流电动机常用的启动方法有哪些？	87
2-190	同步电动机为什么要采用异步启动法？	87
2-191	电动机检修后试运转应具备什么条件方可进行？	88

2-192	为什么要加强对电动机温升变化的监视？	88
2-193	电动机绝缘低的可能原因有哪些？	88
2-194	异步电动机空载电流出现不平衡是由哪些原因造成的？	88
2-195	电动机启动困难或达不到正常转速是什么原因？	88
2-196	电动机空载运行正常，加负载后转速降低或停转是什么原因？	89
2-197	绕线式电动机电刷冒火或集电环发热是什么原因？	89
2-198	电动机在运行中产生异常声是什么原因？	89
2-199	电动机温度过高是什么原因？	89
2-200	电动机温度高应怎样处理？	90
2-201	三相电源缺相对异步电动机启动和运行有何危害？	90
2-202	异步电动机的气隙过大或过小对电机运行有何影响？	90
2-203	电动机接通电源后电动机不转，并发出"嗡嗡"声，而且熔丝爆断或开关跳闸是什么原因？	90
2-204	异步电动机在运行中，电流不稳、电流表指针摆动如何处理？	90
2-205	电动机振动可能有哪些原因？	91
2-206	三相异步电动机发热的原因有哪些？	91
2-207	电动机发生着火时应如何处理？	91
2-208	试述电动机运行维护工作的内容。	91
2-209	启动电动机时应注意什么？	92
2-210	保证电动机启动并升到额定转速的条件是什么？	93
2-211	检修高压电动机和启动装置时，应做好	

	哪些安全措施？	93
2-212	试述运行中对电动机监视的技术要求有哪些？	93
2-213	电动机在电源切换过程中，冲击电流与什么有关？	94
2-214	电动机常见机械故障有哪些？	94
2-215	异步电动机常见电气故障有哪些？	95
2-216	直流电动机常见电气故障有哪些？	95
2-217	三相感应电动机如何调速？	95
2-218	感应电动机变极调速的原理是什么？	96
2-219	三相异步电动机为什么能采用变频调速？在调压过程中，为什么要保持 U 与 f 比值恒定？普通交流电动机变频调速系统的变频电源主要由哪几部分组成？	96
2-220	三相交流异步电动机选用改变频率的调速方法有何优点？	96
2-221	采用变频器运转时，电动机的启动电流、启动转矩怎样？	97
2-222	感应电动机常用的转差调速方法有哪些？有何特点？	97
2-223	直流电动机有哪几种调速方法，各有什么特点？	97
2-224	运行中电动辅机跳闸处理原则有哪些？	98
2-225	简述感应电动机的工作原理。	98
2-226	简述直流电动机的构造和工作原理。	98
2-227	同步电动机的工作原理与异步电动机的有何不同？	99
2-228	直流电动机的励磁方式有哪几种？	99
2-229	感应电动机启动电流大为什么启动力矩并不大？	99

2-230	感应电动机启动时为什么电流大？而启动后电流会变小？	100
2-231	电动机启动电流大有无危险？为什么有的感应电动机需用启动设备？	100
2-232	电动机三相绕组一相首尾接反，启动时有什么现象？怎样查找？	101
2-233	感应电动机定子绕组一相断线为什么启动不起来？	102
2-234	鼠笼式感应电动机运行中转子断条有什么异常现象？	102
2-235	感应电动机定子绕组运行中单相接地有哪些异常现象？	102
2-236	频率变动对感应电动机运行有什么影响？	102
2-237	电动机在什么情况下会过电压？	103
2-238	电压变动对感应电动机的运行有什么影响？	103
2-239	规程规定电动机的运行电压可以偏离额定值−5%或+10%而不改变其额定出力，为什么电压偏高的允许范围较大？	105
2-240	电动机低电压保护起什么作用？	106
2-241	感应电动机启动不起来可能是什么原因？	106
2-242	鼠笼式感应电动机运行时转子断条对其有什么影响？	106
2-243	运行中的电动机遇到哪些情况时应立即停止运行？	106
2-244	运行中的电动机，声音发生突然变化，电流表所指示的电流值上升或低至零，其可能原因有哪些？	107
2-245	电动机启动时，合闸后发生什么情况时必须停止其运行？	107
2-246	电动机正常运行中的检查项目有哪些？	108

14

2-247	怎样改变三相电动机的旋转方向？	108
2-248	电动机轴承温度有什么规定？	108
2-249	电动机绝缘电阻值是怎样规定的？	108
2-250	运行的电动机有什么规定和注意事项？	109
2-251	在什么情况下可先启动备用电动机，然后停止故障电动机？	109
2-252	什么原因会造成三相异步电动机的单相运行？单相运行时现象如何？	110
2-253	高压厂用电动机综合保护具有哪些功能？	110
2-254	高压厂用电动机一般装设有哪些保护？保护是如何配置的？	110
2-255	低压厂用电动机一般装设有哪些保护？	111
2-256	电动机送电前应检查哪些项目？	111
2-257	熔断器能否作为异步电动机的过载保护？	112
2-258	电动机允许启动次数有何要求？	112
2-259	电动机启动时，断路器跳闸如何处理？	113
2-260	电动机启动时，熔断器熔断如何处理？	113
2-261	电动机启动时，将开关合闸后，电动机不能转动而发出响声，或者不能达到正常的转速，可能是什么原因？	113
2-262	运行中的电动机，定子电流发生周期性的摆动，可能是什么原因？	113
2-263	感应式电动机的振动和噪声是什么原因引起的？	114
2-264	电动机运行中轴承振动有何规定？	115
2-265	直流电动机励磁回路并接电阻有什么作用？	115
2-266	异步电动机中"异步"的含义是什么？	115
2-267	什么叫异步电动机的转差率？	115
2-268	异步电动机空载电流的大小与什么因素有关？	115
2-269	什么原因会造成异步电动机空载电流过大？	115

2-270 电动机超载运行会发生什么后果? ……………………… 116
2-271 异步电动机的最大转矩与什么因素有关? …………… 116
2-272 什么叫电动机的电腐蚀? ………………………………… 116
2-273 直流电动机是否允许低速运行? ………………………… 116
2-274 启动电动机时应注意什么问题? ………………………… 116
2-275 直流电动机不能正常启动的原因有哪些? ……………… 117
2-276 为什么异步电动机在拉闸时会产生过电压? …………… 117
2-277 造成电动机单相接地的原因是什么? …………………… 117
2-278 电动机合不上闸的原因有哪些? ………………………… 117
2-279 电动机的额定电流有何规定? …………………………… 118
2-280 电动机启动时应注意什么? ……………………………… 118
2-281 电动机停不下来怎么办? ………………………………… 118
2-282 厂用电动机做动平衡时,启动时间间隔是
      如何规定的? ……………………………………………… 118
2-283 直流电动机的检查项目有哪些? ………………………… 118
2-284 电动机的定子绕组短路有什么现象和后果? …………… 119
2-285 电动机外壳带电的原因是什么? ………………………… 119
2-286 电动机检修后的验收标准是什么? ……………………… 119
2-287 什么是变频器? …………………………………………… 120

第三章 变压器 …………………………………………………… 121

3-1 变压器的储油柜起什么作用? ……………………………… 122
3-2 什么是变压器分级绝缘? …………………………………… 122
3-3 什么是变压器的铜损和铁损? ……………………………… 122
3-4 什么是变压器的负荷能力? ………………………………… 122
3-5 变压器的温度和温升有什么区别? ………………………… 122
3-6 影响变压器油温变化的因素有哪些? ……………………… 122
3-7 分裂变压器有何特点? ……………………………………… 123
3-8 变压器有哪些接地点?各接地点起什么作用? …………… 123
3-9 干式变压器的正常检查维护内容有哪些? ………………… 123
3-10 发电机并、解列前为什么必须投主变压器

	中性点接地开关？ ···	124
3-11	变压器运行中应做哪些检查？ ························	124
3-12	对变压器检查的特殊项目有哪些？ ····················	124
3-13	采用分级绝缘的主变压器运行中应注意什么？ ······	125
3-14	强迫油循环变压器停了油泵为什么不准继续运行？ ··	125
3-15	主变压器分接开关由3挡调至4挡，对发电机的无功有什么影响？ ··	125
3-16	变压器着火如何处理？ ··································	125
3-17	变压器上层油温显著升高时如何处理？ ·············	126
3-18	变压器油色不正常时，应如何处理？ ················	126
3-19	运行电压超过或低于额定电压值时，对变压器有什么影响？ ···	126
3-20	变压器油面变化或出现假油面的原因是什么？ ······	126
3-21	运行中变压器冷却装置电源突然消失如何处理？ ···	127
3-22	轻瓦斯保护动作原因是什么？ ························	127
3-23	在什么情况下需将运行中的变压器差动保护停用？ ···	127
3-24	变压器反充电有什么危害？ ···························	127
3-25	变压器二次侧突然短路对变压器有什么危害？ ·····	128
3-26	变压器的过励磁可能产生什么后果？如何避免？ ···	128
3-27	变压器运行中，发生哪些现象，可以投入备用变压器后，将该变压器停运处理？ ·······················	128
3-28	变压器差动保护动作时应如何处理？ ················	129
3-29	变压器重瓦斯保护动作后应如何处理？ ·············	129
3-30	什么是变压器老化的6℃原则？ ·······················	130
3-31	变压器油老化的危害是什么？主要原因是什么？ ···	130
3-32	变压器压力释放阀的作用是什么？ ···················	130
3-33	变压器中性点接地开关的分合有什么规定？ ········	130
3-34	通过变压器的短路试验，可以发现哪些缺陷？ ·····	130

17

3-35 什么是主变压器非电量保护？有哪些？ …… 130
3-36 变压器并联运行应满足哪些要求？若不满足这些要求会出现什么后果？ …… 131
3-37 如何根据变压器的温度及温升判断变压器运行工况？ …… 131
3-38 有载调压变压器与无载调器压变压器各有何优缺点？ …… 132
3-39 对变压器绕组绝缘电阻测量时应注意什么？如何判断变压器绝缘的好坏？ …… 132
3-40 新安装或大修后的有载调压变压器在投入运行前，运行人员对有载调压装置应检查哪些项目？ …… 133
3-41 变压器中性点的接地方式有几种？中性点套管头上平时是否有电压？ …… 133
3-42 变压器的外加电压有何规定？ …… 134
3-43 运行中的变压器铁芯为什么会有"嗡嗡"响声？怎样判断异音？ …… 135
3-44 变压器停送电操作时，其中性点为什么一定要接地？ …… 136
3-45 油浸变压器试运行前的检查项目有哪些？ …… 137
3-46 什么是变压器过负荷能力？为什么在一定的条件下允许变压器过负荷？原则是什么？ …… 138
3-47 变压器过负荷应如何处理？ …… 138
3-48 变压器在什么情况下必须立即停止运行？ …… 139
3-49 何谓变压器的压力保护？ …… 139
3-50 变压器自动跳闸应如何处理？ …… 140
3-51 变压器油位不正常时如何处理？ …… 140
3-52 变压器油色谱分析的原理是什么？ …… 141
3-53 变压器的铁芯为什么要接地？ …… 141
3-54 变压器的冷却方式有哪几种？ …… 141

3-55 变压器并列运行应遵守什么原则？ ………… 142
3-56 哪些原因使变压器缺油？缺油对运行有
什么危害？ …………………………………… 142
3-57 变压器出现强烈而不均匀的噪声且振动
很大，该怎样处理？ ………………………… 142
3-58 主变压器差动与瓦斯保护的作用有哪些
区别？如变压器内部故障时两种保护是
否都能反映出来？ …………………………… 143
3-59 变压器合闸时为什么有励磁涌流？ ………… 143
3-60 对变压器绝缘电阻值有哪些规定？测量
时应注意什么？ ……………………………… 144
3-61 新装或大修后的主变压器投入前，为什
么要求做全电压冲击试验？冲击几次？ …… 144
3-62 过电压是怎样产生的？它对变压器有什
么影响？ ……………………………………… 145
3-63 过电流是怎样产生的？它对变压器有什
么影响？ ……………………………………… 145
3-64 变压器的铁芯、绕组各有什么用途？ ……… 146
3-65 什么叫变压器的接线组别？ ………………… 146
3-66 变压器运行中铁芯局部发热有什么现象？ … 146
3-67 变压器有何作用？其工作原理是什么？ …… 147
3-68 变压器瓦斯保护的使用有哪些规定？ ……… 147
3-69 主变压器中性点运行方式改变时，对保
护有何要求，为什么在装有接地开关的
同时安装放电间隙？ ………………………… 148
3-70 简述主变压器油流量表计的用途。 ………… 149
3-71 变压器瓦斯保护动作跳闸的原因有哪些？ … 149
3-72 主变压器差动保护或重瓦斯保护动作跳
哪些开关？ …………………………………… 149
3-73 新安装或二次回路经变动后，变压器差

19

	动保护需做哪些工作后方可正式投运？	149
3-74	变压器的零序保护在什么情况下投入运行？	149
3-75	变压器可能出现哪些故障和不正常运行状态？	150
3-76	什么是变压器的额定电流、空载电流、额定电压、短路电压？	150
3-77	变压器投运的操作规定有哪些？	150
3-78	遇有哪些情况，需经定相并出具报告后，方可正式投运变压器？	151
3-79	使用变压器有何意义？	151
3-80	变压器如何分类？	151
3-81	变压器呼吸器有什么作用？	152
3-82	变压器呼吸器巡检有什么注意事项？	152
3-83	变压器冷却器潜油泵以及油流继电器有什么作用，有何注意事项？	152
3-84	变压器套管油位过低有什么危害？	153
3-85	主变压器冷却器切换试验有何作用？	153
3-86	主变压器冷却器电源切换试验有何注意事项？	153
3-87	变压器空载试验有什么目的？	153
3-88	变压器是由哪些部分组成的？	154
3-89	变压器油有什么用处？	154
3-90	什么是自耦变压器？	154
3-91	自耦变压器与普通变压器有何不同？	154
3-92	自耦变压器在运行中应注意什么问题？	154
3-93	如何保证变压器有一个额定的电压输出？	155
3-94	调压器是怎样调压的？	156
3-95	什么是变压器的极性？在使用中有何作用？	156
3-96	变压器瓷套管表面脏污或出现裂纹有何危害？	156
3-97	变压器空载运行时为什么接地检漏装置有时会动作？当带负荷后就恢复正常，为什么？	157
3-98	变压器套管闪络的原因有哪些？	157

3-99	对变压器有载分接开关的操作具体规定有哪些？	157
3-100	变压器的有载调压装置动作失灵是什么原因造成的？	158
3-101	试分析三绕组降压变压器高、中压侧运行，低压侧开路时的危害及应采取的措施。	158
3-102	三绕组变压器停一侧，其他侧能否继续运行？	159
3-103	变压器在什么情况下应进行核相？不核相并列可能有什么后果？	159
3-104	变压器核相的方法有哪些？	159
3-105	变压器中性点在什么情况下应装设保护装置？	160
3-106	变压器气体继电器的巡视项目有哪些？	161
3-107	气体继电器的作用是什么？如何根据气体的颜色来判断故障？	161
3-108	变压器内部故障类型与其运行油中气体含量有什么关系？	161
3-109	大容量变压器本体一般有哪些监测和保护装置？	162
3-110	引起呼吸器硅胶变色的原因主要有哪些？	162
3-111	为什么变压器上层油温不宜经常超过85℃？	163
3-112	为什么将变压器绕组的温升规定为65℃？	163
3-113	变压器正常运行时，其运行参数的允许变化范围如何？	163
3-114	为什么大容量三相变压器的一次或二次总有一侧接成三角形？	164
3-115	变压器下放鹅卵石的原因是什么？	165
3-116	接地变压器起什么作用？	165

第四章 高压电器 ·· 166

第一节 互感器 ·· 167

4-1	什么是电压互感器？	167
4-2	电压互感器如何分类？	167

4-3 电压互感器二次绕组一端为什么必须接地？ …… 167

4-4 引起电压互感器的高压熔断器熔丝熔断的原因是什么？ …… 167

4-5 电压互感器发生一相熔断器熔断，如何处理？ …… 167

4-6 电压互感器的一、二次侧装设熔断器是怎样考虑的？什么情况下可不装设熔断器，其选择原则是什么？ …… 168

4-7 电压互感器的开口三角形侧为什么不反映三相正序、负序电压，而只反应零序电压？ …… 168

4-8 电压互感器运行中检查项目有哪些？ …… 169

4-9 电压互感器运行操作应注意哪些问题？ …… 169

4-10 为什么110kV及以上电压互感器的一次侧不装设熔断器？ …… 169

4-11 为什么绝缘子表面做成波纹形？ …… 170

4-12 电压互感器二次回路短路的原因有哪些？ …… 170

4-13 电压互感器常见故障有哪些，应如何处理？ …… 170

4-14 电压互感器一、二次熔断器的保护范围各有哪些？ …… 171

4-15 什么是电压互感器的额定电压因数？ …… 171

4-16 为什么电压互感器的二次侧不允许短路？ …… 171

4-17 电压互感器及其二次回路的故障处理程序是什么？ …… 171

4-18 什么是电流互感器？ …… 172

4-19 电流互感器如何分类？ …… 172

4-20 电流互感器有几个准确度级别？各准确度适用于哪些地点？ …… 173

4-21 电流互感器应满足哪些要求？ …… 173

4-22 什么是电流互感器误差？ …… 173

4-23 影响电流互感器误差的主要因素是什么？ …… 173

4-24 电流互感器有哪几种基本接线方式？ …… 174

4-25	运行中电流互感器二次开路应如何处理？	174
4-26	电流互感器二次侧接地有什么规定？	174
4-27	什么是电流互感器的同极性端子？	174
4-28	为什么电流互感器的二次侧是不允许开路的？	175
4-29	电流互感器与电压互感器二次侧为什么不能并联？	175
4-30	怎样选择电流互感器？	175
4-31	电流互感器有哪些使用特性？	175
4-32	使用电流互感器应注意的要点有哪些？	176
4-33	电流互感器在运行中的检查维护项目有哪些？	176
4-34	运行中的电流互感器易出现哪些问题？	176
4-35	怎样进行电流互感器故障检查与处理？	176
4-36	更换电流互感器应注意哪些问题？	177
4-37	电流互感器为什么不允许长时间过负荷？	177
4-38	互感器的哪些部位应做良好接地？	177
4-39	电流互感器、电压互感器发生哪些情况必须立即停用？	177
4-40	电流互感器、电压互感器着火的处理方法有哪些？	178
4-41	电压互感器和电流互感器在作用原理上有什么区别？	178

第二节 消弧线圈 ………………………………………… 179

4-42	消弧线圈的作用是什么？	179
4-43	什么叫消弧线圈的补偿度？什么叫残流？	179
4-44	消弧线圈正常检查项目有哪些？	179
4-45	中性点经消弧线圈接地的系统正常运行时，消弧线圈是否带有电压？	180
4-46	消弧线圈的运行规定有哪些？	180
4-47	消弧线圈的操作有哪些规定？	180

第三节 电抗器 …………………………………………… 181

- 4-48 为什么要加装电抗器? ……………………………… 181
- 4-49 在电力系统中电抗器的作用有哪些? ……………… 181
- 4-50 电抗器的分类有哪些? ……………………………… 182
- 4-51 电抗器的使用条件是怎么规定的? ………………… 182
- 4-52 什么叫并联电抗器?其主要作用有哪些? ………… 183
- 4-53 500kV(高压)并联电抗器应装设哪些保护及其作用? ………………………………………… 183
- 4-54 电抗器在空载的情况下,二次电压与一次电流的相位关系是怎么样的? ……………………… 183
- 4-55 采用分裂电抗器对用户可能造成什么影响? ……… 183

第四节 电容器 …………………………………………… 184
- 4-56 什么是电容器? ……………………………………… 184
- 4-57 电容器的应用有哪些? ……………………………… 184
- 4-58 高压电容器的作用? ………………………………… 184
- 4-59 高压输电中均压电容的作用是什么?基本工作原理是什么? ……………………………………… 184
- 4-60 为什么要安装无功补偿电容器? …………………… 185

第五节 断路器 …………………………………………… 185
- 4-61 高压断路器的作用和特点是什么? ………………… 185
- 4-62 高压断路器由哪几个部分组成?其各自的作用是什么? ………………………………………… 185
- 4-63 高压断路器有哪些种类? …………………………… 186
- 4-64 多油断路器有何特点? ……………………………… 186
- 4-65 少油断路器有何特点? ……………………………… 186
- 4-66 空气断路器有何特点? ……………………………… 186
- 4-67 六氟化硫断路器有何特点? ………………………… 186
- 4-68 真空断路器有何特点? ……………………………… 187
- 4-69 磁吹断路器有何特点? ……………………………… 187
- 4-70 高压断路器熄灭电弧的基本方法有哪些? ………… 187
- 4-71 断路器的型号是怎样规定的? ……………………… 187

4-72 断路器、负荷开关、隔离开关在作用上有什么
区别？ ……………………………………………… 188
4-73 对高压断路器有什么基本要求？ ………………… 188
4-74 断路器位置的红、绿指示灯不亮，对运行有何
影响？ ……………………………………………… 188
4-75 更换断路器指示灯应注意什么？ ………………… 189
4-76 为什么高压断路器与隔离开关之间要加装闭锁
装置？ ……………………………………………… 189
4-77 何谓高压断路器的触头？它的质量和实际接触
面积取决于什么？ ………………………………… 189
4-78 电气触头的接触形式分哪几种？ ………………… 189
4-79 经常采用的减少接触电阻和防止触头氧化的措
施有哪些？ ………………………………………… 190
4-80 高压断路器在电力系统中的作用是什么？ ……… 190
4-81 高压断路器采用多断口结构的主要原因是什么？ …… 190
4-82 为什么多断口的断路器断口上要装并联电容器？ …… 190
4-83 什么是防止断路器跳跃闭锁装置？ ……………… 191
4-84 断路器拒绝合闸的原因有哪些？ ………………… 191
4-85 断路器拒绝跳闸的原因有哪些？ ………………… 191
4-86 断路器越级跳闸应如何检查处理？ ……………… 191
4-87 试述断路器误跳闸的一般原因及处理原则。 …… 192
4-88 断路器低电压分、合闸线圈的试验标准是怎样
规定的？为什么有此规定？ ……………………… 192
4-89 断路器分、合闸速度过快或过慢有哪些危害？ …… 193
4-90 断路器的辅助触点有哪些用途？ ………………… 193
4-91 为什么断路器跳闸辅助触点要先投入后断开？ …… 193
4-92 简述少油断路器的基本构造。 …………………… 193
4-93 绝缘油在油断路器中的作用是什么？ …………… 194
4-94 油断路器正常巡视检查项目有哪些？ …………… 194
4-95 油断路器运行操作注意事项有哪些？ …………… 194

4-96	油断路器起火或爆炸原因是什么？	194
4-97	运行中油断路器发生哪些异常现象应退出运行？	195
4-98	油断路器油位过高或过低有何危害？	195
4-99	油断路器渗油且不见油位如何处理？	195
4-100	油断路器渗、漏油的原因是什么？	195
4-101	空气操动机构是怎样工作的？	195
4-102	空气操动机构有何优点？	196
4-103	SF_6 断路器有哪些优点？	196
4-104	SF_6 断路器为什么不会产生危险的截流过电压？	196
4-105	SF_6 断路器通常装设哪些 SF_6 气体压力闭锁、信号报警装置？	197
4-106	SF_6 气体有哪些化学性质？	197
4-107	SF_6 气体有哪些电气特性？	197
4-108	SF_6 断路器有哪几种类型？	198
4-109	SF_6 断路器 SF_6 气体水分超标的现场处理方法和措施有哪些？	198
4-110	SF_6 断路器运行中的主要监视项目有哪些？	199
4-111	SF_6 断路器有哪些运行注意事项？	199
4-112	SF_6 断路器气体压力降低如何处理？	200
4-113	SF_6 断路器中 SF_6 气体水分的危害有哪些？	200
4-114	SF_6 断路器 SF_6 气体中的水分有哪些来源？	201
4-115	SF_6 断路器的检修周期是如何规定的？	201
4-116	SF_6 断路器交接或大修后试验项目有哪些？	201
4-117	SF_6 断路器主要预防性试验项目有哪些？	202
4-118	SF_6 断路器实际位置与机械、电气位置指示不一致的原因是什么？	203
4-119	SF_6 断路器 SF_6 气体压力过低或过高的危害有哪些？	203
4-120	SF_6 断路器漏气的危害和原因各是什么？	203
4-121	简述单压式和双压式 SF_6 断路器的工作原理。	203

4-122	SF$_6$断路器配用哪几种操动机构？	204
4-123	SF$_6$断路器灭弧室有哪些类型？	204
4-124	变熄弧距灭弧室是怎样工作的？	204
4-125	定熄弧距灭弧室是怎样工作的？	204
4-126	变熄弧距和定熄弧距灭弧室各有什么特点？	205
4-127	膨胀式(自能压气式)灭弧室是怎样工作的？	205
4-128	利用膨胀式灭弧室结构制成的断路器有哪些优点？	206
4-129	液压机构的断路器发出"跳闸闭锁"信号时应如何处理？	206
4-130	运行中液压操动机构的断路器泄压应如何处理？	206
4-131	断路器操动机构有何作用？	207
4-132	断路器操动机构应满足哪些基本要求？	207
4-133	液压操动机构如何分类？	207
4-134	液压操动机构有什么特点？	207
4-135	常高压保持式液压操动机构是如何工作的？	207
4-136	真空断路器主要包含哪几个部分？	208
4-137	真空断路器的正常检查项目有哪些？	208
4-138	真空断路器的屏蔽罩的作用是什么？	208
4-139	真空断路器哪些情况下，应停电处理？	208
4-140	高压断路器的分、合闸缓冲器起什么作用？	209
4-141	何谓断路器的弹簧操动机构？它有什么特点？	209
4-142	什么叫断路器自由脱扣？	209
4-143	为什么不允许断路器在带电的情况下用"千斤"慢合闸？	209
4-144	断路器引线接头及各外露接头过热的危害及原因是什么？	209
4-145	断路器出现哪些异常时应停电处理？	210
4-146	断路器停电操作后应检查哪些项目？	210
4-147	简述隔离开关及其作用。	210

4-148	隔离开关如何分类？	210
4-149	隔离开关常见的故障有哪些？	211
4-150	操作隔离开关的要点有哪些？	211
4-151	高压隔离开关的动触头一般用两个刀片有什么好处？	211
4-152	正常运行中，隔离开关的检查内容有哪些？	211
4-153	隔离开关配置操动机构有什么用途？	212
4-154	禁止用隔离开关进行的操作有哪些？	212
4-155	允许用隔离开关进行的操作有哪些？	212
4-156	隔离开关合不上闸如何处理？	212
4-157	隔离开关拒绝拉闸如何处理？	212
4-158	隔离开关合不到位如何处理？	213
4-159	隔离开关有哪几项基本要求？	213
4-160	隔离开关有哪些注意事项？	213
4-161	操作隔离开关时，发生带负荷误操作怎样办？	214
4-162	简述隔离开关运行中的故障处理。	214
4-163	隔离开关检修后的验收标准是什么？	215
4-164	绝缘子在什么情况下容易损坏？	215
第六节	避雷器	215
4-165	什么是避雷器？其作用是什么？	215
4-166	避雷器是怎样保护电气设备的？	215
4-167	避雷器有哪些类型？	216
4-168	氧化锌避雷器的主要优点有哪些？	216
4-169	什么叫泄漏电流？	216
4-170	避雷器泄漏电流过大如何处理？	216
4-171	什么叫雷电放电记录器？	216
4-172	避雷器有哪些巡视检查项目？	216
4-173	什么叫污闪？	217
4-174	引起污闪的原因是什么？	217
第七节	电力电缆	217

- 4-175 运行中电力电缆的温度和工作电压有哪些规定? … 217
- 4-176 什么是分裂导线? … 217
- 4-177 高压分裂导线有哪些优点? … 218
- 4-178 什么是线路的充电功率？它对线路输送容量及系统运行有何影响? … 219
- 4-179 选择线路导线和电缆的原则是什么? … 219
- 第八节 全封闭组合电器 … 219
- 4-180 什么是全封闭组合电器(GIS)? … 219
- 4-181 GIS设备的特点有哪些? … 220

第五章 低压电器 … 221

- 5-1 什么叫厂用电和厂用电系统? … 222
- 5-2 什么是母线？有何作用? … 222
- 5-3 什么是手车开关的运行状态? … 222
- 5-4 机组运行中，一台6kV负荷开关单相断不开，如何处理? … 222
- 5-5 什么叫中性点直接接地电力网？它有何优缺点? … 223
- 5-6 如何提高厂用电设备的自然功率因数? … 223
- 5-7 中性点非直接接地的电力网的绝缘监察装置起什么作用? … 223
- 5-8 为什么在三相四线制中无须绝缘监察装置? … 223
- 5-9 为什么电气运行值班人员要清楚了解本厂的电气一次主接线与电力系统的连接? … 224
- 5-10 厂用电接线应满足哪些要求? … 224
- 5-11 倒闸操作的基本原则是什么? … 224
- 5-12 母线停送电的原则是什么? … 225
- 5-13 什么叫电压不对称度? … 225
- 5-14 在什么情况下禁止将设备投入运行? … 225
- 5-15 电气设备绝缘电阻合格的标准是什么? … 225
- 5-16 厂用系统初次合环并列前如何定相? … 226
- 5-17 如何判断运行中母线接头发热? … 226

5-18	电缆着火应如何处理？	226
5-19	何为电厂一类负荷？	226
5-20	何为电厂二类负荷？	227
5-21	何为电厂三类负荷？	227
5-22	简述封闭母线的类型及其优缺点。	227
5-23	对事故处理的基本要求是什么？	228
5-24	机组正常运行时，若380V高阻接地系统发生单相接地故障后，应如何处理？	228
5-25	什么是保护接地和保护接零？	229
5-26	低压电气设备应该采用保护接地还是保护接零？为什么？	229
5-27	高压厂用母线电压互感器停、送电操作应注意什么？	229
5-28	厂用电系统的倒闸操作一般有哪些规定？	230
5-29	什么叫备用电源自动投入装置，其作用和要求是什么？	231
5-30	断路器为什么要进行三相同时接触差（同期）的确定？	232
5-31	试述小接地电流系统单相接地与TV一次熔断器单相熔断有什么共同点和不同点？	232
5-32	如何判断电磁式电压互感器发生了铁磁谐振？如果是谐振如何处理？	233
5-33	小电流接地系统中，为什么采用中性点经消弧线圈接地？	234
5-34	发电机解列后，6kV工作电源开关为什么要及时退出备用？	234
5-35	何谓电气设备的倒闸操作？发电厂及电力系统倒闸操作的主要内容有哪些？	235
5-36	布置公用系统检修隔离措施的注意事项有哪些？	235
5-37	在什么情况下快速切换装置应退出？	236

5-38 按厂用电系统的运行状态,厂用电源的切换分
　　　为哪两种? ·· 237
5-39 按厂用电源的切换启动方式,厂用电源的切换
　　　分为哪几种? ·· 237
5-40 6kV开关投入运行前应进行哪些检查? ············· 237
5-41 6kV开关合不上有哪些原因? ·························· 238
5-42 6kV开关事故跳闸后应进行哪些外部检查? ····· 238
5-43 什么叫设备的内绝缘、外绝缘? ························· 239
5-44 设备绝缘老化是什么原因造成的? ···················· 239
5-45 怎样延缓绝缘老化? ·· 239
5-46 为什么室外母线接头易发热? ··························· 239
5-47 当母线上电压消失后,为什么要立即拉开失压
　　　母线上未跳闸的断路器? ································· 239
5-48 厂用电系统的事故处理原则是什么? ················ 240
5-49 自动空气开关的原理是什么? ··························· 240
5-50 交流接触器每小时的操作次数为什么要
　　　加以限制? ··· 241
5-51 交流接触器的工作原理是什么?有哪些用途? ··· 241
5-52 交流接触器由哪几部分组成? ··························· 242
5-53 接触器在运行中有时产生很大的噪声,是什么
　　　原因? ·· 242
5-54 为什么有些低压线路中用了自动空气开关后,
　　　还要串联交流接触器? ···································· 242
5-55 试述常用磁力启动器的用途。························· 243
5-56 接触器或其他电器的触头为什么采用银合金? ······ 243
5-57 高压厂用系统发生单相接地时有没有什么危害?
　　　为什么规定接地时间不允许超过2h? ·············· 243
5-58 6kV厂用电源备用分支联锁开关有什么作用? ········ 244
5-59 高压厂用母线低电压保护的基本要求是什么? ··· 244
5-60 快速熔断器熔断后怎样处理? ·························· 244

31

5-61	熔断器选用的原则是什么？	245
5-62	高压厂用工作电源跳闸有何现象？怎样处理？	245
5-63	电气事故处理的一般程序是什么？	245
5-64	处理电气事故时哪些情况可自行处理？	246
5-65	高压厂用系统一般采用何种接地方式？有何特点？	246
5-66	低压厂用系统一般采用何种接地方式？有何特点？	247
5-67	如何检查 6kV 开关柜防止误操作的机械联锁？	247
5-68	操作跌落式熔断器时应注意哪些现象？	248
5-69	更换熔断器时应注意什么？	248
5-70	厂用事故保安电源有哪些？	248
5-71	低压交直流回路能否共用一条电缆，为什么？	249
5-72	PC 进线断路器与联络断路器之间的闭锁逻辑如何？如何防止非同期并列？	249
5-73	什么是中性点位移？位移后将会出现什么后果？	249
5-74	为什么电缆线路停电后用验电笔验电时，短时间内还有电？	249
5-75	中性点与零点、零线有何区别？	250
5-76	电气设备有哪四种状态？	250
5-77	手车开关有哪几种状态？	250
5-78	PC 段厂用电源有什么规定？	250
5-79	MCC 段正常运行有何规定？	250
5-80	厂用母线及配电室运行中有哪些检查项目？	251
5-81	简述厂用电系统操作的一般原则。	252
5-82	6kV 厂用母线短路现象有哪些？如何处理？	254
5-83	6kV 接地如何处理？	254
5-84	380V 母线短路的现象有哪些？如何处理？	255
5-85	低压厂用母线失压如何处理？	255
5-86	6kV 母线 TV 高压侧一相熔丝故障其现象有	

	哪些？如何处理？	256
5-87	6kV开关弹簧无法储能的原因是什么？如何处理？	257
5-88	负荷开关的作用和特点是什么？	257
5-89	母线着色的意义是什么？	257
5-90	母线的相序排列是怎样规定的？	258
5-91	简述6kV母线TV投入操作。	258
5-92	简述6kV母线TV退出操作。	258
5-93	厂用快切装置具备什么功能？	258
5-94	柴油发电机有哪些报警信号？	259
5-95	柴油发电机为什么要定期进行启动试验？	259
5-96	为什么柴油发电机即使联启，保安电源也会有瞬间失电？	259
5-97	柴油发电机启动前的检查项目有哪些？	260
5-98	柴油发电机运行中的检查项目有哪些？	260
5-99	事故照明保安电源有何意义？	260
5-100	较大容量熔断器的熔丝，为什么都装在纤维管内？	260
5-101	为什么一些熔断器的熔管内要充石英砂？	261
5-102	铁壳开关的结构和用途如何？	261
5-103	发生弧光接地有何危害？	261
5-104	为什么在三相四线制系统电路中中性线不能装熔丝？	261
第六章	**过电压保护及接地技术**	**262**
6-1	什么叫绝缘的击穿？	263
6-2	电力系统过电压分哪几类？其产生原因及特点是什么？	263
6-3	什么是反击过电压？	263
6-4	什么是跨步电压？	264
6-5	电力系统产生工频过电压的原因主要有哪些？	264

6-6	外部过电压有什么危害？运行中防止外部过电压都采取了什么手段？	264
6-7	什么叫操作过电压？主要有哪些？	265
6-8	电网中限制操作过电压的措施有哪些？	265
6-9	什么叫电力系统谐振过电压？分几种类型？限制谐振过电压的主要措施是什么？	265
6-10	避雷线和避雷针的作用是什么？避雷器的作用是什么？	266
6-11	接地网的电阻不合规定有何危害？	266

第七章 继电保护 268

7-1	电力系统对继电保护装置的基本要求是什么？	269
7-2	二次设备常见的异常和事故有哪些？	269
7-3	什么叫主保护、后备保护、辅助保护？	269
7-4	保证保护装置正确动作的条件有哪些？	269
7-5	继电保护及自动装置的基本作用是什么？	270
7-6	何谓近后备保护？近后备保护的优点是什么？	270
7-7	发电厂中设置同期点的原则是什么？	270
7-8	零序电流互感器是如何工作的？	271
7-9	零序功率方向继电器如何区分故障线路与非故障线路？	271
7-10	为什么有的过流保护要加装低电压闭锁？	271
7-11	为什么大型发电机—变压器组应装设非全相运行保护？	271
7-12	中性点可能接地或不接地的分级绝缘变压器（中性点装有放电间隙），其接地保护如何构成？	272
7-13	在大电流接地系统中发生单相接地故障时零序参数有什么特点？	272
7-14	为什么变压器差动保护不能代替瓦斯保护？	272
7-15	变压器零序保护的保护范围是什么？	273
7-16	什么叫断路器失灵保护？	273

7-17 厂用电动机低电压保护起什么作用？ …………… 273
7-18 大容量的电动机为什么应装设纵联差动保护？ …… 273
7-19 什么叫母线差动保护双母线方式？什么叫母线
差动保护单母线方式？ …………………………… 274
7-20 母线差动保护的保护范围包括哪些设备？ ……… 274
7-21 对振荡闭锁装置的基本要求是什么？ …………… 274
7-22 为什么要装设联锁切机保护？ …………………… 274
7-23 遇哪些情况应停用微机线路保护？ ……………… 275
7-24 微机继电保护的硬件构成通常包括哪几部分？ … 275
7-25 微机继电保护装置对运行环境有什么要求？ …… 275
7-26 防误闭锁装置中电脑钥匙的主要功能是什么？ … 275
7-27 零序电流保护在运行中需注意哪些问题？ ……… 275
7-28 什么是零序保护？大电流接地系统中为什么要单
独装设零序保护？ ………………………………… 276
7-29 微机故障录波器在电力系统中的主要作用是
什么？ ……………………………………………… 277
7-30 什么是比率制动式纵联差动保护？ ……………… 277
7-31 断路器控制回路红、绿灯为什么要串电阻？
阻值如何选择？ …………………………………… 277
7-32 "掉牌未复归"信号的作用是什么？它是怎样
复归的？ …………………………………………… 277
7-33 零序电流保护的整定值为什么不需要避开负
荷电流？ …………………………………………… 278
7-34 电力系统故障动态记录的主要任务是什么？ …… 278
7-35 为什么高压电网中要安装母线保护装置？ ……… 278
7-36 母线保护的装设应遵循什么原则？ ……………… 278
7-37 大接地电流系统为什么不利用三相相间电流
保护兼作零序电流保护，而要单独采用零序
电流保护？ ………………………………………… 279
7-38 发电机—变压器组的非电量保护有哪些？ ……… 279

7-39	在运行设备的保护、自动装置上进行的哪些工作，由运行人员执行？	279
7-40	发电机—变压器组保护出口方式有哪些？	280
7-41	投入保护出口连接片前应注意哪些问题？	280
7-42	当运行中的保护或自动装置动作后，值班人员必须记录的有关信息有哪些？	280
7-43	变压器差动保护的类型有哪些？	280
7-44	简述瓦斯保护的动作原理。	281
7-45	判断重瓦斯保护正确动作与否的依据是什么？	281
7-46	简述主变压器冷却系统故障保护的原理。	281
7-47	330～500kV 电力网线路主保护配置有何要求？	282
7-48	330～500kV 电力网线路后备保护配置有何要求？	282
7-49	试分析发电机纵联差动保护与横联差动保护的作用及保护范围。能否互相取代？	283
7-50	为什么 220kV 及以上系统要装设断路器失灵保护，其作用是什么？	283
7-51	什么是母线完全差动保护？什么是母线不完全差动保护？	283
7-52	整组试验有什么反措要求？	284
7-53	继电保护双重化配置的原则是什么？	284
7-54	对保护装置的巡视项目包括哪些？	284
7-55	系统发生两相相间短路时，短路电流包含什么分量？	285
7-56	小接地电流系统中，为什么单相接地保护在多数情况下只是用来发信号，而不动作于跳闸？	285
7-57	继电保护快速切除故障对电力系统有哪些好处？	285
7-58	什么叫定时限过流保护？什么叫反时限过流保护？	285
7-59	什么叫电流速断保护？它有什么特点？	286
7-60	什么是带时限速断保护？其保护范围是什么？	286

7-61	在一次设备运行而停用部分保护进行工作时，应特别注意什么？	286
7-62	检修断路器时为什么必须把二次回路断开？	286
7-63	何谓继电保护装置的选择性？	286
7-64	何谓继电保护装置的快速性？	286
7-65	何谓继电保护装置的灵敏性？	287
7-66	何谓继电保护装置的可靠性？	287
7-67	如何保证继电保护的可靠性？	287
7-68	试述电力系统谐波对电网产生的影响。	287
7-69	何谓振荡解列装置？	288
7-70	消除电力系统振荡的主要措施有哪些？	288
7-71	发电机定子接地保护是如何实现的？采用该种保护方式的原因是什么？	288
7-72	发电机出口TV断线时将发电机定子接地保护的基波部分和三次谐波部分都闭锁吗？为什么？	289
7-73	全停发电机和全停发电机—变压器组有什么区别？	289
7-74	自并励发电机复合电压闭锁过流保护为什么要采取电压记忆措施？	289
7-75	发电机的失磁保护为什么要加装负序电压闭锁装置？	290
7-76	为什么发电机要装设复合电压启动过流保护？为什么这种保护要使用发电机中性点处的电流互感器？	290
7-77	失磁保护判据的特征是什么？	290
7-78	什么叫低频振荡？产生的主要原因是什么？	290
7-79	为什么要装设发电机意外加电压保护？	291
7-80	为什么要装设发电机断路器断口闪络保护？	291
7-81	主变压器配置了哪些保护？	291
7-82	厂用高压变压器配置了哪些保护？	292

7-83　励磁变压器配置了哪些保护? ………………………… 292
7-84　启动变压器差动保护范围包括哪些? ………………… 292
7-85　变压器采用了二次谐波比率制动的差动保护，
　　　为什么还要增设差动电流速断保护? ………………… 292
7-86　变压器差动保护在变压器带负荷后，应检查
　　　哪些内容? ……………………………………………… 293
7-87　什么是瓦斯保护? 有哪些优缺点? …………………… 293
7-88　何谓复合电压启动的过流保护? ……………………… 293
7-89　气体继电器重瓦斯的流速一般整定为多少?
　　　轻瓦斯的动作容积整定值又是多少? ………………… 293
7-90　变压器差动保护不平衡电流是怎样产生的? ………… 293
7-91　瓦斯保护的保护范围是什么? ………………………… 294
7-92　目前变压器差动保护中防止励磁涌流影响的
　　　方法有哪些? …………………………………………… 294
7-93　变压器差动保护的稳态情况下不平衡电流产
　　　生的原因有哪些? ……………………………………… 294
7-94　变压器差动保护的暂态情况下不平衡电流是
　　　怎样产生的? …………………………………………… 294
7-95　试述变压器瓦斯保护的基本工作原理。 ……………… 295
7-96　为什么大型变压器应装设过励磁保护? ……………… 295
7-97　变压器发生穿越性故障时，瓦斯保护会不会发
　　　生误动作? 怎样避免? ………………………………… 296
7-98　对变压器及厂用变压器装设气体继电器有什么
　　　规定? …………………………………………………… 296
7-99　变压器的差动保护是根据什么原理装设的? ………… 296
7-100　线路差动保护、主变压器的差动保护、发电机
　　　　的差动保护有何不同? ……………………………… 296
7-101　断路器失灵保护中电流控制元件怎样整定? ……… 297
7-102　大电流接地系统中发生接地短路时，零序电流
　　　　的分布与什么有关? ………………………………… 297

7-103	什么叫电压互感器反充电？对保护装置有什么影响？	297
7-104	什么是自动重合闸？电力系统为什么要采用自动重合闸？	298
7-105	什么叫重合闸后加速？	298
7-106	综合重合闸装置的作用是什么？	298
7-107	综合重合闸有几种运行方式？	298
7-108	什么情况下会闭锁线路开关重合闸信号？	299
7-109	选用重合闸方式的一般原则是什么？	299
7-110	采用单相重合闸为什么可以提高暂态稳定性？	300
7-111	自动重合闸的启动方式有哪几种？各有什么特点？	300
7-112	重合闸重合于永久故障上对电力系统有什么不利影响？	300
7-113	运行中的线路，在什么情况下应停用线路重合闸装置？	300
7-114	自动重合闸怎样分类？	301
7-115	对双侧电源送电线路的重合闸有什么特殊要求？	301
7-116	一条线路有两套微机保护，线路投单相重合闸方式，该两套微机保护重合闸应如何使用？	301
7-117	什么叫距离保护？距离保护的特点是什么？	302
7-118	距离保护装置一般由哪几部分组成？简述各部分的作用。	302
7-119	距离保护有哪些闭锁装置？各起什么作用？	303
7-120	距离保护中为什么要有断线闭锁装置？	303
7-121	高频闭锁距离保护有何优缺点？	303
7-122	什么是距离保护的时限特性？	304
7-123	怎样防止距离保护在过负荷时误动？	304
7-124	电压互感器和电流互感器的误差对距离保护有什么影响？	305

7-125 造成距离保护暂态超越的因素有哪些？ ………… 305
7-126 对距离继电器的基本要求是什么？ ………… 305
7-127 断路器失灵保护时间定值的整定原则是什么？ …… 306
7-128 对 3/2 断路器接线方式的断路器，失灵保护有哪些要求？ ………… 306
7-129 电网调度自动化系统由哪几部分组成？ ………… 306
7-130 简述保护连接片的作用。 ………… 307
7-131 试述双母线完全差动保护的主要优缺点。 ………… 307
7-132 3/2 断路器的短引线保护起什么作用？ ………… 307
7-133 电网中主要的安全自动装置种类和作用有哪些？ … 308
7-134 纵联保护在电网中的重要作用是什么？ ………… 308
7-135 纵联保护按通道的不同可分为几种类型？ ………… 309
7-136 纵联保护的信号有哪几种？ ………… 309
7-137 简述方向比较式高频保护的基本工作原理。 ………… 309
7-138 遇有哪几种情况应同时退出线路两侧的高频保护？ ………… 310
7-139 交流回路断线主要影响哪些保护？ ………… 310
7-140 微机母线差动保护与比率制动式母线差动保护的基本原理有什么区别？ ………… 310

第八章　电测仪表 ………… 311

8-1 什么是三相电能表的倍率及实际电量？ ………… 312
8-2 电能表和功率表指示的数值有哪些不同？ ………… 312
8-3 使用钳型电流表应注意哪些问题？ ………… 312
8-4 为什么要测量电气设备绝缘电阻？测量结果与哪些因素有关？ ………… 312
8-5 验电器有什么作用？验电器分为哪两种？ ………… 313
8-6 使用验电器的注意事项有哪些？ ………… 313
8-7 为什么电缆线路停电后用验电笔验电时，短时间内还有电？ ………… 314
8-8 如何用验电器判断相线和中性线？如何判断直流

		电正、负极？ ……………………………………………	314
8-9		为什么测量电缆绝缘前，应先对电缆进行放电？ ……	314
8-10		为什么绝缘电阻表测量用的引线不能编织在一起使用？ …………………………………………………	314
8-11		用绝缘电阻表测量绝缘时，为什么规定测量时间为1min？ …………………………………………………	315
8-12		绝缘电阻表测量的快慢是否影响被测电阻阻值？为什么？ …………………………………………………	315
8-13		怎样选用绝缘电阻表？ …………………………………	315
8-14		用绝缘电阻表测量绝缘时，若接地端子(E端子)与相线端子(L端子)接错，会产生什么后果？ ……	316
8-15		如何判断绝缘电阻表正常好用？ ………………………	316
8-16		使用绝缘电阻表测量绝缘有何要求？ …………………	316
8-17		合格的验电法指什么？ …………………………………	317

第九章　蓄电池 …………………………………………………… 318

9-1	蓄电池的容量的含义是什么？ …………………………	319
9-2	蓄电池组的充电方式有几种？ …………………………	319
9-3	什么是蓄电池浮充电运行方式？ ………………………	319
9-4	什么是蓄电池均衡充电运行方式？ ……………………	319
9-5	为什么要定期对蓄电池进行充放电？ …………………	319
9-6	在何种情况下，蓄电池室内易引起爆炸？如何防止？ ………………………………………………………	319
9-7	蓄电池产生自放电的原因是什么？ ……………………	320
9-8	蓄电池正常检查项目有哪些？ …………………………	320
9-9	蓄电池的电动势与哪些因素有关？ ……………………	320
9-10	过充电和欠充电对蓄电池有何影响？ …………………	321
9-11	铅酸电池极板短路或弯曲的原因是什么？ ……………	321
9-12	什么是蓄电池的放电率？ ………………………………	321
9-13	蓄电池组进行大充大放试验的必要性是什么？ ………	321
9-14	蓄电池在运行中极板短路有什么特征？ ………………	322

9-15	蓄电池在运行中极板弯曲有什么特征?	322
9-16	直流母线正常检查项目有哪些?	322
9-17	蓄电池遇有哪些情况时需进行均衡充电?	323
9-18	蓄电池的工作原理是什么?	323

第十章 通信和远动 324

10-1	什么是电力系统及电力网?	325
10-2	对电力系统的基本要求是什么?	325
10-3	什么叫电力系统的静态稳定?	325
10-4	保证和提高电力系统静态稳定的措施有哪些?	325
10-5	什么叫电力系统的暂态稳定?	326
10-6	引起电力系统异步振荡的主要原因是什么?系统振荡时一般现象是什么?	326
10-7	低频率运行会给电力系统带来哪些危害?	327
10-8	何谓"顺调压"、"逆调压"?	327
10-9	何谓系统的最大、最小运行方式?	328
10-10	电气制动的含义是什么?	328
10-11	常见的系统故障有哪些?可能产生什么后果?	328
10-12	对电力系统运行有哪些基本要求?	328
10-13	什么是自动发电控制(AGC)?	328
10-14	系统振荡的处理方法有哪些?	329
10-15	电网调度自动化系统由哪几部分组成?	329
10-16	电网合环运行应具备哪些条件?	329
10-17	遇有哪些情况,现场值班人员必须请示值班调度员后方可强送电?	330
10-18	对线路强送电应考虑哪些问题?	330
10-19	电力系统中的无功电源有哪几种?	330
10-20	输电线路加装串联补偿电容器后对汽轮发电机组有何影响?	330
10-21	如何减轻次同步谐振(SSR)对发电机组的大轴寿命的影响?	331

10-22	什么叫电磁环网？对电网运行有何弊端？什么情况下还需保留？	331
10-23	常见母线接线方式有何特点？	332
10-24	什么是电力系统综合负荷模型？其特点是什么？在稳定计算中如何选择？	333
10-25	什么叫不对称运行？产生的原因及影响是什么？	333
10-26	试述电力系统谐波产生的原因。	335
10-27	什么是电力系统零序参数？零序参数有何特点？与变压器接线组别、中性点接地方式、输电线架空地线、相邻平行线路有何关系？	335
10-28	各类稳定的具体含义是什么？	336
10-29	提高电力系统的暂态稳定性的措施有哪些？	337
10-30	什么叫标幺值和有名值？采用标幺值进行电力系统计算有什么优点？采用标幺值计算时基值体系如何选取？	337
10-31	潮流计算的目的是什么？常用的计算方法有哪几种？快速分解法的特点及适用条件是什么？	338
10-32	电力系统中，短路计算的作用是什么？常用的计算方法是什么？	339
10-33	简述220kV及以上电网继电保护整定计算的基本原则和规定。	340
10-34	系统中变压器中性点接地方式的安排一般如何考虑？	341
10-35	什么是线路纵联保护？其特点是什么？	341
10-36	相差高频保护有何优缺点？	343
10-37	高频闭锁负序方向保护有何优缺点？	343
10-38	非全相运行对高频闭锁负序功率方向保护有什么影响？	344
10-39	线路选用三相重合闸的条件是什么？	344
10-40	线路选用单相重合闸或综合重合闸的条件是	

	什么？…………………………………………	345
10-41	单相重合闸与三相重合闸各有哪些优缺点？………	346
10-42	现代电网有哪些特点？……………………………	347
10-43	区域电网互联的意义与作用是什么？………………	347
10-44	电网无功补偿的原则是什么？………………………	347
10-45	简述电力系统电压特性与频率特性的区别。	348
10-46	什么是系统电压监测点、中枢点？有何区别？电压中枢点一般如何选择？………………………	348
10-47	何谓潜供电流？它对重合闸有何影响？如何防止？…………………………………………………	348
10-48	什么叫电力系统理论线损和管理线损？……………	349
10-49	什么叫自然功率？…………………………………	349
10-50	电力系统中性点接地方式有几种？什么叫大电流、小电流接地系统？其划分标准如何？……	349
10-51	电力系统中性点直接接地和不直接接地系统中，当发生单相接地故障时各有什么特点？………	350
10-52	小电流接地系统中，为什么采用中性点经消弧线圈接地？………………………………………	350
10-53	什么情况下单相接地故障电流大于三相短路故障电流？……………………………………………	350
10-54	什么叫电力系统的稳定运行？电力系统的稳定共分几类？……………………………………	351
10-55	什么叫自动低频减负荷装置？其作用是什么？……	351
10-56	自动低频减负荷装置的整定原则是什么？…………	351
10-57	简述发电机电气制动的构成原理。制动电阻投入时间的整定原则是什么？………………………	352
10-58	汽轮机快关汽门有何作用？…………………………	352
10-59	何谓低频自启动及调相改发电？……………………	352
10-60	试述电力系统低频、低压解列装置的作用。………	352
10-61	何谓区域性稳定控制系统？…………………………	353

10-62	电力系统通信网的主要功能是什么?	353
10-63	简述电力系统通信网的子系统及其作用。	353
10-64	调度自动化向调度员提供反映系统现状的信息有哪些?	353
10-65	什么是能量管理系统(EMS)? 其主要功能是什么?	354
10-66	电网调度自动化系统高级应用软件包括哪些?	354
10-67	电网调度自动化系统(SCADA)的作用是什么?	354
10-68	AGC 有哪几种控制模式?	354
10-69	在区域电网中,网、省调 AGC 控制模式应如何选择? 在大区联网中,AGC 控制模式应如何选择?	355
10-70	什么叫发电源?	355
10-71	发电源设点功率按什么原则计算?	355
10-72	EMS 中网络分析软件有哪两种运行模式? 与离线计算软件有什么区别?	355
10-73	试述网络拓扑分析的概念。	356
10-74	什么叫状态估计? 其用途是什么? 运用状态估计必须具备什么基本条件?	356
10-75	什么叫安全分析、静态安全分析、动态安全分析?	356
10-76	从功能上讲,安全分析是如何划分的?	357
10-77	最优潮流与传统经济调度的区别是什么?	357
10-78	调度员培训模拟系统(DTS)的作用是什么?	357
10-79	对调度员培训模拟系统有哪些基本要求?	357
10-80	什么叫单项操作指令?	358
10-81	什么叫逐项操作指令?	358
10-82	什么叫综合操作指令?	358
10-83	哪些情况下要核相? 为什么要核相?	358
10-84	国家规定电力系统标准频率及其允许偏差	

	是多少？	358
10-85	电力系统电压调整的常用方法有几种？	359
10-86	电力系统的调峰电源主要有哪些？	359
10-87	电网电压调整的方式有哪几种？什么叫逆调压？	359
10-88	线路停、送电操作的顺序是什么？操作时应注意哪些事项？	359
10-89	电力变压器停、送电操作，应注意哪些事项？	360
10-90	电网解环操作应注意哪些问题？	360
10-91	电网合环操作应注意哪些问题？	360
10-92	电力系统同期并列的条件是什么？	360
10-93	电力系统解列操作的注意事项是什么？	361
10-94	电网中，允许用闸刀直接进行的操作有哪些？	361
10-95	高频保护启、停用应注意什么？为什么？	361
10-96	变压器中性点零序过流保护和间隙过压保护能否同时投入？为什么？	362
10-97	何谓电力系统事故？引起事故的主要原因有哪些？	362
10-98	从事故范围角度出发，电力系统事故可分为哪几类？各类事故的含义是什么？	362
10-99	电力系统事故处理的一般原则是什么？	362
10-100	系统发生事故时，要求事故及有关单位运行人员必须立即向调度汇报的主要内容是什么？	363
10-101	事故处理告一段落后，调度值班人员应做些什么工作？	363
10-102	处理系统低频率事故的方法有哪些？	363
10-103	事故单位可不待调度指令自行先处理后报告的事故有哪些？	363
10-104	什么叫频率异常？什么叫事故频率？什么叫频率事故？	364

10-105	系统高频率运行的处理方法有哪些？	364
10-106	防止系统频率崩溃有哪些主要措施？	364
10-107	我国规定电网监视控制点电压异常和事故的标准是什么？	365
10-108	电网监视控制点电压降低超过规定范围时，值班调度员应采取哪些措施？	365
10-109	对于局部电网无功功率过剩、电压偏高，应采取哪些基本措施？	366
10-110	变电站母线停电的原因主要有哪些？一般根据什么判断是否是母线故障？事故处理过程中应注意什么？	366
10-111	多电源的变电站全停电时，变电站应采取哪些基本方法以便尽快恢复送电？	366
10-112	发电厂高压母线停电时，应采取哪些方法尽快恢复送电？	366
10-113	当母线停电，并伴随因故障引起的爆炸、火光等现象时，应如何处理？	367
10-114	为尽快消除系统间联络线过负荷，应主要采取哪些措施？	367
10-115	变压器事故过负荷时，应采取哪些措施消除过负荷？	368
10-116	高压开关本身常见的故障有哪些？	368
10-117	开关机构泄压，一般指哪几种情况？	368
10-118	电网调度管理的任务和基本要求是什么？	368
10-119	各种设备检修时间是如何计算的？	369
10-120	办理带电作业的申请有何规定？	369
10-121	调频厂选择的原则是什么？	369
10-122	线路超暂态稳定限额（或按静态稳定限额）运行时，应注意哪些问题？	370
10-123	线路发生故障后，省调值班调度员发布巡	

	线指令时应说明哪些情况？	370
10-124	发电厂、变电站母线失电的现象有哪些？	370
10-125	电力系统振荡时的一般现象是什么？	371
10-126	运行中的线路，在什么情况下应停用线路重合闸装置？	371
10-127	与电压回路有关的安全自动装置主要有哪几类？遇什么情况应停用此类自动装置？	371
10-128	《电网调度管理条例》中调度系统包括哪些机构和单位？调度业务联系的基本规定是什么？调度机构分几级？	372
10-129	值班调度员在出现哪些紧急情况时可以调整日发电、供电调度计划，发布限电、调整发电厂功率、开或者停发电机组等指令，可以向本电网内的发电厂、变电站的运行值班单位发布调度指令？	372
10-130	违反《电网调度管理条例》规定的哪些行为，对主管人员和直接责任人员由其所在单位或者上级机关给予行政处分？	372
10-131	为什么制定《电力供应与使用条例》？国家对电力供应和使用的管理原则是什么？	373
10-132	在发电、供电系统正常运行情况下，供电企业因故需要停止供电时，应当按照哪些要求事先通知用户或者进行公告？	373
10-133	什么叫"三违"？什么是"三不放过"？	373
10-134	电力系统频率偏差超出什么范围构成一类障碍？	374
10-135	电力系统监视控制点电压超过什么范围构成一类障碍？	374
10-136	在电气设备操作中发生什么情况则构成事故？	374
10-137	合理的电网结构应满足哪些基本要求？	374
10-138	电力系统发生大扰动时，安全稳定标准是如何	

	划分的？	375
10-139	电力系统稳定计算分析的主要任务是什么？	375
10-140	什么是电力系统的正常运行方式、事故后运行方式和特殊运行方式？	375
10-141	什么是电力系统静态稳定？静态稳定的计算条件是什么？	376
10-142	什么是电力系统暂态稳定？电力系统暂态稳定的计算条件是什么？	376
10-143	什么是电力系统动态稳定？电力系统动态稳定的计算条件是什么？	376
10-144	何谓电力系统"三道防线"？	377
10-145	规划、设计电力系统应满足哪些基本要求？	377
10-146	电力系统有功功率备用容量的确定原则是什么？	377
10-147	系统中设置变压器带负荷调压的原则是什么？	378
10-148	设置电网解列点的原则是什么？电网在哪些情况下应能实现自动解列？	378
10-149	说明调度术语中"同意"、"许可"、"直接"、"间接"的含义。	378

第十一章　安全和节约用电　380

11-1	"防误闭锁装置"应该能实现哪五种防误功能？	381
11-2	低压带电作业时应注意什么？	381
11-3	在带电的电压互感器二次回路上工作时应采取哪些安全措施？	381
11-4	什么是中性点位移现象？	381
11-5	什么是电源的星形、三角形连接方式？	382
11-6	三相电路中负荷有哪些连接方式？	382
11-7	什么是交流电路中的有功功率、无功功率和视在功率？其关系式是什么？为什么电动机的额定容量用有功功率表示，而变压器的额定容量用视在功率表示？	383

11-8	接地线的安全使用有哪些规定？	383
11-9	接地线有什么作用？	384
11-10	如何使用悬挂接地线？	384
11-11	在停电设备上装设和拆除接地线应注意什么？	384
11-12	线手套、绝缘手套、绝缘鞋、绝缘靴分别用于哪些场合？	385
11-13	使用绝缘手套有哪些注意事项？	385
11-14	使用绝缘棒的注意事项有哪些？	385
11-15	使用绝缘靴的注意事项有哪些？	386
11-16	装设接地线时，为什么严禁用缠绕的方法进行？	386
11-17	二次回路通电试验或耐压试验时，应注意什么？	386
11-18	高压设备发生接地需要巡视时，应采取哪些措施？	387
11-19	什么是人身触电？触电形式有几种？	387
11-20	防止直接触电可采取哪些防护措施？	387
11-21	防止间接触电要采取哪些防护措施？	388

第十二章 直流及 UPS 系统 ... 389

12-1	直流系统在发电厂中起什么作用？	390
12-2	直流负荷干线熔断器熔断时如何处理？	390
12-3	直流动力母线接带哪些负荷？	390
12-4	直流系统发生正极接地或负极接地对运行有哪些危害？	390
12-5	查找直流电源接地应注意什么？	390
12-6	查找直流接地的操作步骤和注意事项有哪些？	391
12-7	直流母线电压消失，如何处理？	391
12-8	直流系统的运行方式有哪些？	392
12-9	集控直流系统的主要作用是什么？	392
12-10	网控直流系统的主要作用是什么？	392
12-11	直流母线电压的允许变化范围是多少？	392
12-12	对并联电池组的电池有什么要求？	392
12-13	直流分路负荷电源中断的现象是什么？	392

12-14	用试停方法查找直流接地有时找不到接地点在哪个系统，可能是什么原因？	392
12-15	为什么要装设直流绝缘监视装置？	393
12-16	用拉路法选择直流母线接地的注意事项是什么？	393
12-17	直流系统有两点同极性接地时，应如何查找？	393
12-18	直流母线电压过低或过高有何危害？如何处理？	393
12-19	直流母线充电器由哪几部分组成，各有什么作用？	394
12-20	直流充电器启动前有哪些检查项目？	394
12-21	直流充电器启动如何操作？	394
12-22	充电器停止如何操作？	395
12-23	直流充电装置的运行检查项目有哪些？	395
12-24	充电机交、直流开关跳闸的处理方法有哪些？	395
12-25	直流分路负荷电源中断的处理方法有哪些？	396
12-26	浮充电电流过大或小有什么危害？	396
12-27	两个直流电源并列有何规定？	396
12-28	直流系统测绝缘有何规定？	397
12-29	UPS装置的工作原理及构成如何？	397
12-30	UPS有几路电源？分别取自哪里？	397
12-31	UPS系统的作用是什么？	398
12-32	简述UPS装置投运前的检查项目。	398
12-33	简述UPS装置运行中的检查项目。	398
12-34	简述UPS系统的主要负荷。	398
12-35	UPS系统逆变器温度高的可能原因是什么？	399
12-36	在UPS故障情况下，如何实现切换？	399
第十三章	**智能电网技术**	**400**
13-1	智能电网的智能化主要体现在哪几方面？	401
13-2	什么是智能电网？	401
13-3	智能电网具备哪些主要特征？	401
13-4	智能电网的先进性主要体现在哪些方面？	402
13-5	为什么说智能电网是电网发展的必然趋势？	403

13-6	智能电网将对世界经济社会发展产生哪些促进作用？	404
13-7	建设智能电网对我国电网发展具有哪些重要意义？	404
13-8	我国建设智能电网具有哪些有利条件？	406
13-9	什么是坚强智能电网？	407
13-10	为什么必须以坚强为基础来发展智能电网？	407
13-11	为什么要建设以特高压电网为骨干网架的坚强智能电网？	408
13-12	建设坚强智能电网的社会经济效益主要表现在哪些方面？	408
13-13	建设坚强智能电网对于节能减排有何重要意义？	409
13-14	建设坚强智能电网对于清洁能源发展有何重要作用？	409
13-15	建设坚强智能电网对于提升能源资源的优化配置能力有何重要意义？	410
13-16	建设坚强智能电网对于电力系统的发展有何重大意义？	410
13-17	智能电网将给人们的生活带来哪些好处？	411
13-18	坚强智能电网建设的指导思想是什么？	411
13-19	坚强智能电网建设的基本原则是什么？	412
13-20	坚强智能电网的总体发展目标是什么？	412
13-21	坚强智能电网建设的两条主线是什么？	412
13-22	坚强智能电网建设分为哪三个阶段？	413
13-23	坚强智能电网体系架构包括哪四个部分？	413
13-24	坚强智能电网的内涵包括哪五个方面？	414
13-25	智能用电的发展目标是什么？	414
13-26	智能用电主要涉及哪些技术领域？	414
13-27	国家电网公司在智能用电方面已开展了哪些工作？	415

第一章

电工基础

1-1 什么是正弦交流电？为什么普遍采用正弦交流电？

正弦交流电是指电路中的电流、电压及电动势的大小都随着时间按正弦函数规律变化。这种大小和方向都随时间做周期性变化的电流称交变电流，简称交流。

交流电可以通过变压器变换电压，在远距离输电时，通过升高电压可以减少线路损耗。而当使用时又可以通过降压变压器把高压变为低压，这既有利安全，又能降低对设备的绝缘要求。此外，交流电动机与直流电动机相比，具有构造简单、造价低廉、维护简便等优点。在有些地方需要使用直流电，交流电又可通过整流设备将交流电变换为直流电，所以交流电目前获得了广泛的应用。

1-2 什么是交流电的周期、频率和角频率？

交流电在变化过程中，它的瞬时值经过一次循环又变化到原来瞬时值所需要的时间，即交流电变化一个循环所需的时间，称为交流电的周期。周期用符号 T 表示，单位为 s。周期越长交流电变化越慢，周期越短变化越快。

交流电每秒钟周期性变化的次数叫频率，用字母 f 表示，它的单位是赫兹，用符号 Hz 表示。它的单位有赫兹、千赫、兆赫。

角频率与频率的区别在于它不用每秒钟变化的周数来表示交流电变化的快慢，而是用每秒钟所变化的电气角度来表示。交流电变化一周其电气角度变化 $360°$，$360°$ 等于 2π 弧度，所以角频率与周期及频率的关系为 $w = 2\pi f = 2\pi/T$。

1-3 什么是交流电的相位、初相角和相位差？

交流电动势的波形是按正弦曲线变化的，其数学表达式为 $E = E_m \sin \omega t$。该式表明在计时开始瞬间导体位于水平面时的情况，如果计时开始时导体不在水平面上，而是与中性面相差一个角，那么在 $t=0$ 时，线圈中产生的感应电动势为 $E = E_m \sin \varphi$。

若转子以 w 角度旋转，经过时间 t 后，转过 wt 角度，此时线圈与中性面的夹角为$(\omega t + \varphi)$。

正弦电动势的一般表达式为$E = E_m \sin(\omega t + \varphi)$，也称作瞬时值表达式。

式中：$\omega t + \varphi$为相位角，即相位；φ为初相角，即初相，表示$t=0$时的相位。

在一台发电机中，常有几个绕组，由于绕组在磁场中的位置不同，因此它们的初相就不同，但是它们的频率是相同的。另外，在同一电路中，电压与电流的频率相同，但往往初相也是不同的，通常将两个同频率正弦量相位之差叫相位差。

1-4 简述感抗、容抗的意义。

交流电路的感抗表示电感对正弦电流的限制作用。在纯电感交流电路中，电压有效值与电流有效值的比值称作感抗，用符号X表示，$X_L = U/I = \omega L = 2\pi f L$。感抗的大小与交流电的频率有关，与线圈的电感有关。当f一定时，感抗X_L与电感L成正比；当电感一定时，感抗与频率成正比。感抗的单位是欧姆。

纯电容交流电路中，电压有效值与电流有效值的比值称作容抗，用符号X_C表示，$X_C = U/I = \dfrac{1}{\omega C} = 1/2\pi f C$。在同样的电压作用下，容抗$X_C$越大，电流越小，说明容抗对电流有限制作用。容抗和电压频率、电容器的电容量均成反比。因为频率越高，电压变化越快，电容器极板上的电荷变化速度越大，所以电流就越大；而电容越大，极板上存储的电荷就越多，当电压变化时，电路中移动的电荷就越多，故电流越大。容抗的单位是欧姆。应当注意，容抗只有在正弦交流电路中才有意义。另外需要指出，容抗不等于电压与电流的瞬时值之比。

1-5 交流电的有功功率、无功功率和视在功率的定义是什么？

电流在电阻电路中，一个周期内所消耗的平均功率叫有功功率，用 P 表示，单位为瓦。

储能元件线圈或电容器与电源之间的能量交换，时而大时而小，为了衡量它们能量交换的大小，用瞬时功率的最大值来表示，也就是交换能量的最大速率，称作无功功率，用 Q 表示，电感性无功功率用 Q_L 表示，电容性无功功率用 Q_C 表示，单位为乏。

在电感、电容同时存在的电路中，感性和容性无功功率互相补偿，电源供给的无功功率为两者之差，即电路的无功功率为 $Q=Q_L-Q_C=UI\sin\varphi$。

电流与电压的直接乘积就是视在功率，视在功率 $S=UI$。对于非纯电阻电路，电路的有功功率小于视在功率。对于纯电阻电路，视在功率等于有功功率。

1-6　什么是交流电谐振？

用一定的连接方式将交流电源、电感线圈、电容器组合起来，在一定的条件下，电路有可能发生电能与磁能相互交换的现象，此时，外加交流电源仅供电阻上的能量消耗，不再与电感线圈或电容器发生能量转换，这种现象就称为交流电谐振。

1-7　什么是并联谐振？

在电感和电容并联电路中，出现并联电路的端电压与总电流同相位的现象叫做并联谐振。并联谐振的特点：通过改变电容 C 达到并联谐振时，电路的总阻抗最大，因而电路的总电流变得最小。但是对每一支路而言，其电流都可能比总电流大得多，因此并联谐振又称为电流谐振。另外，并联谐振时，由于端电压和总电流同相位，使电路的功率因数达到最大值，即 $\cos\varphi$ 等于1，而且并联谐振不会产生危害设备安全的谐振过电压。因此，提供了提高功率因数的有效方法。

1-8　什么是串联谐振？

在由电阻、电感和电容组成的串联电路中，出现电路两端电压与线路电流同相位的现象称串联谐振。串联谐振发生的条件是线路中的电抗等于零,即容抗正好等于感抗。发生串联谐振时由于线路电抗为零,此时线路的阻抗就等于线路的电阻,电流最大。如果此时线路中感抗和容抗大于线路电阻,在电感和电容元件上的电压有效值就可能大于外施电压许多倍。发生串联谐振时电源不向回路输送无功功率。电感与电容中的无功功率大小相等、完全互补,无功能量的交换在它们之间进行。

1-9 涡流是怎样产生的?什么叫涡流损耗?

在有铁芯的线圈中通入交流电流,铁芯中便产生交变磁通,同时也要产生感应电动势。在这个电动势的作用下,铁芯中便形成自感回路的电流,称为涡流。

由涡流引起的能量损耗叫涡流损耗。

1-10 什么叫过渡过程?产生过渡过程的原因是什么?

过渡过程是一个暂态过程,是从一个稳定状态转换到另一个稳定状态所要经过的一段时间的过程。产生过渡过程的原因是由于储能元件的存在。储能元件如电感和电容,它们在电路中的能量不能跃变,即电感的电流和电容的电压在变化过程中不能突变,所以电路中的一个稳定状态过渡到另一个稳定状态要有一个过程。

1-11 什么是叠加原理?

在线性电路中,如果有几个电源同时作用,任一条支路的电流(或电压)是电路中各个电源单独作用时在该支路中产生的电流(或端电压)的代数和。在运用叠加原理时,对电压源应视作短路状态,而对于电流源应视作开路状态。

1-12 什么是电磁感应?

当磁场发生变化或导体切割磁力线运动时,回路中就有电动势产生,这个电动势就称为感应电动势;这种现象就称为电磁感应现象。

1-13 如何判断感应电动势的方向？

感应电动势的方向用右手定则判断。具体方法是将右手平伸，使磁力线穿过手掌心，大拇指指向导体运动方向，与拇指互相垂直的四指所指的方向就是感应电动势的方向。

1-14 什么是自感现象和互感现象？

线圈中由于自身电流变化而产生感应电动势的现象称为线圈的自感现象。由于一个线圈的电流变化而使另一个线圈产生感应电动势的现象称为互感现象。这是因为线圈中的电流变化导致磁场发生变化，另一个线圈因磁场变化而产生感应电动势。

1-15 采用三相发、供电设备有什么优点？

发同容量的电量，三相发电机比单相发电机的体积小；三相输、配电线路比单相输、配电线路条数少，这样可以节省大量的材料。另外，三相电动机比单相电动机的性能好，所以多采用三相设备。

1-16 为什么三相电动机的电源可以用三相三线制，而照明电源必须用三相四线制？

因为三相电动机是三相对称负荷，无论是星形接法或是三角形接法，都只需要将三相电动机的三根相线接在电源的三根相线上，而不需要第四根中性线，所以可用三相三线制电源供电。照明电源的负载是电灯，它的额定电压均为相电压，必须一端接一相相线，一端接中性线，这样可以保证各相电压互不影响，所以必须用三相四线制，但严禁用一相一地照明。

1-17 什么是交流电的有效值？

将一直流电与一交流电分别通过相同阻值的电阻，如果相同时间内两电流通过电阻产生的热量相同，就说这一直流电的电流值是这一交流电的有效值。交流电的有效值等于其最大值的 $1/\sqrt{2}$ 倍。

1-18 什么叫集肤效应？

在交流电通过导体时，导体截面上各处电流分布不均匀，导体中心处密度最小，越靠近导体的表面密度越大，这种趋向于沿导体表面的电流分布现象称为集肤效应。

1-19 什么是沿面放电？

电力系统中有很多悬式和针式绝缘子、变压器套管和穿墙套管等，它们很多是处在空气中，当这些设备的电压达到一定值时，这些瓷质设备表面的空气发生放电，叫做沿固体介质表面的沿面放电，简称沿面放电。当沿面放电贯穿两极间时，形成沿面闪络。沿面放电比在空气中的放电电压低。沿面放电电压与电场的均匀程度、固体介质的表面形状及气象条件有关。

1-20 什么是尖端放电？

电荷在导体表面的分布，取决于导体的形状。在导体表面曲率半径小的地方，电荷比较密集，附近的电场比较强；在导体的尖端处，电荷密度最大，周围的电场也最强，在一定条件下会使空气击穿而放电，这种现象就称为尖端放电。

1-21 什么是微分电路和积分电路？

利用电容器两端间的电压不能突变的原理，能将矩形波变成尖脉冲波的电路称微分电路，能将矩形波变成锯齿波的电路称为积分电路。

1-22 滤波电路有什么作用？

整流装置把交流电转化为直流电，但整流后的波形中还包含相当大的交流成分，这样的直流电只能用在对电源要求不高的设备中。有些设备如电子仪表、自动控制等，要求直流电源脉动成分特别小，因此为了提高整流电压质量，改善整流电路的电压波形，常常加装滤波电路，将交流成分滤掉。

1-23　半波整流电路是根据什么原理工作的？有何特点？

半波整流电路的工作原理：在变压器绕组的两端串接一个整流二极管和负荷电阻，当交流电为正半周时，二极管导通，电流流过负荷电阻；当交流电为负半周时，二极管截止。所以，负荷电阻上的电压只有交流电压的正半周，即达到整流的目的。特点是接线简单，使用整流元件少，但输出的电压低、效率低、脉动大。

1-24　全波整流电路的工作原理是怎样的？有何特点？

变压器的二次绕组中有中心抽头，组成两个匝数相等的绕组，每个半绕组出口各串接一个二极管，使交流电在正、负半周同时各流过一个二极管，以同一方向流过负荷，这样就在负荷上获得一个脉动的直流电流和电压。特点：输出的电压高、脉动小、电流大，整流效率也较高，但变压器的二次绕组有中心抽头，使其体积增大，工艺复杂，而且两个半部绕组只有半个周期内有电流流过，使变压器的利用率降低，二极管承受的反向电压高。

1-25　如何用晶闸管实现可控整流？

在整流电路中，晶闸管在承受正向电压的时间内，改变触发脉冲的输入时刻，即改变控制角的大小，在负荷上可得到不同数值的直流电压，因而控制了输出电压的大小。

1-26　三相全波整流器的电源回路有时发生直流母线电压显著下降的情况是什么原因？

(1) 交流电源电压过低。

(2) 硅整流器交流侧一根相线断路，直流母线电压比正常降低 33%。

(3) 硅整流器在不同相不同侧有两只整流元件断路,直流母线电压降低 33%。

(4) 硅整流器有一只元件开路时,直流母线电压降低 17%。

(5) 硅整流器在不同相同一侧有两只整流元件开路,直流母线电压降低 50%。

1-27 在整流电路输出端为什么要并联一个电容?

电容是具有充放电功能的元件,它的电压不会突变。在整流电路输出端并联一个电容,则在电压变化过程中,会使整流后的脉动电压变得更加平缓,以更好地达到稳定直流电压和电流的目的。

1-28 为什么要采用安全色?设备的安全色是如何规定的?

为便于识别设备,防止误操作,确保电气工作人员的安全,用不同的颜色来区分不同的设备。

电气三相母线 A、B、C 三相的识别,分别用黄、绿、红作为标志。接地线明敷部分涂以黑色,低压电网的中性线用淡蓝色作为标志。二次系统中,交流电压回路、电流回路分别采用黄色和绿色标识。直流回路中正、负电源分别采用赭红、蓝两色,信号和告警回路采用白色。另外,为了保证运行人员更好地操作、监盘和处理事故,在设备仪表盘上,在运行极限参数上画有红线。

1-29 什么是电气一次设备和一次回路?

一次设备是指直接生产、输送和分配电能的高压电气设备。它包括发电机、变压器、断路器、隔离开关、自动开关、接触器、刀开关、母线、输电线路、电力电缆、电抗器、电动机等。由一次设备相互连接,构成发电、输电、配电或进行其他生产的电气回路称为一次回路或一次接线系统。

1-30 什么是电气二次设备和二次回路?

二次设备是指对一次设备的工作进行监测、控制、调节、保护以及为运行、维护人员提供运行工况或生产指挥信号所需的低压电气设备。如熔断器、控制开关、继电器、控制电缆等。由二次设备相互连接，构成对一次设备进行监测、控制、调节和保护的电气回路称为二次回路或二次接线系统。

第二章

旋转电机

第一节 发电机及励磁系统

2-1 发电机定子、转子主要由哪些部分组成？

（1）发电机定子主要由定子绕组、定子铁芯、机座和端盖等部分组成。

（2）发电机转子主要由转子铁芯、励磁绕组、护环、中心环、风扇、集电环以及引线等部分组成。

2-2 简述同步发电机的运行原理。

发电机主要有定子和转子两部分，定、转子之间有气隙。定子上有 AX、BY、CZ 三相绕组，它们在空间上彼此相差 120°电角度，每相绕组的匝数相等。转子磁极（主极）上装有励磁绕组，有直流励磁，其磁通从转子 N 极出来，经过气隙、定子气隙、定子铁芯、气隙，进入转子 S 极而构成回路，用原动机拖动发电机沿逆时针方向旋转，则磁力线将切割定子绕组的导体，由电磁感应定律可知，在定子导体中就会感应出交变的电动势。

2-3 同步发电机的定子旋转磁场有何特点？

（1）磁场旋转方向与电流相序有关。

（2）哪一相绕组的电流达到最大值，旋转磁场的轴线也正好转到该相绕组的轴线上。

（3）磁场的旋转速度与频率有关。

2-4 发电机定子绕组为什么不采用三角形接法？

如果采用三角形接法，当三相不对称时，或绕组接错线时，会造成发电机三相电动势不对称，这样将在绕组内产生环流，如果这种不对称度比较大，那么环流也比较大，这样会使发电机烧毁。另外，星形接法可以抵消发电机因为齿或槽铁芯而产生的三次谐波。

2-5 什么叫同步发电机电枢反应？

由于电枢磁场的作用，将使气隙合成磁场的大小和位置与空载时的气隙主磁场相比发生变化，把发电机带负荷时，电枢磁动势的基波分量对转子励磁磁动势的作用，叫同步发电机的电枢反应。

2-6 发电机的损耗分为哪几类？

发电机的损耗分为铜损、铁损、通风损耗与风摩擦损耗、轴承摩擦损耗等。

2-7 同步发电机的基本运行特性有哪些？

（1）空载特性。
（2）短路特性。
（3）负载特性。
（4）外特性。
（5）调整特性。

2-8 同步发电机和系统并列应满足哪些条件？

（1）待并发电机的电压等于系统电压，允许电压差不大于5%。
（2）待并发电机频率等于系统频率，允许频率误差不大于0.1Hz。
（3）待并发电机电压的相序和系统电压的相序相同。
（4）待并发电机电压的相位和系统电压的相位相同。

2-9 发电机防虹吸管的作用？

定子出水汇水母管回流至水箱时，可能产生虹吸作用，造成线棒内气塞导致发电机断水，为杜绝此类事故所以安装防虹吸管。防虹吸管一端接至出水汇水母管的上部，另一端接至水箱的顶部。

2-10 《防止电力生产重大事故的二十五项重点要求》（国电发〔2000〕589号）中，关于水内冷发电机的绕组温度是如何规定的？

发电机定子线棒层间测温元件的温差和出水支路的同层各定子线棒引水管出水温差应加强监视。温差控制值应按制造厂家规定，制造厂家未明确规定的，应按照以下限额执行：定子线棒层间最高与最低温度间的温差达8℃或定子线棒引水管出水温差达8℃应报警，应及时查明原因，此时可降低负荷。定子线棒温差达14℃或定子线棒引水管出水温差达12℃，或任一定子槽内层间测温元件温度超过90℃或出水温度超过85℃时，在确认测温元件无误后，应立即停机处理。

2-11 什么是发电机的调整特性？

发电机的调整特性是指在发电机定子电压、转速和功率因数为常数的情况下，定子电流和励磁电流之间的关系。

2-12 发电机冷却介质的置换为什么要用CO_2做中间气体？

氢气与空气混合能形成爆炸气体，遇到明火即能引起爆炸。二氧化碳气体是一种惰性气体，其与氢气或空气混合不会产生爆炸性气体，所以发电机的冷却介质置换用CO_2作中间气体。

2-13 发电机气体置换合格的标准是什么？

（1）二氧化碳置换空气：发电机内二氧化碳含量大于85%合格。

（2）氢气置换二氧化碳：发电机内氢气纯度大于96%，含氧量小于1.2%合格。

（3）二氧化碳置换氢气：发电机内二氧化碳含量大于95%合格。

（4）空气置换二氧化碳：发电机内空气的含量超过90%合格。

2-14 发电机运行特性曲线（P-Q 曲线）的四个限制条件是什么？

在稳态条件下，发电机运行特性曲线受下列四个条件限制：

（1）原动机输出功率极限的限制，即原动机的额定功率一般要稍大于或等于发电机的额定功率。

（2）发电机的额定视在功率的限制，即由定子发热决定的容许范围。

（3）发电机的磁场和励磁机的最大励磁电流的限制，通常由转子发热决定。

（4）进相运行时的稳定度，即发电机的有功功率输出受到静态稳定条件的限制。

2-15 对发电机内氢气品质的要求是什么？

（1）氢气纯度大于 96%。

（2）含氧量小于 1.2%。

（3）氢气的露点温度在 −25℃~0℃ 之间（在线）。

2-16 大型发电机的定期分析内容有哪些？

定期测量分析定子测温元件的对地电位，以监视槽内线棒有无松动和电腐蚀现象；定期测量分析定子端部冷却元件进出水温差，以监视是否有结垢现象；定期分析定、转子绕组温升，定子上下绕组埋置检温计之间的温差，定子绝缘引水管出口端检温计之间的温差，以监视有无腐蚀、阻塞现象；定期分析水冷器的端差，以监视有无结垢阻塞现象。

2-17 什么是发电机漏氢率？

发电机漏氢率是指额定工况下，发电机每天漏氢量与发电机额定工况下氢容量的比值。

2-18 提高发电机的功率因数对发电机的运行有什么影响？

发电机的功率因数提高后，根据功角特性，发电机的工作点将提高，发电机的静态稳定储备减少，发电机的稳定性降低。因此，在运行中不要使发电机的功率因数过高。

2-19　发电机入口风温为什么规定上下限？

发电机入口风温低于下限，将造成发电机绕组上结露，降低绝缘能力，使发电机损伤。发电机入口风温高于上限，将使发电机出口风温随之升高。因为发电机出口风温等于入口风温加温升，当温升不变且等于规定的温升时，入口风温超过上限，则发电机出口风温将超过规定，使定子绕组温度、铁芯温度相应升高，绝缘发生脆化，丧失机械强度，发电机寿命缩短。所以，发电机入口风温规定上下限。

2-20　发电机短路试验的目的何在？短路试验的条件是什么？

新安装或大修后，发电机应做短路试验，其目的是测量发电机的绕组损耗即铜损。发电机在进行短路试验前，必须满足下列条件：

（1）发电机定子冷却水正常投入。

（2）发电机内氢压达额定值，氢气冷却水正常投入。

（3）发电机出口用专用的短路排短路。

（4）励磁系统能保证缓慢、均匀的零起升压。

2-21　如何防止发电机绝缘过冷却？

发电机的定子冷却器在发电机启动前通冷却水，当负荷增加时，逐渐增加冷却器的冷却水量，以使氢（空）气温度保持在规定范围内；在发电机停机前减负荷时，应随负荷的减少逐渐减少冷却器的冷却水量，以保持氢（空）气温度不变，防止发电机绝缘过冷却。

2-22　励磁调节器运行时，手动调整发电机无功负荷时应注意什么？

（1）增加无功负荷时，应注意发电机转子电流和定子电流不能超过额定值；不要使发电机功率因数过低，否则无功功率送出太多，将使系统损耗增加；励磁电流过大也易造成转子过热。

（2）降低无功负荷时，应注意不要使发电机功率因数过高或进相运行（若发电机设计可以进相运行，则应根据进相运行曲线调整机组无功），从而引起稳定问题。

2-23　发电机进相运行受哪些因素限制？

当系统供给的感性无功功率多于需要时，将引起系统电压升高，要求发电机少发无功甚至吸收无功，此时发电机可以由迟相运行转变为进相运行。制约发电机进相运行的主要因素有：

（1）系统稳定的限制。

（2）发电机定子端部结构件温度的限制。

（3）定子电流的限制。

（4）厂用电电压的限制。

（5）发电机定子端部电压的限制。

2-24　运行中在发电机集电环上工作应注意哪些事项？

（1）应穿绝缘鞋或站在绝缘垫上。

（2）使用绝缘良好的工具并采取防止短路及接地的措施。

（3）严禁同时触碰两个不同极的带电部分。

（4）穿工作服，把上衣扎在裤子里并扎紧袖口，女同志还应将辫子或长发卷在帽子里。

（5）禁止戴绝缘手套。

2-25　水冷发电机在运行中要注意什么？

（1）出水温度是否正常。出水温度升高不是进水少或进水温度偏高，就是发电机内部发热不正常，应加强监视。

（2）观察端部有无漏水，绝缘引水管是否断裂或折扁，部件有无松动，局部有无过热、结露等情况发生。

（3）定子、转子绕组的冷却水不能断水，断水时一般只允许运行30s。

（4）监视线棒的震动情况，一般采用测量测温元件对地电位的方法进行监视。

（5）对各部分温度进行监视，注意运行中高温点及各点温度的变化情况。

2-26　为什么发电机要装设转子接地保护？

发电机励磁回路一点接地故障是常见的故障形式之一，励磁回路一点接地故障对发电机并未造成危害，但相继发生第二点接地，即转子两点接地时，由于故障点流过相当大的故障电流而烧伤转子本体，并使励磁绕组电流增加导致过热烧伤；由于部分绕组被短接，使气隙磁通失去平衡从而引起振动甚至还可使轴系和汽轮机磁化，两点接地故障的后果是严重的，故必须装设转子接地保护。

2-27　一般发电机内定子冷却水系统泄漏有哪几种情况？

（1）定子绝缘引水管有裂缝或水接头有泄漏。

（2）定子水接头焊缝处泄漏或汇流管焊缝、法兰连接处泄漏。

（3）定子线棒空心导线被小铁块等异物钻孔而引起泄漏。

（4）定子线棒空心导线因材质有问题产生裂纹而泄漏。

2-28　发电机过热的原因是什么？

（1）外电路过负荷及三相不平衡。

（2）电枢磁极与定子摩擦。

（3）电枢绕组有短路或绝缘损坏。

（4）轴承发热。

（5）冷却系统故障。

2-29 发电机在运行中功率因数降低有什么影响？

当功率因数低于额定值时，发电机出力应降低，因为功率因数越低，定子电流的无功分量越大，由于电枢电流的感性无功电流起去磁作用，会使气隙合成磁场减小，使发电机定子电压降低，为了维持定子电压不变，必须增加转子电流，此时若保持发电机出力不变，则必然会使转子电流超过额定值，引起转子绕组的温度超过允许值而使转子绕组过热。

2-30 短路对发电机有什么危害？

短路的主要特点是电流大，电压低。电流大的结果是产生强大的电动力和发热，它有以下几点危害：

(1) 定子绕组的端部受到很大的电磁力的作用。
(2) 转子轴受到很大的电磁力矩的作用。
(3) 引起定子绕组和转子绕组发热。

2-31 发电机定子绕组单相接地对发电机有何危险？

发电机的中性点是绝缘的，如果一相接地，表面看构不成回路，但是由于带电体与处于地电位的铁芯间有电容存在，发生一相接地，接地点就会有电容电流流过。单相接地电流的大小，与接地绕组的份额成正比。当机端发生金属性接地时，接地电流最大，而接地点越靠近中性点，接地电流越小，故障点有电流流过，就可能产生电弧，当接地电流大于 5A 时，就会有烧坏铁芯的危险。此外，单相接地故障还会进一步发展为匝间短路或相间短路故障，从而出现巨大的短路电流，造成发电机的损坏。

2-32 如何根据发电机的吸收比判断绝缘受潮情况？

吸收比对绝缘受潮反映很灵敏，同时温度对它略有影响，当温度在 10～45℃ 范围内测量吸收比时，要求测得的 60s 与 15s 绝缘电阻的比值，应该大于或等于 1.3（$R''_{60}/R''_{15} \geqslant 1.3$），若比值低于 1.3，应进行烘干。

2-33 发电机启动升压时为何要监视转子电流、定子电压和定子电流？

（1）若转子电流很大，定子电压、励磁电压较低，可能是励磁回路短路。

（2）额定电压下的转子电流较额定空载励磁电流明显增大时，可能是转子绕组有匝间短路或定子铁芯片间有短路故障。

监视定子电压是为了防止电压回路断线或电压表卡，发电机电压升高失控，危及绝缘。

监视定子电流是为了判断发电机出口及主变压器高压侧有无短路现象。

2-34 发电机漏氢的薄弱环节有哪些？

（1）机壳的接合面。

（2）密封油系统。

（3）氢冷却器。

（4）出线套管。

2-35 氢冷发电机漏氢有哪几种表现形式？哪种最危险？

按漏氢部位有两种表现形式：

（1）外漏氢。氢气泄漏到发电机周围空气中，一般距离漏点 0.25m 以外已基本扩散，所以外漏氢引起氢气爆炸的危险性较小。

（2）内漏氢。氢气从定子套管法兰接合面泄漏到发电机封闭母线中，通过密封瓦间隙进入密封油系统中，通过定子绕组空芯导线、引水管等进入冷却水中，通过冷却器铜管进入循环冷却水中。内漏氢引起氢气爆炸的危险性最大，因为空气和氢气是在密闭空间内混合的，若氢含量达 4%～75%，遇火即发生氢爆。

2-36 什么叫同步发电机的同步振荡和异步振荡？

（1）同步振荡。当发电机输入或输出功率变化时，功率角 δ 将随之变化，但由于机组转动部分的惯性，δ 不能立即达到新的稳定值，需要经过若干次在新的δ值附近振荡之后，才能稳定在新的δ下运行，这一过程即同步振荡，即发电机仍保持在同步运行状态下的振荡。

（2）异步振荡。发电机因某种原因受到较大的扰动，其功率角δ在0°～360°之间周期性地变化，发电机与电网失去同步运行的状态。在异步振荡时，发电机一会儿工作在发电机状态，一会儿工作在电动机状态。

2-37 发电机常发生哪些故障和不正常状态？

（1）发电机定子绕组、水温、铁芯等测温元件失灵而引起的温度升高误报警。

（2）冷却水系统不正常，造成超温。

（3）励磁系统碳刷冒火，冷却风机跳闸等。

（4）发电机定子绕组漏水报警。

（5）发电机本体漏氢大。

（6）转子一点接地报警。

（7）发电机进相运行。

（8）发电机出口TV断线。

2-38 运行中，定子铁芯个别点温度突然升高时应如何处理？

运行中，若定子铁芯个别点温度突然升高，应当分析该点温度上升的趋势及有功、无功负荷变化的关系，并检查该测点的正常与否。若随着铁芯温度、进出风温度和进出风温差的显著上升，又出现"定子接地"信号时，应立即减负荷解列停机，以免铁芯烧坏。

2-39 发电机电压达不到额定值有什么原因？

（1）磁极绕组短路或断路。

（2）磁极绕组接线错误，以致极性不符。

（3）磁极绕组的励磁电流过低。

（4）换向磁极的极性错误。

（5）励磁机整流子铜片与绕组的连接处焊锡熔化。

（6）电刷位置不正或压力不足。

（7）原动机转速不够或容量过小，外电路过负荷。

2-40 氢冷发电机在运行中氢压降低是什么原因引起的？

（1）轴封中的密封油压力过低或供油中断。

（2）供氢母管氢压低。

（3）发电机突然甩负荷或氢气入口温度突降，引起过冷却而造成氢压降低。

（4）氢管破裂或阀门泄漏。

（5）密封瓦塑料垫破裂，氢气大量进入油系统、定子引出线套管，或转子密封破坏造成漏氢，空芯导线或冷却器铜管有砂眼或运行中发生裂纹，氢气进入冷却水系统中等。

（6）运行误操作，如错开排氢门等而造成氢压降低等。

2-41 运行中如何防止发电机集电环冒火？

（1）检查电刷牌号，必须使用制造厂家指定的或经过试验适用的同一牌号的电刷。

（2）用弹簧秤检查电刷压力，并进行调整。各电刷压力应均匀，其差别不应超过10%。

（3）更换磨得过短、不能保持所需压力的电刷。

（4）电刷接触面不洁时，用干净帆布擦去或刮去电刷接触面的污垢。

（5）电刷和刷辫、刷辫和刷架间的连接松动时，应检查连接处的接触程度，设法紧固。

（6）检查电刷在刷盒内能否上下自如地活动，更换摇摆和卡涩的电刷。

（7）用直流卡钳检测电刷电流分布情况。对负荷过重、过轻的电刷及时调整处理,重点是使电刷压力均匀、位置对准集电环圆周的法线方向。

2-42 为何要在集电环表面上铣出沟槽?

运行中,当集电环与碳刷滑动接触时,会产生高热,为此在集电环表面车有螺旋状的沟槽,这一方面是为了增加散热面积,加强冷却;另一方面是为了改善同电刷的接触,而且也容易让电刷的粉末沿螺旋状沟槽排出。有的集电环还钻有斜孔或让边缘呈齿状,也是为了加强冷却,因为转子转动时这些斜孔和齿可以起到风扇的作用。

2-43 运行中,对集电环应定期检查哪些项目?

(1) 整流子和集电环上电刷的冒火情况。
(2) 电刷在刷框内有无跳动或卡涩的情况,弹簧的压力是否正常。
(3) 电刷连接软线是否完整,接触是否良好,有无发热和碰触机壳的情况。
(4) 电刷边缘有无剥落的情况。
(5) 电刷是否过短,若超过现场规定,则应给予更换。
(6) 各电刷的电流分担是否均匀,有无过热。
(7) 集电环表面的温度是否超过规定。
(8) 刷框和刷架上有无积垢。

2-44 为什么发电机定子铁芯采用硅钢片叠成?

发电机的转子磁场在定子里是转动的,所以定子铁芯处于交变磁场的作用下,为了减少定子铁芯的涡流损耗,故定子铁芯采用片间相互绝缘的硅钢片来叠成。

2-45 为什么发电机转子可采用整块钢来锻成?

定子的旋转磁场对转子来讲,它们是同步旋转的,它们之间是相对静止的,转子实际上是处在一个不变的磁场中,因此转子

23

可采用整块钢来锻成。

2-46　大型发电机解决发电机端部发热问题的方法有哪些？

（1）在铁芯齿上开小槽阻止涡流通过。

（2）压圈采用非磁性材料，并在其轴向中部位置开径向通风孔，加强冷却通风。

（3）设有两道磁屏蔽环，以形成漏磁通分路，使端部损耗减少，温度降低。

（4）铁芯端部最外侧加电屏蔽环，它由导电率高的铜、铝等金属制成，其作用是削弱或阻止磁通进入端部铁芯。

（5）端部压圈和电屏蔽环等温度高的部件设置冷却水铜管。

2-47　发电机过负荷运行应注意什么？

在事故情况下，发电机过负荷运行是允许的，但应注意：

（1）当定子电流超过允许值时，应注意过负荷的时间不得超过允许值。

（2）在过负荷运行时，应加强对发电机各部分温度的监视使其控制在规程规定的范围内，否则，应进行必要的调整或降出力运行。

（3）加强对发电机端部、集电环和整流子的检查。

（4）如有可能应加强冷却，降低发电机入口风温。

2-48　运行中引起发电机振动突然增大的原因有哪些？

总体可分为电磁原因和机械原因两类。

（1）电磁原因。转子两点接地，匝间短路，负荷不对称，气隙不均匀等。

（2）机械原因。找正找得不正确，联轴器连接不好，转子旋转不平衡。

（3）其他原因。系统中突然发生严重的短路故障，如单相或两相短路等；运行中，轴承中的油温突然变化或断油。由于汽轮机方面的原因引起的汽轮机超速也会引起转子振动。

2-49 发电机定子线棒或导水管漏水有何现象？如何处理？

现象：

（1）定子线棒内冷水压升高。

（2）氢气漏气量增大，补氢量增大，氢压降低。

（3）内冷水箱氢含量升高。

（4）发电机油水继电器可能报警。

处理：

（1）从发电机油水继电器放出液体化验，判断是否内冷水箱泄漏。

（2）检查内冷水箱压力，压力升高是否由发电机定子线棒或引水管漏水引起。

（3）若确认发电机定子线棒或导水管漏水属实，则应立即解列停机。

（4）注意监视发电机各部温度。

2-50 发电机断水时应如何处理？

运行中，发电机断水信号发出时，运行人员应立即看好时间，做好发电机断水保护拒动的事故处理准备，与此同时，查明原因，尽快恢复供水。若在保护动作时间内冷却水恢复，则应对冷却系统及各参数进行全面检查，尤其是转子绕组的供水情况，如果发现水流不通，则应立即增加进水压力恢复供水或立即解列停机；若断水时间达到保护动作时间而断水保护拒动时，应立即手动拉开发电机断路器和灭磁开关。

2-51 运行中励磁机整流子发黑的原因是什么？

（1）流经碳刷的电流密度过高。

（2）整流子灼伤。

（3）整流子片间绝缘云母片突出。

(4) 整流子表面脏污。

2-52　简述发电机电压互感器回路断线的现象和处理方法。

警铃响，发电机出口电压互感器"电压回路断线"光字显示。

(1) 仪表用电压互感器回路断线时，发电机定子电压、有功功率、无功功率、频率表指示（显示）异常（下降或为零）；定子电流及励磁系统其他表计指示（显示）正常。

(2) 如一次熔丝熔断，零序电压可能有 33V 左右的电压显示，静子接地信号发出。

(3) 如发电机出口励磁调压器用电压互感器回路断线时，励磁自动组可能跳闸，如未跳，发电机无功功率、定子电流、励磁电压、电流表等可能出现异常指示（显示）；励磁调节主从套自动切换时，相应信号发出。

(4) 发电机保护专用电压互感器回路断线时，发电机各表计指示（显示）正常。

处理时，根据故障现象和表计指示情况，判断是哪组电压互感器故障。

(1) 仪表用电压互感器故障，应通知机炉人员维持原负荷不变，电气人员做好故障期间的电量统计工作；将该组电压互感器停电后进行外部检查，若一次熔丝熔断，经检查测定绝缘良好，可恢复送电；如二次熔丝（开关）断路，可试送电，否则通知检修处理。

(2) 调压用电压互感器故障，检查励磁调节已自动切换，否则进行手动切换，或将励磁调节由自动改手动运行，然后将该组电压互感器停电后进行外部检查，若一次熔丝熔断，经检查测定绝缘良好，可恢复送电。

(3) 保护用电压互感器故障，如所带的保护与自动装置可能误动，应先停用，然后对该电压互感器进行停电检查。若一次熔丝熔断，经检查测定绝缘良好，可恢复送电；如二次熔丝（开关）断路，可试送电，否则通知检修处理。

电压互感器停送电应按照其操作原则进行。若一次熔断器熔断，应查明原因进行更换，必要时应对电压互感器本体进行检查，如绝缘测量等；若二次熔断器熔断，应立即更换，且不能将熔断器容量加大；若熔断器完好，应检查电压互感器，接头有无松动、断线，切换回路有无接触不良，还应检查击穿熔断器是否击穿。检查时应采取安全措施，保证人身安全，防止保护误动。

2-53 发电机启动前运行人员应进行哪些试验？

（1）测量机组各部分绝缘电阻应合格。

（2）投入直流后，各信号应正确。

（3）自动励磁装置电压整定电位器、感应调压器及调速电机增减方向正确、动作灵活。

（4）做主开关、励磁系统各开关及厂用工作电源开关联锁跳合闸试验。

（5）发电机断水保护动作跳闸试验、主汽门关闭跳闸试验、紧急停机跳闸试验。

大、小修或电气回路作业后，启动前还应做下述试验：

（1）做保护动作跳主开关、灭磁开关及厂用工作电源开关试验。

（2）做各项联跳试验。

（3）做自动调节励磁系统装置低励、过励限制试验。

（4）做备励、强励动作试验。

（5）配合进行同期校定试验（同期回路没作业时，可不做此项）。

2-54 发电机启动前，对碳刷和集电环应进行哪些检查？

启动前，对碳刷和集电环应进行下列检查：

（1）集电环、刷架、刷握和碳刷必须清洁，不应有油、水、灰等，否则应给予消除。

(2) 碳刷在刷握中应能上下滑动，无卡涩现象。

(3) 碳刷弹簧应完好，压力应基本一致，且无退火痕迹。

(4) 碳刷的规格应一致，并符合现场规定。

(5) 碳刷不应过短，一般不短于2.5cm，否则应给予更换。

2-55 综合分析氢冷发电机、励磁机着火及氢气爆炸的特征、原因及处理方法。

氢冷发电机、励磁机着火及氢气爆炸的特征：

(1) 发电机周围发现明火。

(2) 发电机定子铁芯、绕组温度急剧上升。

(3) 发电机巨响，有油烟喷出。

(4) 发电机进、出风温突增，氢压增大。

氢冷发电机、励磁机着火及氢气爆炸的原因：

(1) 发电机氢冷系统漏氢气并遇有明火。

(2) 机械部分碰撞及摩擦产生火花。

(3) 氢气纯度低于标准纯度（96%）。

(4) 达到氢气自燃温度。

氢冷发电机、励磁机着火及氢气爆炸时应作如下处理：

(1) 发电机、励磁机内部着火及氢气爆炸时，应立即破坏真空紧急停机。

(2) 关闭补氢阀门，停止补氢。

(3) 通知相关人员进行排氢气，用CO_2进行置换。

(4) 及时调整密封油压至规定值。

(5) 通知消防人员灭火。

2-56 氢冷发电机内大量进油有哪些危害？怎样处理？

20号透平油含有油烟、水分和空气，大量进油后的危害如下：

(1) 侵蚀发电机的绝缘，加快绝缘老化。

（2）使发电机内氢气纯度降低，增大排污补氢量。

（3）如果油中含水量大，将使发电机内部氢气湿度增大，使绝缘受潮，降低气体电击穿强度，严重时可能造成发电机内部相间短路。

处理的方法如下：

（1）控制发电机油氢差压在规定范围，以防止进油。

（2）加强监视，发现有油及时排净，不使油大量积存。

（3）保持油质合格。

（4）经常投入氢气干燥器，使氢气湿度降低。

（5）保证密封油系统各阀门位置正确。

（6）如密封瓦有缺陷，应尽早安排停机处理。

2-57 发电机应装设哪些类型的保护装置？有何作用？

根据发电机容量大小、类型、重要程度及特点，装设下列发电机保护，以便及时反映发电机的各种故障及不正常工作状态。

（1）纵差动保护。用于反映发电机线圈及其引出线的相间短路。

（2）横差动保护。用于反映发电机定子绕组的同相的一个分支匝间或同相不同分支间短路。

（3）过电流保护。用于切除发电机外部短路引起的过流，并作为发电机内部故障的后备保护，通常与复合电压（低电压、负序电压等）进行配合。

（4）单相接地保护。反映定子绕组单相接地故障，在不装设单相接地保护时，应用绝缘监视装置发出接地故障信号。

（5）不对称过负荷保护。反映不对称过负荷引起的过电流，一般在 5MW 以上的发电机应装设此保护，动作于信号。

（6）对称过负荷保护。反映对称过负荷引起的过电流，一般应装设于一相过负荷信号保护。

（7）过压保护。反映大型汽轮发电机突然甩负荷时，引起的定子绕组的过电压。

（8）励磁回路的接地保护。分转子一点接地保护和转子两点接地保护，反映励磁回路绝缘状态。

（9）失磁保护。反映发电机由于励磁故障造成发电机失磁，根据失磁严重程度，使发电机减负荷或切厂用电或跳发电机。

（10）发电机断水保护。装设在水冷发电机组上，反应发电机冷却水中断故障。

以上10种保护是大型发电机必需的保护。为了快速消除发电机故障，以上介绍的各类保护，除已标明作用于信号的外，其他保护均作用于发电机断路器跳闸，并且同时作用于自动灭磁开关跳闸。

2-58 发电机甩负荷有什么后果？

由于误操作使断路器断路或直流系统接地造成继电器误动作等原因，可能造成发电机突然失去负荷即甩负荷的情况。对发电机本身来讲，后果有两个：①引起端电压升高。②若调速器失灵或汽门卡涩，有"飞车"即转子转速升高产生巨大离心力使机件损坏的危险。端电压升高由两方面原因造成，一是因为转速升高使电压升高，这是因为电动势与转速成正比的缘故；二是因为甩负荷时定子的电枢反应磁通和漏磁通消失，此时端电压等于全部励磁电流产生的磁场所感应的电动势，因为一般电厂都具有自动励磁调节装置，因此这方面引起的电压升不会很多，如没有这种装置的，则电压升的幅度比较大，因此甩负荷时应紧急减少励磁。

2-59 机组正常运行时，若发生发电机失磁故障，应如何处理？

（1）当发电机失去励磁时，若失磁保护动作跳闸，则应完成机组解列工作，查明失磁原因，经处理正常后机组重新并入电网，同时汇报调度。

（2）若失磁保护未动作，且危及系统及本厂厂用电的运行安全时，则应立即用发电机紧急解列断路器（或逆功率保护）及时将失磁的发电机解列，并应注意厂用电应自投成功，若自投不成功，则按有关厂用电事故处理原则进行处理。

（3）若失磁保护未动作，短时未危及系统及本厂厂用电的运行安全时，应迅速降低失磁机组的有功出力，切换厂用电；尽量增加其他未失磁机组的励磁电流，提高系统电压、增加系统的稳定性。如失磁原因查明并且故障排除，则将机组重新恢复正常工况运行；如机组运行中故障不能排除，应申请停机处理。

（4）在上述处理的同时，应同时监视发电机电流、风温等参数的变化。

（5）发电机解列后，应查明原因，消除故障后才可以将发电机重新并列。

2-60 发电机非全相运行的处理步骤是什么？

（1）发电机并列时，发生非全相，应立即调整发电机有功、无功负荷到零，将发电机与系统解列；如解列不掉，则应立即断开发电机所在母线上的所有开关（包括分段断路器、母联断路器及旁路断路器）。

（2）发电机解列时，发生非全相分闸，应调整发电机有功、无功负荷到零，立即断开发电机所在母线上的所有开关（包括分段断路器、母联断路器及旁路断路器）。当某线路开关也断不开时，联系调度拉开对侧开关。

（3）当发生非全相运行时，灭磁开关已跳闸，若汽轮机主汽门已关闭，应立即断开发电机所在 220kV 母线上的所有开关（包括分段断路器、母联断路器及旁路断路器）；若汽轮机主汽门未关闭，则应立即合上灭磁开关，维持转速，给上励磁再进行处理，立即断开发电机所在 220kV 母线上的所有开关（包括分段断路器、母联断路器及旁路断路器）。

（4）做好发电机定子电流和负序电流变化、非全相运行时间、保护动作情况、有关操作等项目的记录,以备事后对发电机的状况进行分析。

2-61 对于主变压器为 YNd11 接线的发电机—变压器组系统,发电机非全相运行有什么现象?

一般在发电机并网或解列时,易发生非全相运行,对于主变压器为 YNd11 接线的发电机—变压器组回路,发生非全相运行时有如下现象:

(1) 发电机出口断路器两相断开,一相未断时,若主变压器中性点接地,则发电机三相电流中两相相等或近似相等,另一相电流为零或近似为零;若中性点不接地,则发电机三相电流为零或近似为零。

(2) 发电机出口断路器一相断开,两相未断开时,发电机三相电流中两相相等或近似相等,且仅为另一相电流的一半左右。

(3) 发电机负序电流表指示异常增大。

2-62 发电机低励、过励、过励磁限制的作用是什么?

(1) 低励限制。发电机低励运行期间,其定、转子间磁场联系减弱,发电机易失去静态稳定。为了确保一定的静态稳定裕度,励磁控制系统(AVR)在设计上均配置了低励限制回路,即当发电机在一定的有功功率下,无功功率滞相低于某一值或进相大于某一值时,在 AVR 综合放大回路中输出一增加机端电压的调节信号,使励磁增加。

(2) 过励限制。为了防止转子绕组过热而损坏,当其电流越过一定的值时,该限制起作用,通过 AVR 综合放大回路输出一减小励磁的调节信号。

(3) 过励磁限制。当发电机出口 U/f 值较高时,主变压器和发电机定子铁芯将过励磁,从而产生过热,易损坏设备。为了避免这种现象的发生,当 U/f 超过整定值时,通过过励磁限制器向 AVR 综合放大回路输出一降低励磁的调节信号。

2-63 防止励磁系统故障引起发电机损坏的要求是什么？

（1）对有进相运行或长期高功率因数运行要求的发电机应进行专门的进相运行试验，按电网稳定运行的要求、发电机定子边段铁芯和结构件发热情况及厂用电压的要求来确定进相运行深度。进相运行的发电机励磁调节器应放自动挡，低励限制器必须投入，并根据进相试验的结果进行整定，自动励磁调节器应定期校核。

（2）自动励磁调节器的过励限制和过励保护的定值应在制造厂给定的容许值内，并定期校验。

（3）励磁调节器的自动通道发生故障时应及时修复并投入运行。严禁发电机在手动励磁调节（含按发电机或交流励磁机的磁场电流的闭环调节）下长期运行。在手动励磁调节运行期间，在调节发电机的有功负荷时必须先适当调节发电机的无功负荷，以防止发电机失去静态稳定性。

（4）在电源电压偏差为 $+10\% \sim -15\%$、频率偏差为 $+4\% \sim -6\%$ 时，励磁控制系统及其继电器、开关等操作系统均能正常工作。

（5）在机组启动、停机和其他试验过程中，应有机组低转速时切断发电机励磁的措施。

2-64 发电机启动前应进行哪些检查工作？

（1）发电机、励磁变压器、主变压器、厂用变压器、发电机中性点电抗器、TV、TA、避雷器、封闭母线、引线、断路器、隔离开关、接地装置、整流屏、灭磁屏、切换屏、调节器屏及发电机变压器组保护屏等设备清洁，无尘埃和杂物，且各部分完好。

（2）各母线、引线、连线、接地线及二次线等不松动，接触良好。

（3）绝缘子套管无裂纹和破损。

（4）充油设备无漏油。

(5) 封闭母线微正压装置投入正常。

(6) 发电机已充氢，压力、纯度、湿度及温度合格，不漏氢。

(7) 发电机定子绕组已通水，压力、流量、电导率及温度均正常，不漏水。

(8) 发电机气体冷却器已通水，压力、流量和温度均正常，不漏水。

(9) 电刷风机投入正常；各励磁集电环及大轴接地集电环光洁、无损坏，刷架端正，刷辫完好，电刷完好、无卡涩，压力均匀，接触良好。

(10) 主变压器、高压厂用变压器冷却器投入正常。

(11) 各操作、信号、合闸电源指示灯、表计正常，保护装置投入正常。

(12) 消防器材充足。

2-65　发电机电流互感器二次回路断线的故障现象及处理措施是什么？

现象：

(1) 测量用电流互感器二次回路断线时，发电机有关电流表指示（显示）到零，有功功率表、无功功率表指示（显示）下降，电能表转慢。

(2) 保护用电流互感器二次回路断线时，有关保护可能误动作。

(3) 励磁系统电流互感器二次回路断线时，自动励磁调节器输出可能不正常。

(4) 电流互感器二次开路，其本身会有较大的响声，开路点会产生高电压，会出现过热、冒烟等现象，开路点会有烧伤及放电现象，TA断线信号发出。

处理措施：

(1) 根据表计指示（显示）判断是哪组电流互感器故障，视情况降低机组负荷运行。

(2) 测量用电流互感器二次回路断线，部分表计指示异常，此时应加强对其他表计的监视，不得盲目对发电机进行调节，并立即联系检修处理。

(3) 保护用电流互感器二次回路断线，应将有关保护停用。

(4) 励磁调节电流互感器二次回路断线，自动励磁调节器输出不正常，应切换手动方式运行。

对故障电流互感器二次回路进行全面检查，如互感器本身故障，应申请停机处理；如有关端子接触不良，应采用短接法，戴好绝缘用具进行排除；故障无法消除时，申请停机处理。

2-66 简述发电机逆功率现象及处理措施，逆功率与程跳逆功率的区别。

逆功率现象及处理措施：

警铃响，主汽门关闭或发电机逆功率光字信号发出。

发电机有功功率表指示（显示）为负值或零，无功功率表指示（显示）升高，有功电能表反转，定子电流表指示下降，定子电压或转子电流、电压指示（显示）正常，系统频率可能降低，自动励磁调节器运行时，励磁电流有所下降，逆功率保护投入时，发电机跳闸，6kV 工作电源跳闸，备用电源联动。

根据现象判明发电机变为电动机运行，若无紧急停机信号，不应将发电机解列，待主汽门打开后，应尽快挂闸带有功负荷；若出现紧急停机信号，应立即汇报值长倒换厂用电源解列停机，若主汽门关闭 3min 之内未能恢复，应汇报值长解列停机。

逆功率与程跳逆功率的区别：

逆功率是发电机继电保护的一种，作为因各种原因导致汽轮机原动力失去、发电机出现有功功率倒送、发电机变为电动机运行异常工况的保护（用于保护汽轮机）。逆功率保护可用于程序跳闸的启动元件。

而程跳逆功率严格来说不是一种保护，而是为实现机组安全跳闸设置的动作过程。程跳逆功率主要是用于程序跳闸，是一种安全停机方式。逆功率只要定值达到就动作，程跳逆功率除了要逆功率定值达到，还要汽轮机主汽门关闭这两个条件都满足才能出口。正常停机操作当负荷降为零时，先关主汽门，然后启动逆功率保护跳发电机。这样做的目的是防止主汽门关闭不严，当断路器跳开后，由于没有电磁功率这个电磁力矩，有可能造成汽轮机"飞车"。汽轮机的保护有很多种，对于超速、低真空、振动大等严重事故，立刻跳汽轮机，同时给电气发来热工跳闸信号，发电机解列灭磁切厂用电工作电源开关。对一些不是很严重的故障，如气温高等，保护不经ETS通道立刻跳汽轮机，而是自动减负荷，并经一定延时关闭主汽门，这种情况下发电机不会热工跳闸，而是执行程序跳闸即程跳逆功率。

2-67 发电机并网后怎样接带负荷？

发电机并入电网后，应根据发电机的温度以及原动机的要求逐步接带负荷，有功负荷的增加速度决定于原动机，表面冷却发电机的定子和转子电流的增加速度不受限制，内冷发电机此项速度不应超过在正常运行方式下有功负荷的增长速度，制造厂另有规定者应遵守制造厂规定。加负荷时必须有系统地监视发电机冷却介质温升、铁芯温度、绕组温度以及电刷、励磁装置的工作情况。

2-68 为什么发电机在并网后，电压一般会有些降低？

对发电机来说，一般都是迟相运行，它的负荷一般是电阻性和电感性负荷。当发电机升压并网后，定子绕组流过电流，此电流是感性电流，感性电流在发电机内部的电枢反应作用下比较大，它对转子磁场起削弱作用，从而引起端电压下降。当流过的只是有功电流时，也有相同的作用，只是影响比较小。这是因为定子绕组流过电流时产生磁场,这个磁场的一半对转子磁场起助磁作用,而另一半起去磁作用,由于转子磁场的饱和性,助磁一方总是弱于去磁一方。因此,磁场会有所减弱,导致端电压有所下降。

2-69　频率过高或过低对发电机有何影响?

当运行频率比额定值偏高较多时,发电机的转速升高,转子上承受的离心力增大,可能使转子某些部件损坏。同时,频率增高,转速增加,通风摩擦损耗也要增多,虽然此时磁通小些,铁损有所下降,但总的发电机效率下降。

当运行频率比额定值偏低时,发电机的转速下降,两端风扇的送风量降低,发电机的冷却条件变坏,各部分的温升升高。同时,频率降低,为维持额定电压不变,就得增加磁通,导致漏磁增加而产生局部过热。频率降低,还有可能造成汽轮机叶片因低频振动损坏,厂用电动机也可能由于频率下降,引起转速下降,机械出力受到严重影响。

2-70　如何区分系统发生的振荡属同步振荡还是异步振荡?

异步振荡的明显特征是系统频率不能保持同一个频率,且所有电气量和机械量波动明显偏离额定值。如发电机、变压器和联络线路的电流表、功率表周期性地大幅度摆动;电压表周期性大幅摆动,振荡中心的电压摆动最大,并周期性地降到接近于零;失步的发电厂间的联络的输送功率往复摆动;送端系统的频率升高,受端系统的频率降低并有摆动。

同步振荡时,其系统频率能保持相同,各电气量的波动范围不大,且振荡在有限的时间内衰减从而进入新的平衡运行状态。

2-71　为什么提高氢冷发电机的氢气压力可以提高发电机效率?

氢压越高,氢气密度越大,其导热能力越高。因此,在保证发电机各部分温升不变的条件下，能够散发出更多的热量，这样发电机的效率就可以相应提高，特别是对氢内冷发电机，效果更显著。

2-72　发电机的同期装置在使用时一般应注意哪些事项？

（1）同期表必须缓慢匀速转动一周以上，确认表计无故障，才允许发电机并网。

（2）同期表转动太快、忽快忽慢或静止不动，证明不同期，禁止并网。

（3）同期装置连续使用时间不宜过长。

2-73　发电机误上电保护何时投切？

该保护正常运行时停用，机组停运后投入。

设置这样的保护是为了防止在发电机盘车过程中，由于出口断路器突然合闸，突然加电压而使发电机异步启动，对机组造成损伤，因此需要有相应的保护，迅速切除电源。一般设置专用的意外加电压保护，可用低频元件和过电流元件共同存在为判据，瞬时动作，延时 $0.2\sim 0.5s$ 返回，以保证完成跳闸过程。

当然，在机组异步启动时，其他的保护如逆功率、失磁、阻抗等保护也可能会动作，但由于时限较长，可能起不到及时的作用，故考虑设置专门的保护，以实现这样的功能。

2-74　不对称运行对汽轮发电机有哪些危害？

发电机不对称运行时，发电机的定子绕组会产生负序电流。负序电流出现后，它除了和正序电流叠加使绕组相电流可能超过额定值，还会引起转子的附加发热和机械振动。

（1）当定子三相绕组中流过负序电流时，所产生的负序磁场以同步转速与转子反方向旋转，在励磁绕组、阻尼绕组及转子本体中感应出两倍频率的电流，从而引起附加发热。由于集肤效应，这些电流主要集中在表面的薄层中流动，在转子端部沿圆周方向流动而成环流。这些电流流过转子的横楔与齿，并流经槽楔和齿与套箍的许多接触面。这些接触部位电阻较高，发热尤为严重。

（2）除上述的附加发热外，负序电流产生的负序磁场还在转子上产生两倍频率的脉动转矩，使发电机组产生100Hz的振动并伴有噪声，使轴系产生扭振。

汽轮发电机由于转子是隐极式的，绕组置于槽内，散热条件不好，所以负序电流产生的附加发热往往成为限制不对称运行的主要条件。

2-75 电力系统发生振荡时会出现哪些现象？

当电力系统的稳定破坏后，系统内的发电机组将失去同步，转入异步运行状态，系统将发生振荡。此时，发电机和电源联络线上的功率、电流以及某些节点的电压将会产生不同程度的变化。连接失去同步的发电厂的线路或某些节点的电压将会产生不同程度的变化。连接失去同步的发电厂的线路或系统联络线上的电流表、功率表的表针摆动得最大，电压振荡最激烈的地方是系统振荡中心，其每一周期约降低至零值一次。随着偏离振荡中心距离的增加，电压的波动逐渐减少。

失去同步的发电机其定子电流表指针摆动最为剧烈（可能在全表盘范围内来回摆动）；有功和无功功率表指针的摆动幅度也很大；定子电压表指针也有所摆动，但不会到零；转子电流和电压表指针都在正常值左右摆动。发电机将发生不正常的、有节奏的轰鸣声；强行励磁装置可能会反复动作；变压器由于电压的波动，铁芯也会发出有节奏的异常声响。

2-76 发电机振荡应如何处理？

（1）立即增加发电机励磁电流，以提高发电机电动势，增加功率极限。另外，由于励磁电流增加，使定、转子磁极间的拉力增加，削弱了转子的惯性，发电机到达平衡点时容易拉入同步。

这时如果发电机励磁系统处在强励状态，1min内不应干预。

（2）如果是因本机组失磁引起系统振荡的，则应降低有功功率，同时增加励磁电流。这样既可以降低转子惯量，也由于提高了功率极限而增加了稳定能力。

（3）当振荡是由于系统故障引起时，除应立即增加各台发电机的励磁外，还应根据本厂在系统中的地位进行处理。例如：处于送端时，如为高频率系统，应降低机组的有功负荷；反之，在受端且为低频率系统时，则应增加有功负荷。必要时采取紧急拉路措施以提高频率。

（4）如果单机失步引起系统振荡，经采取上述措施一定时间仍未进入同步状态时，可根据现场规程规定将机组与系统解列或按调度要求将同期的两部分系统解列。

（5）单机失磁引起系统振荡时只能将该发电机与系统解列。

2-77 发电机仪表指示不正常，应如何分析和处理？

在运行中发电机配电盘上的某一表计指示失常不一定就是发电机的故障，也可能是表计本身或仪表测量回路的故障，因此应该认真进行分析。

（1）如果仅单独一个仪表指示失常，而其他仪表指示都正常，发电机运行情况也正常，则可能是该仪表本身故障，如变送器故障、指针卡涩等。

（2）发电机定子电压表指示为零，同时有功功率表、频率表、功率因数表等指示也不正常，则可能是该相电压互感器回路故障。

（3）仪表本身或仪表测量回路故障后，仪表不能反映发电机的真实情况，这就使运行人员失去了监视发电机运行状况的手段。因此，必须迅速采取措施予以消除，在仪表指示恢复正常以前，运行人员尽可能不改变该发电机的出力及励磁电流的大小。如果影响发电机正常运行，应根据实际情况减少负荷或停机处理，并采取措施消除故障。

2-78　发电机温度异常升高如何处理？

（1）定子绕组温度异常，应检查定子冷却水系统工作是否正常，必要时投入备用冷却器。

（2）应检查氢冷器水流量、温度是否正常，氢气压力、纯度是否正常，氢冷器是否漏水。

（3）检查分析发电机运行工况是否正常，如是否不对称运行、超负荷运行等。

（4）若冷却系统运行正常，须检查核实温度测量装置是否正常。

（5）运行中，若发电机的定子绕组某点温度突然明显升高，除检查测温装置和测温元件外，如发现温度随负荷电流的减少显著降低，应考虑到定子绕组通水支路有无堵塞现象。此时应严格监视温度不超过正常运行值，当判明温度升高是由通水支路阻塞引起的，则应申请停机处理。

（6）加强对发电机的监视，当发电机定子绕组温度、定子铁芯温度监测参数中的任一项持续上升至允许值及以上时，信号装置自动报警。应迅速降低其有功功率、无功功率，直至该温度降至允许值以下为止。若减负荷无效，应立即解列发电机，灭磁。

（7）如发电机两个同层线棒出水温度的温差大于8℃时，应迅速减有功功率、无功功率。当温差达到12℃时，应立即解列发电机，灭磁，停机查找原因。

（8）若氢气出口温度突然明显升高，则应考虑到铁芯硅钢部分有无短路现象。如若是这样，应迅速转移负荷，作停机处理。

2-79　如何对电压降低的事故进行处理？

当在电压曲线规定的范围内运行而发生电压降低并超过曲线要求量时，电气值班人员应向调度汇报。同时，电气运行人员应区别情况进行下列相应处理。

41

（1）电压降低与频率降低同时发生时，应按频率降低事故处理的方法进行处理，同时视电压降低程度及情况按下述方法处理。

（2）发电机组的运行电压降低时，发电厂电气运行人员应按规程自行使用发电机的过负荷能力，制止电压继续降低到额定电压的 90% 以下。

（3）个别地区电压降低并导致发电机组过负荷时，应报告值班调度员，采取适当措施。

（4）当发电厂母线电压降低到最低运行电压时，为防止电压崩溃，应立即采取紧急拉路或将厂用电切换至备用电源的措施，使母线电压恢复至最低运行电压以上，并向调度报告。

（5）当系统电压降低导致发电厂厂用母线电压降低时，应采取降低某些发电机有功功率增加无功功率来制止电压继续下降。

（6）当发现电压低到威胁厂用电安全运行时，发电厂电气运行人员可按现场规程规定，将供厂用电机组（全部或部分）与系统解列。

2-80 发电机假同期试验的目的是什么？

发电机假同期试验的目的是检查同期回路接线的正确性，防止二次接线错误而造成发电机非同期并列。

2-81 试述非同期并列可能产生的后果及防止非同期并列事故应采取的技术和组织措施。

凡不符合准同期条件进行并列，即将带励磁的发电机并入电网，叫做非同期并列。

非同期并列是发电厂的一种严重事故，由于某种原因造成非同期并列时，将可能产生很大的冲击电流和冲击转矩，会造成发电机及有关电气设备的损坏。严重时会使发电机绕组烧毁、端部变形，即使当时没有立即将设备损坏，也可能造成严重的隐患。就整个电力系统来讲，如果一台大型机组发生非同期并列，这台发电机与系统间将产生功率振荡，严重扰乱整个系统的正常运行,甚至造成电力系统稳定破坏。

为了防止非同期并列事故,应采取以下技术和组织措施:

(1) 并列人员应熟悉主系统和二次系统。

(2) 严格执行规章制度,并列操作应由有关部门批准的有并列权的值班人员进行,并由班长、值长监护,严格执行操作票制度。

(3) 采取防止非同期并列的技术措施,如使用同期插锁、同期角度闭锁、自动准同期并列装置等。

(4) 新安装或大修后发电机投入运行前,一定要检查发电机系统相序和进行核相,有关的电压互感器二次回路检修后也应核相。

2-82 试述准同期并列法。

满足同期条件的并列方法叫准同期并列法。用准同期并列法进行并列时,要先将发电机的转速升至额定转速,再加励磁升到额定电压。然后比较待并发电机和电网的电压和频率,在符合条件的情况下,即当同步器指向同期点时(说明两电压相位接近一致),合上该发电机与电网接通的断路器。准同期并列法又分自动准同期、半自动准同期和手动准同期三种。调频率、电压及合开关全部由运行人员操作的,称为手动准同期;而由自动装置来完成时,便称为自动准同期;当上述三项中任一项由自动装置来完成,其余仍由手动来完成时,称为半自动准同期。

采用准同期并列法并列的优点是待并发电机与系统间无冲击电流,对发电机与电力系统没有什么影响。但如果因某种原因造成非同期并列时,则冲击电流很大,甚至比机端三相短路电流还大,这是准同期并列法并列的缺点。另外,当采用手动准同期并列时,并列操作的超前时间运行人员也不易掌握。

2-83 发电机—变压器组接线方式,发电机大修应做哪些安全措施?

发电机大修应做下列安全措施:

（1）拉开发电机变压器组主断路器及隔离开关并停电。

（2）拉开发电机励磁各断路器及隔离开关并停电。

（3）拉开高压厂用变压器低压分支断路器并停电。

（4）拉开发电机出口电压互感器、避雷器及中性点电压互感器（或中性点变压器）抽匣并停电。

（5）发电机气体置换合格，机内压力排至零。

（6）发电机补氢截门加装堵板。

（7）合上主变压器高压侧接地开关。

（8）在高压厂用变压器低压分支断路器电源侧各装设一组三相短路接地线。

（9）在发电机出口避雷器处装设一组三相短路接地线。

2-84 发电机—变压器组保护动作跳闸，应如何处理？

（1）发电机跳闸，则应检查厂用电自投情况，保证厂用电电源的正常运行。

（2）应检查主断路器、灭磁开关是否跳闸，若灭磁开关未跳闸则应立即手动将其跳闸。

（3）确认厂用电切换正常，若备用厂用电源没有自动投入，应确认工作电源分闸后手动合上。

（4）检查保护动作情况，并根据记录仪表或故障录波器等判明跳闸原因。

（5）若是外部故障引起跳闸，在隔离故障点后，则应进行全面检查，做必要的电气试验合格或检查确认后，方可将发电机重新并列。

（6）若是内部故障引起跳闸，应对发电机保护范围内的设备进行全面检查，有无绝缘烧焦的气味或其他明显的故障现象。

（6）外部检查无问题，应测量发电机定、转子绝缘电阻，检查各点温度是否正常。

（7）经上述检查及测量无问题，发电机零起升压试验良好后，经总工程师批准将发电机并列。

2-85 发电机必须满足哪些条件才允许进相运行？

（1）发电机组必须经过进相运行试验，并且试验结果符合进相运行的要求。

（2）发电机的自动励磁调节器应投入运行，且备用的自动励磁调节器跟踪正常、能够在线自动切换。

（3）自动励磁调节器的低励限制器性能良好，并且其定值能够同时满足最大进相深度和机组稳定性的要求。

（4）自动励磁调节器的电压限制性能良好，其限制范围在并网状态下为95%～105%。

（5）发电机的失磁保护和失步保护必须投入运行，并且失磁保护的定值能够躲过低励限制器的定值。

（6）为了防止机组在进相运行时无功摆动较大，机组有功负荷应不小于50%。

（7）发电机的冷却系统运行正常，定子冷却水温度和冷氢温度在合格范围内。

（8）发电机定子绕组、端部铁芯等温度测点（特别是屏蔽环测点）回路正常。

2-86 发电机运行中两侧汇流管屏蔽线为什么要接地？不接地行吗？测发电机绝缘时为什么屏蔽线要接绝缘电阻表屏蔽端？

定子绕组采用水内冷的发电机，两侧汇流管管壁上分别焊接一根导线，通常叫做屏蔽线。并将其接至发电机接线盒内的专用端子上，通常叫做屏蔽端子。运行中将两个屏蔽端子通过外部引线连在一起接在接地端子上，即运行中两侧汇流管屏蔽线接地。停机测发电机定子绕组绝缘时，将两个屏蔽端子通过外部引线连在一起接在绝缘电阻表屏蔽端，即停机测发电机定子绕组绝缘时将屏蔽线接绝缘电阻表屏蔽端。

发电机运行中两侧汇流管屏蔽线接地，主要是为了人身和设备的安全，因为汇流管距发电机绕组端部近，且汇流管周围埋很多测温元件，如果不接地，一旦绕组端部绝缘损坏或绝缘引水管绝缘击穿，使汇流管带电，对在测温回路工作的人员和测温设备都是危险的。

用绝缘电阻表测发电机定子绕组对地绝缘电阻，实际上是在定子绕组和地端之间加一直流电压，测量流过的电流及其变化情况，来判断绝缘好坏。电流越大，绝缘电阻表指针偏转角度越小，指示的绝缘电阻值越小。定子绕组采用水内冷的发电机，由于外部水系统管道是接地的，且水中含有导电离子，当绝缘电阻表的直流电压加在绕组和地端之间时，水中要产生漏泄电流，水中的漏泄电流流入绝缘电阻表的测量机构，将使绝缘电阻读数显著下降，引起错误判断。测发电机定子绕组绝缘时，若采用将两侧汇流管屏蔽线接到绝缘电阻表的屏蔽端的接线方式，可使水中的漏泄电流经绝缘电阻表的屏蔽端直接流回绝缘电阻表的电源负极，不流过测量机构，也就不会带来误差，即消除水中漏泄电流的影响。

2-87 发电机大轴接地电刷有什么用途？

发电机大轴接地电刷具有如下三种用途：
(1) 消除大轴对地的静电电压。
(2) 供转子接地保护装置用。
(3) 供测量转子绕组正、负极对地电压用。

2-88 为什么电压变动调无功负荷？

电压的波动主要是由无功负荷引起的，有功负荷对电压的波动也有影响，不过其影响小一些。当无功负荷出现缺额时，即感性负荷过剩时，感性负载对发电机产生去磁电枢反应，使气隙的磁场被削弱，端电压便降低，这时要使端电压维持不变，就需要增加转子电流，即增加无功负荷，以补偿去磁电枢反应部分；反之，当无功负荷过剩时，端电压便上升，这时要使端电压维持不变，就需要减少转子电流，即减少无功负荷。这就是电压变动调无功负荷的道理。

2-89 发电机失磁后为什么必须采用瞬停方法切换厂用电？

发电机失磁后，系统运行不正常，频率、电压都将受到影响。如果采取并列方法切换厂用电，将影响非故障设备及其系统的运行，还可能造成非同期，扩大系统运行不正常范围，所以采用瞬停方法切换厂用电。

2-90 端电压高了或低了对发电机本身有什么影响？

端电压高时对发电机的影响：
（1）有可能使转子绕组的温度升高到超出允许值。
（2）引起定子铁芯饱和温度升高。
（3）定子结构部件可能出现局部高温。
（4）对定子绕组绝缘产生威胁。

端电压低时对发电机的影响：
（1）降低运行的稳定性，一个是并列运行的稳定性，一个是发电机电压调节的稳定性。
（2）定子绕组因电流太大温度可能升高。

2-91 发电机转子绕组匝间短路有哪些危害？

转子绕组匝间短路是一种较常见的发电机故障，轻微的匝间短路，并不会影响机组的正常运行，但如果故障继续发展，将会使转子电流显著增加，绕组温度升高，无功出力降低，电压波形畸变，机组振动并出现其他机械故障，导致大轴严重磁化。另外，短路点处的局部过热可能使故障进一步扩大为转子绕组接地故障。

2-92 发电机转子绕组匝间短路的原因有哪些？

转子绕组匝间短路原因：
（1）发电机进油且长时间未得到处理。

（2）转子端部绕组固定不牢，垫块松动。

（3）绕组铜导线加工工艺方面的缺陷造成的不严格倒角与去毛刺等。

（4）运行中高速旋转的转子绕组受离心力作用移位变形。

（5）冷态启动后转子电流突增使转子变形或局部绝缘损伤等。

（6）发电机运行或静动态转换时，转子绕组匝间的相对运动可使匝间绝缘磨损或造成相对错位导致匝与匝之间接触。

2-93　发电机转子绕出现匝间短路如何处理？

如发电机转子绕组匝间短路造成一点接地报警，应进行如下处理：

（1）对励磁系统进行全面检查，有无明显接地。如接地的同时发电机发生失磁或失步，应立即解列停机。监视大机振动，转子电流、电压。

（2）配合检修人员确定接地点在转子内部或外部。

（3）如为转子外部接地，由检修人员设法消除。

（4）如为转子内部接地，尽快停机。

（5）当确定转子回路发生稳定金属性接地或两点接地时，保护未动作，立即手动停机。

如出现转子两点接地或匝间短路严重，应停机处理。

2-94　发电机转子绕组发生一点接地可以继续运行吗？

转子绕组发生一点接地，即转子绕组的某点从电的方面来看与转子铁芯不通，此时由于电流构不成回路所以按理也应能继续运行，但大型发电机转子绕组一点接地时有很大的电容电流，可能会烧坏绕组绝缘或铁芯并且可能发展为两点接地故障，两点接地时部分线匝被短路，因电阻降低，所以转子电流会增大，其后果是转子绕组强烈发热，有可能烧毁，而且发电机产生强烈振动。

第二章 旋转电机

2-95 发电机运行中在什么情况下立即停机处理？

（1）发电机、励磁机强烈振动、超过极限值。

（2）危害人身安全时。

（3）发电机、励磁机内部冒烟、冒火或发电机内部氢气爆炸。

（4）发电机、主变压器、高压厂用变压器及励磁系统故障，保护装置拒动时。

（5）发电机线棒严重漏水，危及设备运行时。

（6）主变压器或高压厂用变压器着火。

（7）当发电机内氢气纯度迅速下降并低于90%以下，或氢压严重下降低于0.24MPa以下时。

（8）密封油系统故障，无法维持运行时。

2-96 600MW发电机中性点采用何种方式接地？有什么优缺点？

600MW发电机中性点采用高电阻接地的方式。为减小阻值，中性点通过一台单相变压器接地，电阻接在该单相变压器的二次侧。

600MW发电机中性点经高电阻接地的优点：

（1）限制过电压不超过2.6倍额定相电压。

（2）限制接地故障电流不超过10~15A。

（3）为定子接地保护提供电源，便于检测。

缺点：制造困难，散热困难，占地面积大，绝缘水平要求高。

2-97 发电机在运行中功率因数过低有什么影响？

当功率因数低于额定值时，发电机出力应降低，因为功率因数越低定子电流的无功分量越大，由于感性无功起去磁作用，所以抵消磁通的作用越大，为了维持定子电压不变，必须增加转子电流，此时若仍保持发电机出力不变，则必然使转子电流超过额

49

定值，引起转子绕组的温度超过允许值，而使转子绕组过热。

2-98 大容量发电机为什么要采用100%定子接地保护？

利用零序电流和零序电压原理构成的接地保护，对定子绕组都不能达到100%的保护范围，在靠近中性点附近有死区，而实际上大容量的机组，往往由于机械损伤或水内冷系统的漏水等原因，在中性点附近也有发生接地故障的可能，如果对这种故障不能及时发现，就有可能使故障扩展而造成严重损坏发电机事故。因此，在大容量的发电机上必须装设100%保护区的定子接地保护。

2-99 发电机为什么要装设负序电流保护？

电力系统发生不对称短路或者三相不对称运行时，发电机定子绕组中就有负序电流，这个电流在发电机气隙中产生反向旋转磁场，相对于转子为两倍同步转速。因此，在转子部件中出现倍频电流，该电流使得转子上电流密度很大的某些部位局部灼伤，严重时可能使护环受热松脱，使发电机造成重大损坏。另外，100Hz的交变电磁力矩，将作用在转子大轴和定子机座上，引起频率为100Hz的振动。为防止上述危害发电机的问题发生，必须设置负序电流保护。

2-100 什么是发电机安全运行极限？

在稳定运行条件下，发电机的安全运行极限取决于下列四个条件：

（1）原动机输出功率极限。

（2）发电机的额定容量，即由定子绕组和铁芯发热决定的安全运行极限。在一定电压下，决定了定子电流的允许值。

（3）发电机的最大励磁电流，通常由转子的发热决定。

（4）进相运行时的稳定度。当发电机功率因数小于零（电流超前于电压）而转入进相运行时，磁势发电机的有功功率输出受到静稳定条件的限制。此外，对内冷发电机还可能受到端部发热限制。

2-101　什么是发电机的空载特性？

发电机的空载特性是指发电机以额定转速空载运行时其电动势 E_0 与励磁电流 I_1 之间的关系曲线。

2-102　什么是发电机的短路特性？

发电机的短路特性是指发电机在额定转速下，定子三相绕组短路时，定子稳态短路电流 I 与励磁电流 I_1 之间的关系曲线。

2-103　什么是发电机的负载特性？

发电机的负载特性是指当转速、定子电流为额定值，功率因数为常数时，发电机电压与励磁电流之间的关系曲线。

2-104　什么是发电机的外特性？

发电机的外特性是指发电机在 $N=$ 常数、$I_f=$ 常数、$\cos\varphi=$ 常数 的条件下，端电压 U 和负荷电流 I 的关系曲线。

2-105　什么是发电机的调整特性？

发电机的调整特性是指电压、转速、功率因数为常数时，变更负荷时定子电流与励磁电流的关系曲线。

2-106　什么是发电机的功角特性？

当一台发电机与无穷大的电网并联运行时，发电机输出的电磁功率为 $P_e = m\dfrac{E_d U}{X_d}\sin\delta$，电磁功率 P_e 与功率角 δ 之间的关系曲线称为功角特性。

2-107　什么是发电机不对称运行？

发电机不对称运行是一种非正常工作状态，它是指组成电力系统的电气元件三相对称状态遭到破坏时的运行状态，如三相阻抗不对称、三相负荷不对称等。而非全相运行是不对称运行的特殊情况，即输电线、变压器或其他电气设备断开一相或两相的工作状态。

2-108 定子铁芯采用何种通风方式？采用氢气作为冷却介质有何优点（与空气作比较）？

定子铁芯采用径向通风。

采用氢气作为冷却介质的优点：

(1) 氢气密度低，可以降低风耗。

(2) 氢气有高传热比和传热系数，可以保证单位容积有效材料的输出功率。

2-109 试述发电机异步运行时的特点。

发电机的异步运行是指发电机失去励磁后进入稳态的异步运行状态。

发电机失磁时，励磁电流逐渐衰减为零，发电机电动势相应减小，输出有功功率随之下降，原动机输入的拖动转矩大于发电机输出的制动转矩，转子转速增加，功率角逐步增大，这时定子的同步旋转磁场与转子的转速之间出现滑差。定子电流与转子电流相互作用，产生异步转矩。与此对应，定、转子之间由电磁感应传送的功率称为异步功率，随功率角的增大而增大；同时原动机输入功率随功率角增大而减小，当两者相等时，发电机进入稳定异步运行状态。

发电机异步运行主要有两个问题：①对发电机本身有使转子发生过热损坏的危险。②对系统而言，此时发电机不仅不向系统提供无功功率反而要向系统吸收无功功率，势必引起系统电压的显著下降，造成系统的电压稳定水平大大降低。

2-110 汽轮发电机为什么需要冷却？

发电机运行时它内部的损耗很多，大体可以分为三类，即铜损、铁损和机械损耗。铜损指的是定子绕组和转子绕组的导线流过电流后在电阻上产生的损耗，而定子槽内导线产生的集肤效应额外引起损耗。铁损是指铁芯齿部和轭部所产生的损耗，它有两个形式，一种是涡流损耗，另一种是磁滞损耗。机械损耗是由动静之间的摩擦引起的。发电机运行期间产生的损耗转化成热量，为了使发电机的温度不超过与绝缘耐热等级相应的极限温度，也为了使发电机可靠运行，故采取某种冷却方式使发电机有效地散热。

2-111　发电机与主变压器的连接采用什么母线及其优缺点？

发电机与主变压器的连接采用分相封闭母线。

优点：①减少接地故障，避免相间的短路，可基本消除外界的潮气、灰尘以及外物引起的接地故障，提高发电机运行的连续性。②消除周围钢构的发热。敞露的大电流母线使得周围的钢构和钢筋在电磁感应下产生涡流和磁滞损耗，发热温度高，损耗大，会降低构筑物的强度。封闭母线采用外壳屏蔽可从根本上解决钢构的感应发热。③大大减小相间短路的电动力。当区外发生相间短路，很大的短路电流流过母线时，由于外壳的屏蔽作用，使相间导体所受的短路电动力大为减小。④母线封闭后，采用微正压装置，可防止绝缘子结露，提高运行安全可靠性，并为母线采用强迫通风冷却方式创造条件。⑤封闭母线运行维护工作量小，结构简单。

缺点：①有色金属消耗约增加一倍。②母线功率损耗约增加一倍。③母线导体的散热条件较差，相同截面下母线的载流量减小。

2-112　带发电机出口断路器（GCB）的接线方式与不带发电机出口断路器的接线方式相比有何优点？

将带 GCB 的接线方式与不带 GCB 的接线方式进行比较，归纳起来有以下优点：

（1）机组正常启、停不需切换厂用电，只需操作发电机出口断路器，厂用电可靠性高。

（2）机组在发电机开关以内发生故障（如发电机、汽轮机、锅炉故障）时，只需跳开发电机断路器，减少机组事故时的操作量。

（3）对保护主变压器、高压厂用工作变压器有利。当主变压器、高压厂用工作变压器发生内部故障时，由于发电机励磁电流衰减需要一定时间，在发电机—变压器组保护动作切除主变压器高压侧断路器后，发电机在励磁电流衰减阶段仍向故障点供电，而装设发电机断路器后由于能快速切开发电机断路器，而使主变压器受到更好的保护，这一点对于大型机组非常有利。另一个更有利的作用是避免或减少了由于高压断路器的非全相操作而造成的对发电机的危害。对于发电机变压器组接线，其高压断路器由于额定电压较高（500kV），敞开式断路器相间距离较大，不能做成三相机械联动，高压断路器的非全相工况即使在正常操作时也时有发生，高压断路器的非全相运行会在发电机定子上产生负序电流，而发电机转子承受负序磁场的能力是非常有限的，严重时会导致转子损坏。而目前的发电机出口断路器在设计和制造中都考虑了三相机械联动，防止了非全相操作的发生。

（4）发电机断路器以内故障只需跳开发电机断路器，不需跳主变压器高压侧 500kV 断路器，对系统的电网结构影响较小，对电网有利。

（5）虽然初期投资大，但便于检修、调试，缩短了故障恢复时间，提高了机组可用率，同时每年可节约大量的运行费用。

2-113 哪些情况可能造成发电机过励磁？哪些情况可能造成变压器过励磁？

（1）电力系统由于发生事故而被分割解列之后，某一部分系统中因甩去大量负荷使变压器电压升高，或由于发电机自励磁引起过电压。

（2）由于发生铁磁谐振引起过电压，使变压器过励磁。

(3) 由于分接头连接不正确，使电压过高引起过励磁。

(4) 进相运行的发电机跳闸或系统电抗器的退出。

2-114　发电机逆功率运行但逆功率保护未动作如何处理？

(1) 切换厂用电。

(2) 将发电机解列。

(3) 断开励磁开关。

2-115　发电机为何要装设逆功率保护？

当汽轮机主汽门因某种原因突然关闭时，发电机将从系统吸收有功功率转变成同步电动机运行，此时滞留在汽轮机气缸内的蒸汽与汽轮机高速旋转的叶片摩擦，产生大量热量，时间过长将使叶片（特别是末级叶片）过热造成汽轮机事故，因而设置逆功率保护用来保护汽轮机末级叶片。

2-116　发电机失步与系统短路故障两种情况下，机端测量阻抗的变化规律有什么不同？

(1) 当被保护发电机电动势 E_A 和系统等效电动势 E_B 的大小保持不变（即不考虑各发电机励磁调节器的作用），只有夹角 δ 变化时，在阻抗平面上的非稳定振荡阻抗轨迹是一个圆，它以不断变化的功角变化率 $d\delta/dt$ 穿过阻抗平面，在阻抗平面上走过一段距离需要一定的时间。

(2) 当发生稳定振荡时，振荡阻抗轨迹只是在阻抗平面上第一象限或第四象限的一定范围内变化，而且功角变化率 $d\delta/dt$ 值较小。

2-117　什么是发电机的轴电压及轴电流？

在汽轮发电机中，由于定子磁场的不平衡或大轴本身带磁，转子在高速旋转时将会出现交变的磁通。交变磁场在大轴上感应出的电压称为发电机的轴电压；轴电压由轴颈、油膜、轴承、机座及基础低层构成通路，当油膜破坏时，就在此回路中产生一个很大的电流，这个电流就称为轴电流。

2-118 发电机的轴电流的危害有哪些？

当轴电压增加到一定数值时，轴电压将击穿油膜构成回路，产生相当大的轴电流。由于该金属接触面很小，电流密度大，使轴承局部烧熔，被烧熔的轴承合金在碾压力的作用下飞溅，于是在轴承内表面上烧出小凹坑。通常表现出来的症状是轴承内表面被压出条状电弧伤痕，严重时足以把轴颈和轴瓦烧坏。

2-119 防止发电机轴电流的措施有哪些？

（1）在轴端安装接地碳刷，使接地碳刷可靠接地，并且与转轴可靠接触，保证转轴电位为零电位，随时将电机轴上的静电荷引向大地，以此消除轴电流。

（2）为防止磁不平衡等原因产生轴电流，在非轴伸端的轴承座和轴承支架处加绝缘隔板，切断轴电流的回路。

（3）要求检修运行人员细致检查并加强导线或垫片绝缘。

（4）在机座中除一个轴承座外，其余轴承座及包括所有装在其上的仪表外壳等金属部件都对地绝缘，不绝缘的轴承应装接地电刷以防静电充电。

（5）经常检查轴承座的绝缘强度。

（6）保持轴与轴瓦之间润滑绝缘介质油的纯度，发现油中带水必须进行过滤处理，否则油膜的绝缘强度不能满足要求，容易被低电压击穿。

2-120 为什么大容量发电机应采用负序反时限过流保护？

负荷或系统的不对称，引起负序电流流过发电机定子绕组，并在发电机空气间隙中建立负序旋转磁场，使转子感应出两倍频率的电流，引起转子发热。大型发电机由于采用了直接冷却式（水内冷和氢内冷），使其体积增大比容量增大要小，同时基于经济和技术上的原因，大型机组的热容量裕度一般比中小型机组小。因此，转子的负序附加发热更应该注意，总的趋势是单机容量越大，发电机允许负序电流越小，转子承受负序电流的能力越低，所以要特别强调对大型发电机的负序保护。发电机允许负序电流的持续时间关系式为 $A=I_2T$，I_2 越大，允许的时间越短，I_2 越小，允许的时间越长。由于发电机对 I_2 的这种反时限特性，故在大型机组上应采用负序反时限过流保护。

2-121 电力系统有功功率不平衡会引起什么问题？怎样处理？

系统有功功率过剩会引起频率升高，有功功率不足要引起频率下降。解决的办法是通过调频机组调整发电机出力，情况严重时，通过自动装置或值班人员操作切掉部分发电机组或部分负荷，使系统功率达到平衡。

2-122 大型发电机定子接地保护应满足哪几个基本要求？

应满足三个基本要求：
（1）故障点电流不应超过安全电流。
（2）有 100% 的保护区。
（3）保护区内任一点发生接地故障时，保护应有足够高的灵敏度。

2-123 发电机自动励磁调节系统的基本要求是什么？

（1）励磁系统应能保证所要求的励磁容量，并适当留有富裕。
（2）具有足够大的强励顶值电压倍数和电压上升速度。
（3）根据运行需要，应有足够的电压调节范围。
（4）装置应无失灵区，以保证发电机能在人工稳定区工作。
（5）装置本身应简单、可靠、动作迅速，调节过程稳定。

2-124 励磁系统的电流经整流装置整流后的优点是什么？

（1）反应速度快。
（2）调节特性好。
（3）减少维护量。

（4）没有碳刷冒火问题。
（5）成本低、较经济。
（6）提高可靠性。

2-125　发电机励磁回路中的灭磁电阻起何作用？

发电机励磁回路中的灭磁电阻主要有两个作用：
（1）防止转子绕组间的过电压，使其不超过允许值。
（2）将转子磁场能量转变为热能，加速灭磁过程。

2-126　为什么同步发电机励磁回路的灭磁开关不能装设动作迅速的断路器？

　　由于同步发电机励磁回路存在较大的电感，而直流电流又没有过零的时刻，若采用动作迅速的断路器突然动作，切断正常运行状态下的励磁电流，电弧熄灭瞬间会产生过电压，且电流变化速度越大，电弧熄灭越快，过电压值就越高，这可能大大超过励磁回路的绝缘薄弱点的耐压水平，击穿而损坏。因此，同步发电机励磁回路不能装设动作迅速的断路器。

2-127　励磁系统的主要作用有哪些？

（1）根据发电机负荷的变化相应地调节励磁电流，以维持机端电压为给定值。
（2）控制并列运行的各发电机间无功功率分配。
（3）提高发电机并列运行的静态稳定性。
（4）提高发电机并列运行的暂态稳定性。
（5）在发电机内部出现故障时，进行灭磁，以减小故障损失程度。
（6）根据运行要求对发电机实行最大励磁限制及最小励磁限制。

2-128　发电机获得励磁电流有哪几种方式？

（1）直流发电机供电的励磁方式。

（2）交流励磁机供电的励磁方式。

（3）无励磁机的励磁方式（端部静态励磁）。

2-129　发电机为什么实行强行励磁（简称强励）？强励时间受哪些因素限制？强励动作后不返回有哪些危害？应怎样处理？

为了提高发电机运行系统的稳定性，提高保护装置的灵敏度；在短路故障切除之后电压能迅速恢复到正常状态；要求电压下降到一定数值时，发电机的励磁能立即增加，所以发电机要实行强行励磁。

强励动作是由继电器自动将励磁机回路的磁场调节电阻短接，或由发电机的自动调整励磁装置自动迅速调整使励磁机在最大值电压下工作，以足够的励磁电流供给发电机。

发电机的强行励磁只有在强励倍数较高，励磁电压上升速度较快，强励时间足够的条件下才能发挥应有的作用，因此发电机的励磁因强励而加到最大值时，在 1min 之内不得干涉强励的动作，在 1min 之后，则应立即采取措施，降低发电机定子和转子电流到正常允许的数值。

强励动作后，如果不返回，磁场调节电阻长时间被短接，在发电机正常运行时，转子将承受很高的电压而受到损伤。根据发电机运行状况，在保证正常运行的前提下，可以将不返回的强励装置切除，查明原因，排除故障后再投入运行。

2-130　何谓强励顶值电压倍数？

强励顶值电压倍数指的是，在同步发电机事故情况下，励磁系统强行励磁时的励磁电压和额定励磁电压之比。此值可视机组和系统的运行要求而定。

2-131　何谓励磁电压上升速度？

励磁电压上升速度是指励磁电压在强励发生后最初 0.5s 内由正常电压开始的平均上升速度，常用 1s 内升高的励磁电压对额定励磁电压的倍数来表示。此值一般要求在 0.8～1.2 之间，可视机组和系统的运行要求而定。

2-132 试分析引起转子励磁绕组绝缘电阻过低或接地的常见原因有哪些？

引起转子励磁绕组绝缘电阻过低或接地的常见原因有：

（1）受潮。当发电机长期停用，尤其是梅雨季节长期停用时，很快使发电机转子的绝缘电阻下降到允许值以下。

（2）集电环表面有电刷粉或油污堆积，引出线绝缘损坏或集电环绝缘损坏时，也会使转子的绝缘电阻下降或造成接地。

（3）发电机长期运行未进行护环检修，使绕组端部大量积灰（一般大修中只能清除小部分积灰，护环里面的绕组端部的积灰则无法清除），也会使转子的绝缘电阻下降。

（4）转子的槽绝缘断裂造成转子绝缘电阻过低或接地。

2-133 励磁系统故障对电力系统有什么影响？

（1）低励或失磁时，发电机从电力系统吸收无功功率，引起系统电压下降。如果电力系统无功储备不足，将使邻近故障发电机组的系统某点电压低于允许值，使电源与负荷间失去稳定，甚至造成电力系统因电压崩溃而瓦解。

（2）一台发电机失磁电压下降，电力系统中的其他发电机组在自动调整励磁装置作用下将增大无功输出，从而可能使某些发电机组和线路过负荷，其后备保护可能发生误动作，使故障范围扩大。

（3）一台发电机失磁后，由于有功功率的摆动，以及电力系统电压的下降，可能导致相邻正常发电机与电力系统之间或系统各回路之间发生振荡，造成严重后果。

（4）发电机额定容量越大，低励、失磁引起的无功缺额也越大。如果电力系统相对容量较小，则补偿这一无功缺额的能力较差，由此而来的后果会更严重。

2-134　励磁系统故障对发电机有什么影响？

（1）失磁后，发电机定转子之间出现转差，当发电机转子回路中产生的损耗超过一定值时，将使转子过热。特别是大型发电机组，其热容量裕度较低，转子易过热。而流过转子表面的差额电流，还将使转子本体与槽楔、护环的接触面上发生严重的局部过热。

（2）低励或失磁发电机进入异步运行后，由机端观测到的发电机等效电抗降低，从电力系统吸收无功功率增加。失磁前所带的有功功率越大，转差就越大，等效电抗就越小，从电力系统吸收无功功率就越大。因此，在重负荷下失磁发电机进入异步运行后，如不立即采取措施，发电机将因过电流使定子绕组过热。

（3）在重负荷下失磁后，转差也可能发生周期性的变化，使发电机出现周期性的严重超速，直接威胁着发电机组的安全。

（4）低励、失磁时，发电机定子端部漏磁增加，将使发电机端部部件和边段铁芯过热，这一情况通常是限制发电机失磁异步运行能力的主要条件。

2-135　什么是无励磁机的励磁方式？

在励磁方式中不设置专门的励磁机，而从发电机本身取得励磁电源，经整流后再供给发电机本身励磁，称自励式静止励磁。自励式静止励磁可分为自并励和自复励两种方式。自并励方式通过接在发电机出口的整流变压器取得励磁电流，经整流后供给发电机励磁，这种励磁方式具有结构简单、设备少、投资省和维护工作量少等优点。自复励方式除有整流变压器外，还设有串联在发电机定子回路的大功率电流互感器。这种互感器的作用是在发生短路时，给发电机提供较大的励磁电流，以弥补整流变压器输出的不足。这种励磁方式具有两种励磁电源，通过整流变压器获得的电压电源和通过串联变压器获得的电流源。

2-136　什么是发电机电压的调节？

自动调节励磁系统可以看成一个以电压为被调量的负反馈控制系统。无功负荷电流是造成发电机端电压下降的主要原因，当励磁电流不变时，发电机的端电压将随无功电流的增大而降低。但是为了满足用户对电能质量的要求，发电机的端电压应基本保持不变，实现这一要求的办法是随无功电流的变化调节发电机的励磁电流。

2-137　什么是发电机无功功率的调节？

发电机与系统并联运行时，可以认为是与无限大容量电源的母线运行，要改变发电机励磁电流，感应电动势和定子电流也跟着变化，此时发电机的无功电流也跟着变化。当发电机与无限大容量系统并联运行时，为了改变发电机的无功功率，必须调节发电机的励磁电流。此时改变的发电机励磁电流并不是通常所说的"调压"，而是只改变了送入系统的无功功率。

2-138　自动电压调节器的调节范围是多少？

当发电机空载时，能在 70%～110% 额定电压范围内稳定平滑调节。

2-139　励磁系统必须满足哪些要求？

（1）正常运行时，能按负荷电流和电压的变化调节（自动或手动）励磁电流，以维持电压在稳定值水平，并能稳定地分配机组间的无功负荷。

（2）应有足够的功率输出，在电力系统发生故障、电压降低时，能迅速地将发电机的励磁电流加大至最大值（即顶值），以实现发动机安全、稳定运行。

（3）励磁装置本身应无失灵区，以利于提高系统静态稳定，并且动作应迅速，工作要可靠，调节过程要稳定。

2-140　什么是发电机静止励磁系统？其主要组成有哪几

部分？

发电机静止励磁系统采用自励方式，电源取自发电机本身，经静止的励磁变压器接至晶闸管整流桥，通过控制励磁电流达到调节同步发电机电压和无功功率的目的。其主要分为励磁变压器、励磁调节器、晶闸管整流器、启励和灭磁单元四个主要部分。

2-141 自并励静止励磁系统的主要优点有哪些？

（1）无旋转部件，结构简单，轴系短，稳定性好。

（2）励磁变压器的二次电压和容量可以根据电力系统稳定的要求而单独设计。

（3）响应速度快，调节性能好，有利于提高电力系统的静态稳定性和暂态稳定性。

2-142 自并励静止励磁系统的主要缺点是什么？

自并励静止励磁系统的主要缺点：电压调节通道容易产生负阻尼作用，导致电力系统低频振荡的发生，降低了电力系统的动态稳定性。但是，通过引入附加励磁控制（即采用电力系统稳定器 PSS），完全可以克服这一缺点。

2-143 过励磁限制的作用是什么？

防止机组在低速运行时，过多地增加励磁，造成发电机和变压器铁芯磁密度过大而损坏设备。过励磁限制的动作结果就是机端电压随频率的下降而下降。

2-144 欠励限制的功能是什么？

由于电网的要求，机组有时需要进相运行（吸收系统无功），但机组过分进相又可能引起机组失磁或其他不良影响，故需要对欠励进行限制。按照机组进相运行时无功与有功的对应关系，在一定量的有功时，限制无功进相的程度，此时调节器就不能再减磁了。

2-145 什么是电力系统稳定器（PSS）？

电力系统稳定器（PSS）通过引入附加反馈信号来抑制同步发电机的低频振荡，提高电网的稳定性。PSS 的控制算法基于双输入型 PSS 模型，附加反馈信号为机组的加速功率信号，由电功率信号和转子角频率信号综合而成。

2-146 简述大型发电机组加装电力系统稳定器（PSS）的作用。

电力系统稳定器（PSS）作为发电机励磁系统的附加控制，在大型发电机组加装电力系统稳定器（PSS），适当整定电力系统稳定器（PSS）有关参数可以起到以下作用：

（1）提供附加阻尼力矩，可以抑制电力系统低频振荡。

（2）提高电力系统静态稳定限额。

2-147 双通道励磁调节器通道控制方式如何实现自动/手动的切换？

双通道励磁调节器的每个主通道都有一个自动调节器（自动方式）和一个手动调节器（手动方式）。在自动方式中，发电机电压受到调节，因此在发电机机端产生恒定的电压。而在手动方式中，发电机励磁（磁场电流）保持恒定，随着发电机负荷的变化，发电机励磁（磁场电流的设定点）必须手动调整，以使发电机电压不变。由于不工作的调节器总是跟随工作调节器，所以在任何时间，手动/自动方式之间的切换都是可行的，但应特别注意以下几点：

（1）如果在自动方式下检测到故障（紧急切换到手动方式），直到故障已经消除才能自动地切回到自动方式。

（2）如果手动方式有故障，从自动到手动方式的切换就会被阻止。

（3）发电机能够在自动方式极限但又允许的运行范围内运行，但这个范围已经超出手动方式允许的运行范围。在此情况下，手动调节器可以不再跟随自动调节器。反馈指示允许手动调节器跟随检查校验。

（4）由于故障，自动切换到手动方式，再切换到故障之前的运行方式，这种情况是可能发生的。为此，手动调节器的跟随控制具有延迟和相应地减缓励磁电流改变的作用。从自动向手动方式的切换，手动调节器相对延缓跟随的特性必须予以考虑，在这里直接跟随励磁电流的变化，切换被延迟一个很短的时间，这样在各种情况下都能保证无扰动切换。

2-148 双通道励磁调节系统如何实现通道的切换？

双通道励磁调节系统具有两个完全独立的调节器和控制通道（通道1及通道2）。两个通道完全相同，因此可以自由地选择通道1或通道2作为工作通道。备用的通道（不工作的通道）总是自动地跟踪工作通道。基本上，除下述情况以外，通道的切换可以在任何时间进行。

如果工作通道检测到故障，将自动地紧急切换到第二个通道。而后，直到故障修复才可能再切回到工作通道。如果不工作的通道故障，则不能实现从工作通道到不工作通道的手动切换。

若一个通道发生故障，发电机电压同时也发生动态扰动，立即自动切换到不工作的通道，此不工作的通道不跟随发电机电压的动态扰动。为了防止这种情况的发生，不工作的通道相对缓慢地跟随发电机电压，并具有一段延时。

2-149 励磁机的正负极性反了对发电机的运行有没有影响？什么情况下，励磁机的极性可以变反？

励磁机的极性变反，使发电机原来的负集电环变为正的，正集电环变为负的，在这种极性变反的过渡过程中对发电机是有一定影响的。因为励磁电流减小时，发电机相当于失磁，要从系统吸收很大的无功电流，而且在励磁电流消失和变反的一段时间里，发电机必有一个瞬间失去同步和立即自同步的过程，只不过这个过程很快，常常没等值班人员处理就过去了。由于汽轮机的转向没有变，发电机相序也不变，至于表计的指示，除转子电压、电流表的指示相反外，交流表计不变，但如果励磁开关是磁吹式的，此时要求停机处理。当自动调节励磁装置投入时，一般不会出现励磁极性变反。

极性相反有以下几个原因：

（1）检修后试验时，如测电阻或进行电阻调整试验，没断开励磁回路，加入反向电时将剩磁抵消或相反。

（2）励磁机经一次突然短路，由于电枢反应很强，使去磁作用超过主磁场，有可能使极性改变。

（3）当电力系统发生突然短路，由于发电机定子侧突增电流，使在转子内感应出一直流分量，有可能使极性改变。

（4）由于励磁机磁场回路断开又接通，有可能使极性改变。

2-150 简述发电机灭磁开关的作用。

发电机灭磁开关的作用有两个：

（1）它的主触头接通由励磁机至发电机转子的励磁回路。

（2）在灭磁开关断开时，可利用其辅助触点控制的中间接触器的触点分别将发电机转子回路与励磁机静子回路的灭磁电阻加入，使发电机电压在灭磁开关断开后迅速降至零，并防止以下几种情况发生：

1）发电机灭磁开关断开时，转子绕组的磁场均突变而引起过电压。

2）当发电机灭磁开关断开时，由于转子灭磁电阻与转子绕组成闭合回路，可增加异步力矩。

2-151 运行中，整流柜应进行哪些检查？

运行中，应对整流柜进行下列检查：

（1）屏面各表计和指示灯指示正常。

（2）各整流柜输出电流应基本相同，符合现场规定。

(3) 各整流柜风机运行中正常，无异声。

2-152　PSS 的运行有哪些规定？

发电机有功功率达到设定值即可投入 PSS，PSS 投入后发电机电压被限制在一定范围内。当有功功率、电压超出设定值或机组解列后，PSS 自动退出。

(1) PSS 性能试验正常，有调度下达或确认的整定单并整定正确，PSS 整定值更改后应进行相应的 PSS 试验，合格后才能再次投运。

(2) 正常情况下，运行机组的 PSS 必须投入，退出应经根据调度批准。

(3) PSS 投入时若发现无功调节振荡且不能在短时间内稳定，应立即退出 PSS。

(4) PSS 投入时若调节器机端电压波动超过 3％额定电压值，应立即撤出。

(5) PSS 采用有功功率自动投入方式时，应注意在有功功率进行调节或机组异常情况下的 PSS 运行情况。

2-153　AVC 装置的功能是什么，运行中有哪些限制条件？

AVC 装置作为电网电压无功优化系统中分级控制的电压控制实现手段，针对负荷波动和偶然事故造成的电压变化，通过迅速动作来控制调节发电机励磁，实现电厂侧的电压控制，保证向电网输送合格的电压和满足系统需求的无功。同时接受来自省调度通信中心的上级电压控制命令和电压整定值，通过电压无功优化算法计算出的结果，由 AVC 装置输出调节信号控制发电机励磁调节器的整定点，以实现远方调度控制。运行中的限制条件如下：

(1) 发电机电压最高、最低限制。

(2) 厂用电压的限制。

(3) 系统电压的限制。

(4) 发电机功率因数的限制。

(5) 受发电机进相能力的限制。

2-154　AVC装置的使用规定有哪些？

正常运行中，发电机自动电压控制系统AVC装置投入运行，该装置严格按照调度局的指令进行调整，正常运行中不准将该装置退出运行，该装置的投入或退出必须按照中调命令执行。

运行值班人员在AVC装置退出的情况下，必须按调度局下达的季度电压曲线和中枢点电压正常范围进行调整。使控制点电压在高峰负荷期间维持电压曲线的上限运行，低谷负荷期间维持下限运行。

2-155　什么是发电机空载特性试验？

空载特性是发电机在额定转速时定子空载电压与转子励磁电流之间的关系曲线。空载特性试验可以检验发电机励磁系统的工作情况，观察发电机磁路的饱和程度，还可以检查发电机定、转子绕组的连接是否正确；同时，利用发电机的空载和短路特性曲线，可以求得发电机的许多参数。新机组投入和大修后，都要进行空载特性试验。

2-156　什么是同步发电机的三相稳态短路特性试验？

同步发电机的三相稳态短路特性是定子绕组三相短路时稳态短路电流与励磁电流的关系曲线。发电机的三相稳态短路特性试验同空载特性试验一样，也是发电机的基本试验项目之一。通过该项试验，可以求取发电机的饱和同步电抗、短路比等参数，可以检查定子三相电流的对称性，还可以由短路特性曲线判断励磁绕组有无匝间短路故障。

2-157　简述发电机定子三相电流不平衡时的运行处理。

(1) 报警确认，汇报值长。

(2) 对发电机—变压器组进行全面检查。

(3) 当负序电流小于 8% 额定电流值且定子最大电流未超过额定值时，允许连续运行。

(4) 当负序电流大于 8% 额定电流值时，应向调度汇报，降低发电机无功负荷或有功负荷，将负序电流降至允许值范围内。

(5) 当负序电流达到 8.5% 额定电流值时，负序保护将启动，延时将机组与系统解列，按事故停机处理。

(6) 若不平衡由于机组内部故障引起，则应停机灭磁处理。

(7) 若不平衡由厂用电系统、励磁系统缺相运行引起，应向调度汇报，并采取相应措施。

(8) 若不平衡由系统故障引起，应立即汇报调度，设法消除，并在发电机带不平衡负荷运行的允许时间未到达之前，拉开非全相运行的线路开关，以保证发电机安全运行。

(9) 发电机在带不平衡电流运行时，应加强对发电机转子发热和机组振动的监视和检查。

2-158　简述发电机出口 TV 电压回路断线时的运行处理。

(1) 加强对发电机定子电流、转子电流、转子电压的监视。

(2) 机炉尽可能保持负荷稳定，必要时可解除 CCS 并将机炉主控切至手动，投油助燃，手动调节机炉主控指令至异常前状态，加强对气温、气压和给水流量、蒸汽流量的监视。

(3) 停用断线 TV 有关自动装置和保护（解除逆功率、失磁、失步保护压板）。

(4) 无论哪台 TV 回路熔丝熔断，均应准确记录时间，尽可能在熔丝熔断和恢复时分别记下功率指示的读数，作为丢失电量计算的依据。

(5) 调节器用 TV 的一、二次回路断线，调节器自动由工作通道切至备用通道运行，应监视发电机无功输出正常。

(6) 检查 TV 二次熔丝是否熔断，二次回路是否完好。

(7) 取下 TV 低压侧熔丝，拉出 TV，检查高压熔丝是否熔断。

(8) 若二次熔丝熔断，更换二次侧熔丝。

(9) 若一次熔断器熔断，应对 TV 进行检查，检查无异常后更换熔断器。

(10) TV 的推拉必须使用绝缘工具，操作人员必须穿绝缘鞋、戴绝缘手套，并注意安全距离。

(11) 正常后，恢复 TV 运行，投入上述解除的保护压板，恢复停用的自动装置；待机组定子电压、有功功率、无功功率恢复正常后，重新投入 AGC 运行并根据情况撤去燃油；无法恢复时，汇报值长，申请停机。

(12) 正常后，应根据命令将励磁方式恢复到正常运行方式（即恢复到原工作通道运行，备用通道跟踪的运行方式），并复位报警信号。

2-159　发电机运行参数指示失常时如何处理？

(1) 根据其他运行参数进行综合判断，确认是属于参数显示回路故障（包括计算机系统故障或测量系统一、二次回路故障），还是属于运行参数异常。

(2) 如属于参数显示回路故障，应及时联系检修人员处理；并在确认其他运行参数指示均正常的情况下，根据其他参数指示监视发电机的运行情况；此时不可盲目调节发电机有功、无功负荷；同时应严密监视热工自动调节及热工保护的动作情况，必要时可联系调度解除 AGC，采取手动干预。待参数显示恢复正常后，才可对机组进行负荷调整。

(3) 若发电机大量参数指示失常，应检查有关变送器辅助电源是否故障，发电机出口 TV 有无断线。

(4) 如果参数指示消失或指示失常已影响发电机正常运行，应根据实际情况减少负荷或停机处理。

（5）待参数显示恢复正常后，才可对机组进行正常调整。

2-160　发电机转子一点接地时如何处理？

（1）汇报值长。

（2）加强对励磁系统的监视，当发现转子电流增大而无功出力又明显下降时，应立即停机。

（3）若检漏计或湿度仪报警与转子一点接地信号相继发出，或同时检查到发电机有漏水、漏油故障时，应立即停机。

（4）如接地的同时发电机发生失磁或失步，应立即停机。

（5）检查接地检测装置工作是否正常，进一步核对绝缘检测装置的绝缘数值，切换转子正、负极对地电压指示，判明接地极和接地程度。

（6）对励磁系统进行全面检查，有无明显接地，若为集电环或励磁回路积污引起时，应联系检修人员采用吹灰器或压缩空气进行吹扫。

（7）联系并配合检修人员查明故障点和性质。

（8）如为转子外部接地，由检修人员设法消除。

（9）如为转子内部稳定性的金属性接地或接地点在外部但必须停机才能消除时，则汇报值长，申请尽快停机处理。

（10）如转子接地保护二段动作跳闸，则按照事故跳闸处理，如保护拒动，则立即将发电机解列灭磁。

2-161　发电机失磁后有何现象？

（1）发电机失磁后，失磁保护动作，解列灭磁，DCS报警窗口发"发电机—变压器组保护动作"、"发电机失磁"信号，可能发"失步"、"AVR故障"、"发电机系统TV故障"等信号。

（2）发电机失磁后，失磁保护因故未投或未动，发电机呈失磁异步运行状态时，其主要现象如下：

1）发电机无功功率指示负值，功率因数指示进相。

2）发电机有功功率指示降低并有摆动现象。

3) 发电机定子电压略有下降。

4) 发电机定子电流大幅度上升，且周期性摆动，若此时有功负荷较大，则定子严重过负荷。

5) 转子电流指示等于零或接近于零，当转子回路未断开时，发电机转子电流从零向两个方向摆动。

6) 发电机转子电压指示呈周期性摆动。

7) 发电机转速超过同步转速。

8) 相邻机组强励可能动作。

2-162 发电机升不起电压时运行人员如何处理？

(1) 汇报值长，通知检修人员立即到现场共同检查处理。

(2) 检查发电机定子电压、励磁电压及励磁电流指示是否正常，有关变送器是否正常。

(3) 检查励磁回路是否短、开路，极性有无接反等现象。

(4) 检查发电机灭磁开关是否合闸良好，发电机是否启励，启励电源是否正常。

(5) 检查发电机出口 TV 是否正常，一次插头是否接触良好，一次熔断器、TV 二次熔断器是否正常。

(6) 检查励磁调节器是否正常，调节器直流电源是否良好。

(7) 检查励磁变压器运行是否正常。

(8) 检查发电机碳刷接触是否良好。

(9) 检查励磁系统中励磁功率柜是否正常工作。

(10) 发电机升不起电压时，应立即对励磁系统灭磁，检查回路，严禁盲目增加励磁。

2-163 造成发电机失步及电力系统振荡的可能原因有哪些？

(1) 负荷突变。

(2) 系统故障、保护延时切除、自动装置失灵、系统联系电抗突然增大，造成系统动稳定破坏，如两电源之间输出线路和变压器的切除。

（3）系统内发电机特别是大容量机组突然跳闸。

（4）由发电机失磁或欠励磁引起，励磁调节器手动运行，监视不力造成发电机滑极失步。

（5）发电机非同期并列。

（6）汽轮机调速系统因误操作或故障而大幅波动，引起原动机功率突变。

（7）线路输送功率超过静稳定极限。

（8）发电机励磁调节器（AVR）自动失灵造成发电机振荡放大而失步。

（9）系统突然发生短路故障，短路故障通常是引起发电机振荡的主要原因。

2-164　发电机运行中发生系统振荡时，由于振荡中心位置的不同，振荡分别呈现何种特点？

（1）单机振荡。振荡中心落在发电机—变压器组内，发电机端电压和厂用电压周期性严重降低，失步发电机指示与邻机及线路指示摆动方向相反，摆动幅度比邻机及线路激烈。自并励的发电机可能失步，伴随失磁使振荡幅度更为剧烈。

（2）发电厂和系统之间振荡。振荡中心落在 500kV 母线上，500kV 母线电压周期性严重降低，本厂所有发电机摆动方向相同，摆动幅度基本一致。

（3）系统振荡。振荡中心落在本厂送出线路以外，本厂所有发电机摆动方向相同，摆动幅度基本一致，幅度相对较小。

2-165　发电机运行中发生系统振荡时，集控值班人员应按什么原则处理？

（1）若发生趋向稳定的振荡，即越振越小，则不需要操作，振荡很快就会消失，但值班人员必须做好处理事故预想。

（2）若造成失步，则应尽快创造恢复同期的条件，按下列原则处理：

1）当励磁调节器自动方式运行时，值班人员严禁干涉其调节。

2）当励磁调节器手动方式运行时，应立即增加发电机励磁电流至允许的最大值，以增加定、转子磁极间的拉力，消弱转子的惯性作用，使发电机在到达平衡点附近时易于拉入同步。

3）监视系统周波并参考汽轮机机械转速表，当属于周波升高的电厂时，应立即自行降低有功出力，使频率下降至49Hz为止，同时将电压提高到最大允许值；当属于周波降低的电厂时，应立即自行增加有功出力，并根据事故过负荷能力，使频率恢复至49Hz，同时也要将电压提高到最大允许值。

2-166 发电机非全相运行的现象有哪些？

（1）发电机非全相运行时，定子三相电流明显指示不平衡，不平衡差值大于其他正常机组，振动加剧较正常机组明显。

（2）当断路器非全相运行时，发电机—变压器组非全相保护动作，发电机负序保护动作，发"断路器三相位置不一致"和"断路器故障"报警信号，发电机—变压器组保护出口可能跳闸。

（3）负序电流指示增大。

（4）中性点有零序电流。

（5）有功负荷下降。

（6）转子温度快速上升，发电机出风温度升高。

2-167 发电机非全相运行后，当保护拒动时如何处理？

（1）手动拉开发电机—变压器组出口断路器一次。若断不开，应立即降低有功负荷，并将AVR由自动切换到手动后迅速调节励磁电流接近空载额定值以降低无功负荷，使发电机定子电流的不平衡电流降至最小（有功功率为零，无功功率近于零），此时汽轮机不应停机，灭磁开关不应断开，并保持发电机转速为额定值。

（2）此时由于某种原因导致主汽门关闭，造成转速下降，应请示值长，要求立即拉开非全相运行断路器的相邻断路器以隔离故障断路器。

（3）严密监视发电机定子电流，并根据电流指示相应调节励磁，使三相定子电流均接近于零。

（4）请示值长，就地手动拉开发电机—变压器组出口断路器一次。

（5）若就地手动仍断不开时，应采取措施尽快排除或隔离故障，若故障一时无法排除，应请示值长，汇报调度，要求倒母线并拉开非全相运行断路器的相邻断路器以隔离故障断路器。

（6）断开灭磁开关，汽轮机打闸。

（7）若保护未动作或其他原因，非全相运行超过发电机负序电流允许水平，再次启动前，必须全面进行检查，无问题后经生产副厂长或总工批准方可并列。

（8）如非全相保护动作跳闸，应迅速进行全面检查，判明故障性质，通知检修处理。

2-168 氢冷发电机着火和氢气系统爆炸后如何处理？

（1）立即紧急停机，灭磁，汇报值长。

（2）如在就地发现，值班人员应立即打闸停机，报告集控室值班员，汇报值长，并通知消防部门。

（3）确认发电机—变压器组出口主断路器、灭磁开关和6kV厂用电各工作段工作电源进线断路器跳闸，断开发电机—变压器组出口隔离开关。

（4）切断氢源，停止向发电机补氢并迅速打开排氢门向厂房外排氢，同时用CO_2气体进行灭火。

（5）在机内氢气未排空之前，应维持发电机密封油系统正常运行，监视、调整油氢压差正常。

（6）保证定子冷却水系统、氢冷器冷却水系统正常运行，直到灭火完毕。如发电机各部温度急剧升高，应尽快检查发电机冷却水系统运行是否正常，尽一切努力降低发电机各部温度。

（7）为避免在发电机灭火过程中，由于一侧过热使转子弯曲，禁止在火焰最后熄灭前，将发电机转子完全停转。

（8）氢系统泄漏，应设法隔离，并且泄漏点周围严禁用明火，包括开关阀门时阀钩与手轮间的撞击或摩擦也应该绝对避免。

（9）发电机外部或附近着火，应迅速用1211、四氯化碳或二氧化碳灭火器灭火，不得使用泡沫灭火器或砂子灭火（地面油类着火时，可用砂子灭火，但应注意不使砂子落到发电机内或其轴承上）。

（10）在发电机转子完全静止后，应尽快投入盘车，然后按值长的命令进行处理。

2-169 发电机非同期并列如何处理？

（1）发电机失步保护跳闸时，按停机处理。

（2）若发电机无显著声响和振动，各参数指示振荡幅度逐渐衰减，可以不停机，但应汇同检修人员查明非同期并列的原因，并对发电机—变压器组进行检查。

（3）若发电机产生很大的冲击和强烈的振动，显示摆动剧烈且不衰减，则应立即解列停机。

（4）未加励磁的发电机发生误并列时，应立即解列。

（5）发电机发生非同期解列停机后，应汇同检修人员查明非同期并列的原因，并要求检修人员对发电机—变压器组进行详细检查，测量发电机转子交流阻抗。

（6）再次启动前，必须检查发电机—变压器组无异常或消除缺陷并确认无问题后，经生产副厂长或总工批准方可重新并列，重新并列前必须使发电机零起升压，检查并确认无异常情况。

2-170 发电机—变压器组保护动作跳闸后的运行处理原则是什么？

（1）检查厂用电备用电源自投情况，保证厂用电电源的正常运行。

（2）汇报值长，联系检修人员，并向值长查询在电网上有无故障。

（3）检查保护装置及故障录波器的动作情况，作好记录并经继电保护人员复核无误后方可复归信号，判明跳闸原因。

（4）若是外部故障引起跳闸时，在隔离故障点且全面检查无异常后，可将发电机重新并列。

（5）若是内部故障引起跳闸，则应进行如下检查：

1）对发电机—变压器组保护范围内的全部设备进行全面检查。

2）检查发电机—变压器组有无绝缘烧焦的气味或其他明显的故障现象。

3）外部检查无问题，应测量发电机定、转子绝缘电阻是否合格（检修人员执行）及各点温度是否正常。

4）经上述检查及测量无问题，发电机零起升压试验良好后，经生产副厂长或总工程师批准将发电机并列。

2-171 发电机—变压器变组保护异常的处理原则是什么？

（1）保护装置出现任何异常时，值班人员均应汇报值长，联系继电保护人员，同时做好事故预想并根据需要对运行方式作必要调整。

（2）保护用 TV、TA 断线时，在保护未动作前，应退出相关保护，并及时处理。

（3）双重化配置的主保护其中一套退出时，如发电机差动保护、主变压器差动保护、高压厂用变压器差动保护、励磁变压器差动保护，在汇报值长申请调度同意后，允许机组运行不超过 48h，超时运行必须由生产副厂长或总工批准。

（4）不允许设备无主保护运行，发电机差动保护、主变压器差动保护、高压厂用变压器差动保护、励磁变压器差动保护不允许两套同时退出，因故需两套同时退出前，必须停运机组。

(5) 主变压器重瓦斯、高压厂用变压器重瓦斯保护退出前，必须报生产副厂长或总工批准。

(6) 发电机两套失磁保护不允许同时退出；在申请调度同意后允许机组退出一套失磁保护短时运行不超过 24h，并要求继电保护人员及时处理，超时需报调度批准。

(7) 其余动作于跳闸的保护有故障需退出时，是否允许运行由生产副厂长或总工批准，并要求继电保护人员及时处理，在继续运行时必须汇报调度，同时要加强监视。

(8) 保护装置因故需整套退出时，必须先断开保护装置的所有出口连接片，不允许以直接拉电源的方式来退出整套保护装置。

(9) 发生保护动作、断路器跳闸时，应通知持有工作票的工作班组停止工作，查明原因，以便及时处理；如发现保护误动或信号不正常，应及时通知继电保护人员进行检查。

(10) 发现保护装置有起火、冒烟、巨大声响等紧急情况，值班人员先做应急处理，并同时向值长、调度汇报，联系继电保护人员，通知消防部门。

(11) 当系统或设备发生故障时，值班人员应立即查明动作的保护、断路器、信号和光字牌，汇报值长，作好记录，并经继电保护人员复核无误后复归信号。

(12) 及时记录保护动作时的有关数据，打印有关参数事故录波和 SOE 记录，便于事后分析。

(13) 保护装置动作后，机组仍在运行时，若经继电保护人员检查，保护系误动，在未查明误动的具体原因或未消除引起误动的缺陷前，需经过相应的保护退出审批手续，方可暂时将保护退出运行。

2-172 600MW 汽轮发电机经大、小修或较长时间备用后，启动前应做哪些试验？

600MW 汽轮发电机经大、小修后或较长时间备用后，必须确认下列各项电气试验及检查合格，试验数据应有书面报告并且符合启动要求。

（1）发电机上端盖前检查定子绕组引水管和绕组绑扎的情况，应无引水管断裂、折瘪、绑线断裂、垫块松动，存在异物等异常情况。

（2）发电机系统的所有信号应正常。

（3）确认发电机—变压器组出口主断路器、灭磁开关的拉、合闸试验及灭磁开关联跳试验正常。

（4）定子冷却水系统冲洗合格，水压试验正常，定子冷却水泵联锁、断水保护及漏液报警器等试验正常，并确认系统具备投运条件。

（5）经解体检修后的发电机必须进行气密性试验且合格。

（6）核对发电机各部温度指示正常。

（7）检查检漏计、湿度仪、射频检测仪、绝缘过热检测装置正常。

（8）检查发电机大轴接地碳刷完整、接触良好。

（9）发电机—变压器组二次回路或开关回路检修后，应确认发电机—变压器组保护、测量、同期、操作、控制及信号系统等二次设备正常，符合运行条件。发电机启动前应做整组跳闸试验，发电机—变压器组保护传动试验正常，各联锁试验正常。

2-173 汽轮发电机经检修后或较长时间备用后，启动前必须由检修人员测量发电机定子回路、励磁回路及发电机轴承等发电机各部分的绝缘，绝缘数据有何规定？

（1）采用 2500V 试验电压测量定子绕组绝缘，定子绕组绝缘电阻值在 25℃应不小于 500MΩ（1min 值），吸收比不小于 1.6，极化指数不小于 2，各相绝缘电阻差异倍数不大于 2，若测量结果比前次数据有显著降低时，考虑环境温度和湿度的变化，如低于前次数据的 1/5～1/3 时，应查明原因并设法消除。

(2) 采用500V试验电压测量发电机励磁回路绝缘，在25℃时，确认绝缘电阻不小于10MΩ（1min值）。

(3) 采用500V试验电压测量发电机轴承及密封对地的综合绝缘，绝缘电阻与汽轮机对接前应不小于10MΩ，通油后应不小于1MΩ；转轴对机座的绝缘电阻，与汽轮机对接之前应不小于10MΩ，通油后应不小于1MΩ；在转轴与汽轮机对接后，应测量所有的接线端子在通油前后的对地绝缘，其值应不小于1MΩ。

(4) 采用500V试验电压测量集电环装置绝缘，其绝缘电阻应不小于10MΩ。

(5) 采用250V试验电压测量电阻测温元件绝缘，其绝缘电阻应不小于5MΩ。

(6) 采用500V试验电压测量端部铁芯及轴瓦热电偶绝缘，其绝缘电阻应不小于100MΩ。

(7) 采用1000V试验电压测量定子穿芯螺杆绝缘，其绝缘电阻应不小于100MΩ。

2-174 汽轮发电机励磁系统经大、小修后或较长时间备用后，必须确认哪些电气试验并检查合格？

(1) 检查励磁变压器、励磁装置等励磁系统所有设备完好，符合运行条件。

(2) 确认发电机转子励磁回路接地监测装置投运正常，无动作报警信号。

(3) 检查发电机集电环碳刷接触良好、压力均匀、长度合适、活动自如，盘车时无跳动现象；集电环风道畅通，人孔门关闭。

(4) 励磁控制系统应调试正常，试验合格，符合启动条件。

(5) 检查励磁系统的启励电源、各交流辅助电源及直流电源已送电，电源指示正常；整流柜冷却风机处于热备用状态，冷却风机联锁试验正常，空气进出风口无杂物堵塞。

（6）确认励磁柜内各空气开关已合上，各熔丝已送上，关好柜门并上锁。

（7）检查励磁系统就地控制柜和 DCS 画面无报警、故障和限制器动作信号。

（8）检查励磁调节器自动、手动通道的电压给定在最低位置。

（9）检查灭磁开关在断开状态，励磁调节器输出为零。

（10）将励磁系统切换到远方遥控方式。

（11）将励磁系统切换到自动方式。

2-175　汽轮发电机主变压器、各高压厂用变压器、各高压备用变压器、励磁变压器及各厂用变压器经大、小修后或较长时间备用后，启动前应进行哪些检查？

（1）检查一、二次回路设备完好，各接头无松动脱落现象，外壳接地良好，铁芯接地引出线的套管可靠接地。

（2）储油柜、散热器、气体继电器各油路阀门已打开。

（3）变压器顶部无遗留物，检查分接开关在规定位置。

（4）冷却器控制箱内无异常，各操作开关在运行要求位置。冷却装置或通风装置应完整，外观无损伤。冷却器电源均已投运，开启冷却器试转，风扇转向正确，油泵油流指示器方向正确，试验两路电源自投切换正常，就地切换开关应处于自动状态，随时可启动运行。

（5）套管、绝缘子清洁、完整，无裂纹、放电痕迹，充油套管油位指示正常，封闭母线连接良好。

（6）变压器储油柜油位应与当时的油温相符，油质透明清亮，硅胶无吸水饱和现象，呼吸器畅通。

（7）确认各变压器绝缘电阻合格。

（8）油浸式变压器无漏油现象，室内变压器的屋内无漏水情况，干式变压器无凝露现象。通风畅通，消防设备齐全、完好。

（9）检查变压器各温度计接线完整，合上变压器在线监测装置电源，校对温度计读数与 DCS 画面指示及环境温度相同。

（10）变压器各侧避雷器应投入，记录放电计数器数字。

（11）检查变压器有关保护装置应投入。

（12）变压器中性点接地装置完好，符合运行条件。

2-176　何谓发电机进相运行？发电机进相运行时应注意什么？为什么？

发电机进相运行是指发电机发出有功功率而吸收无功功率的稳定运行状态。

发电机进相运行时，主要应注意四个问题：①静态稳定性降低。②端部漏磁引起定子端部温度升高。③厂用电电压降低。④由于机端电压降低在输出功率不变的情况下发电机定子电流增加，易造成过负荷。

（1）进相运行时，由于发电机进相运行，内部电势降低，静态储备降低，使静态稳定性降低。

（2）由于发电机的输出功率 $P = E_D U / X_D \cdot \sin\delta$，在进相运行时 E_D、U 均有所降低，在输出功率 P 不变的情况下，功角 δ 增大，同样降低动稳定水平。

（3）进相运行时，由于助磁性的电枢反应，使发电机端部漏磁增加，端部漏磁引起定子端部温度升高，发电机端部漏磁通为定子绕组端部漏磁通和转子端部磁通的合成。进相运行时，由于两个磁场的相位关系使得合成磁通较非进相运行时大，导致定子端部温度升高。

（4）厂用电电压的降低。厂用电一般引自发电机出口或发电机电压母线，进相运行时，由于发电机励磁电流降低和无功潮流倒送引起机端电压降低，同时造成厂用电电压降低。

2-177　发电机中性点一般有哪几种接地方式？各有什么特点？

发电机的中性点主要采用不接地、经消弧线圈接地、经电阻或直接接地三种方式。

(1) 发电机中性点不接地方式。当发电机单相接地时，接地点仅流过系统另两相与发电机有电气联系的电容电流，当这个电流较小时，故障点的电弧常能自动熄灭，故可大大提高供电的可靠性。当采用中性点不接地方式而电容电流小于 5A 时，单相接地保护只需利用三相五柱电压互感器开口侧的零序电压给出信号。中性点不接地方式的主要缺点是内部过电压对相电压倍数较高。

(2) 发电机中性点经消弧线圈接地。当发电机电容电流较大时，一般采用中性点经消弧线圈接地，这主要考虑接地电流大到一定程度时接地点电弧不能自动熄灭，而且接地电流若烧坏定子铁芯时难以修复。中性点接了消弧线圈后，单相接地时可产生电感性电流，补偿接地点的电容电流而使接地点电弧自动熄灭。

(3) 发电机中性点经电阻或直接接地。这种方式虽然比单相接地较为简单且内部过电压对相电压的倍数较低，但是单相接地短路电流很大，甚至超过三相短路电流，可能使发电机定子绕组和铁芯损坏，而且在发生故障时会引起短路电流波形畸变，使继电保护复杂化。

2-178 发电机失磁对系统有何影响？

发电机失磁对系统的影响主要有以下几点：

(1) 低励和失磁的发电机从系统中吸收无功功率，引起电力系统的电压降低。如果电力系统中无功功率储备不足，将使电力系统中邻近的某些点的电压低于允许值，破坏了负荷与各电源间的稳定运行，甚至使电力系统电压崩溃而瓦解。

(2) 当一台发电机发生失磁后，由于电压下降，电力系统中的其他发电机在自动调整励磁装置的作用下，将增加其无功输出，从而使某些发电机、变压器或线路过电流，其后备保护可能因过流而误动，使事故波及范围扩大。

(3) 一台发电机失磁后,由于该发电机有功功率的摇摆,以及系统电压的下降,将可能导致相邻的正常运行的发电机与系统之间,或电力系统各部分之间失步,使系统发生振荡。

(4) 发电机的额定容量越大,在低励磁和失磁时,引起无功功率缺额越大,电力系统的容量越小,则补偿这一无功功率缺额的能力越小。因此,发电机的单机容量与电力系统总容量之比越大时,对电力系统的不利影响就越严重。

2-179　发电机失磁对发电机本身有何影响?

发电机失磁对发电机本身的影响主要有:①由于发电机失磁后出现转差,在发电机转子回路中出现差频电流,差频电流在转子回路中产生损耗,如果超出允许值,将使转子过热。特别是直接冷却的高力率大型机组,其热容量裕度相对降低,转子更容易过热。而转子表层的差频电流,还可能使转子本体槽楔、护环的接触面上发生严重的局部过热甚至灼伤。②失磁发电机进入异步运行之后,发电机的等效电抗降低,从电力系统中吸收无功功率,失磁前带的有功功率越大,转差就越大,等效电抗就越小,所吸收的无功功率就越大。在重负荷下失磁后,由于过电流,将使发电机定子过热。③对于直接冷却的高力率大型汽轮发电机,其平均异步转矩的最大值较小,惯性常数也相对降低,转子在纵轴和横轴方面,也呈较明显的不对称。由于这些原因,在重负荷下失磁后,这种发电机转矩、有功功率要发生剧烈的周期性摆动。对于水轮发电机,由于其平均异步转矩最大值小,以及转子在纵轴和横轴方面不对称,在重负荷下失磁运行时,也将出现类似情况。这种情况下,将有很大甚至超过额定值的电机转矩周期性地作用到发电机的轴系上,并通过定子传递到机座上。此时,转差也作周期性变化,其最大值可能达到额定转速的 $4\%\sim5\%$,发电机周期性地严重超速。这些情况都直接威胁着机组的安全。④失磁运行时,定子端部漏磁增强,将使端部的部件和边段铁芯过热。

2-180 发电机定子绕组中的负序电流对发电机有什么危害？

当电力系统发生不对称短路或负荷三相不对称（接有电力机车、电弧炉等单相负荷）时，在发电机定子绕组中就流有负序电流。该负序电流在发电机气隙中产生反向（与正序电流产生的正向旋转磁场相反）旋转磁场，它相对于转子来说为2倍的同步转速，因此在转子中就会感应出100Hz的电流，即所谓的倍频电流。该倍频电流主要部分流经转子本体、槽楔和阻尼条，而在转子端部附近沿周界方向形成闭合回路，这就使得转子端部、护环内表面、槽楔和小齿接触面等部位局部灼伤，严重时会使护环受热松脱，给发电机造成灾难性的破坏，即通常所说的"负序电流烧机"。另外，负序（反向）气隙旋转磁场与转子电流之间、正序（正向）气隙旋转磁场与定子负序电流之间所产生的频率100Hz交变电磁力矩，将同时作用于转子大轴和定子机座上，引起频率为100Hz的振动。发电机承受负序电流的能力，一般取决于转子的负序电流发热条件，而不是发生的振动，即负序电流的平方与时间的乘积决定了发电机承受负序电流的能力。

2-181 试述发电机励磁回路接地故障有什么危害？

发电机正常运行时，励磁回路对地之间有一定的绝缘电阻和分布电容，它们的大小与发电机转子的结构、冷却方式等因素有关。当转子绝缘损坏时，就可引起励磁回路接地故障，常见的是一点接地故障，如不及时处理，还可能接着发生两点接地故障。励磁回路的一点接地故障，由于构不成电流通路，对发电机不会构成直接的危害。对于励磁回路一点接地故障的危害，主要是担心再发生第二点接地故障。因为在一点接地故障后，励磁回路对地电压将有所增高，就有可能再发生第二个接地故障点。发电机励磁回路发生两点接地故障的危害表现为：①转子绕组一部分被短路，另一部分绕组的电流增加，这就破坏了发电机气隙磁场的对称性，引起发电机的剧烈振动，同时无功出力降低。②转子电流通过转子本体，如果转子电流比较大，就可能烧损转子，有时还造成转子和汽轮机叶片等部件被磁化。③由于转子本体局部通过转子电流，引起局部发热，使转子发生缓慢变形而形成偏心，进一步加剧振动。

第二节　电动机及变频调速

2-182　电动机的设备规范一般应包括哪些？

电动机的设备规范一般应包括设备名称、型号、额定容量、额定电压、额定电流、额定转速、接线方式、绝缘等级、相数、功率因数、生产厂家、出厂号、出厂日期等。

2-183　对三相感应电动机铭牌中的额定功率如何理解？

电动机的额定功率（额定容量）指的是在额定情况下工作时，转轴上所输出的机械功率。如100kW的电动机能带100kW的泵或风机。这个功率不是从电源吸取的总功率，与总功率差一个电动机本身的损耗。

2-184　电机中使用的绝缘材料分哪几个等级？各级绝缘的最高允许工作温度是多少？

电机中使用的绝缘材料按照耐热性能的高低分为Y、A、E、B、F、H、C级7个等级。

各级绝缘的最高允许工作温度：Y级绝缘，90℃；A级绝缘，105℃；E级绝缘，120℃；B级绝缘，130℃；F级绝缘，155℃；H级绝缘，180℃；C级绝缘，180℃以上。

2-185　发电厂中有些地方为什么用直流电动机？

(1) 直流电动机有良好的调节平滑性及较大的调速范围。

(2) 在同样的输出功率下，直流电动机比交流电动机质量轻、效率高，且有较大的启动力矩。

（3）直流电源比交流电源可靠，为了安全，在特殊场合采用直流电动机比交流电动机更可靠。

2-186 电动机的启动间隔有何规定？

在正常情况下，鼠笼式转子的电动机允许在冷态下启动 2～3 次，每次间隔时间不得小于 5min，允许在热态下启动 1 次。只有在事故处理时，以及启动时间不超过 2～3s 的电动机可以视具体情况多启动一次。

2-187 什么叫电动机自启动？

感应电动机因某些原因如所在系统短路、换接到备用电源等，造成外加电压短时消失或降低致使转速降低，而当电压恢复正常后转速又恢复正常，这就叫电动机自启动。

2-188 三相异步电动机有哪几种启动方法？

（1）直接启动。电动机接入电源后在额定电压下直接启动。

（2）降压启动。将电动机通过一专用设备使加到电动机上的电源电压降低，以减少启动电流，待电动机接近额定转速时，电动机通过控制设备换接到额定电压下运行。

（3）在转子回路中串入附加电阻启动。这种方法使用于绕线式电动机，它可减小启动电流。

2-189 直流电动机常用的启动方法有哪些？

直流电动机常用的启动方法：

（1）直接启动。适用于小容量电动机。

（2）电枢串电阻器启动。损耗大。

（3）降压启动。须有专用电源，损耗小，启动平稳。

2-190 同步电动机为什么要采用异步启动法？

因为转子尚未转动时加以直流励磁，产生了旋转磁场，并以同步转速转动，定、转子旋转磁场相吸，定子旋转磁场使转子转动，但由于转子的惯性，它还没有来得及转动时旋转又到了极性相反的方向，两者又相斥，所以平均转矩为零，不能启动，需要采用异步启动法。

2-191　电动机检修后试运转应具备什么条件方可进行？

（1）电动机检修完毕回装就位，冷态验收合格。

（2）机械找正完毕，对轮螺栓紧固齐全，电动机的电源装置检修完毕回装就位，一经送电即可投入试运转。

（3）工作人员撤离现场，收回工作票。

2-192　为什么要加强对电动机温升变化的监视？

电动机在运行中，要加强对温升变化的监视。主要是通过对电动机各部位温升的监视，判断电动机是否发热，及时准确地了解电动机内部的发热情况，有助于判断电动机内部是否发生异常等。

2-193　电动机绝缘低的可能原因有哪些？

（1）绕组受潮或被水淋湿。

（2）电动机过热后绕组绝缘老化。

（3）绕组上灰尘、油污太多。

（4）引出线或接线盒接头绝缘即将损坏。

2-194　异步电动机空载电流出现不平衡是由哪些原因造成的？

（1）电源电压三相不平衡。

（2）定子绕组支路断线，使三相阻抗不平衡。

（3）定子绕组匝间短路或一相断线。

（4）定子绕组一相接反。

2-195　电动机启动困难或达不到正常转速是什么原因？

（1）负荷过大。

(2) 启动电压或方法不恰当。

(3) 电动机的六极引线的始端、末端接错。

(4) 电源电压过低。

(5) 转子铝（铜）条脱焊或断裂。

2-196 电动机空载运行正常，加负载后转速降低或停转是什么原因？

(1) 将三角形接线误接成星形接线。

(2) 电压过低。

(3) 转子铝（铜）条脱焊或断开。

2-197 绕线式电动机电刷冒火或集电环发热是什么原因？

(1) 因电刷研磨不好而与集电环的接触不良。

(2) 电刷碎裂。

(3) 刷架压簧的压力不均匀。

(4) 集电环不光滑或不圆。

(5) 集电环与电刷污秽。

(6) 电刷压力过大或过小。

(7) 电刷与刷架挤得过紧。

2-198 电动机在运行中产生异常声是什么原因？

(1) 三相电线中断一相。

(2) 三相电压不平衡。

(3) 轴承磨损严重或缺油。

(4) 定子与转子发生摩擦。

(5) 风扇与风罩或机盖摩擦。

(6) 机座松动。

2-199 电动机温度过高是什么原因？

(1) 电动机连续启动使定子、转子发热。

(2) 超负荷运行。

(3) 通风不良，风扇损坏，风路堵塞。
(4) 电压不正常。

2-200　电动机温度高应怎样处理？

(1) 限制负荷至额定电流。
(2) 调整电压。
(3) 以上调整无效，联系停电处理。

2-201　三相电源缺相对异步电动机启动和运行有何危害？

三相异步电动机电源缺相时，电动机将无法启动，且有强烈的"嗡嗡"声，长时间易烧毁电动机；若在运行中的电动机缺一相电源，虽然电动机能继续转动，但转速下降，如果负载不降低，电动机定子电流将增大，引起过热，甚至烧毁电动机。

2-202　异步电动机的气隙过大或过小对电机运行有何影响？

气隙过大使磁阻增大，因此励磁电流增大，功率因数降低，电动机性能变坏。气隙过小，铁芯损耗增加，运行时定子、转子易发生碰擦，引起扫膛。

2-203　电动机接通电源后电动机不转，并发出"嗡嗡"声，而且熔丝爆断或开关跳闸是什么原因？

(1) 线路有接地或相间短路故障。
(2) 熔丝容量过小。
(3) 定子或转子绕组有断路或短路故障。
(4) 定子绕组一相反接或将星形接线错接为三角形接线。
(5) 转子的铝（铜）条脱焊或断裂，集电环电刷接触不良。
(6) 轴承严重损坏，轴被卡住。

2-204　异步电动机在运行中，电流不稳、电流表指针摆动如何处理？

如果发现异步电动机电流不稳、电流表指针摆动时，应对电动机进行检查，有无异常声响和其他不正常现象，并启动备用设备，通知检修人员到场，共同分析原因进行处理。

2-205　电动机振动可能有哪些原因？

（1）电动机与所带动机械的中心找得不正。

（2）电动机转子不平衡。

（3）电动机轴承损坏，使转子与定子铁芯或绕组相摩擦（即扫膛现象）。

（4）电动机的基础强度不够或地脚螺栓松动。

（5）电动机缺相运行等。

2-206　三相异步电动机发热的原因有哪些？

（1）正常发热（含转子、定子铜耗，启动，制动，摩擦等）。

（2）绝缘老化（铁损增加，漏电流增加）。

（3）相电压不平衡（引起电流不平衡，单相运转等）。

（4）电压波动（转速变动转矩不平衡，磁路饱和励磁增加等）。

（5）接线不正确（绕组电压变高或变低等）。

（6）电流不平衡（线路接触不好等）。

（7）机械故障（阻力增加等）。

（8）电动机轴承故障（在异步电动机中发生较多）。

2-207　电动机发生着火时应如何处理？

发现电动机着火时，必须先切断电源，然后用二氧化碳或干式灭火器灭火或用消防水喷成雾状灭火，严禁将大股水注入电动机内。

2-208　试述电动机运行维护工作的内容。

（1）保持电动机附近清洁，定期清扫电动机，避免杂物卷入电动机内。

（2）保证电动机外壳接地良好，确保人身安全。

（3）电动机轴承用的润滑油或润滑脂，应符合运行温度和转速的要求，并定期更换或补充。

（4）加强对电动机电刷的维护，使之压力均匀、不过热、不卡涩、不晃动、接触良好。

（5）保护装置齐全、完整。电动机应按有关规程的规定，设置保护装置和自动装置，并按现场规程的规定投入和退出。

（6）用少油式或真空断路器启动的高压电动机为防止在制动状态下开断而产生过电压引起损坏，必要时可在断路器负荷侧装设并联阻容保护或压敏电阻等。

（7）保护电动机用的各型熔断器的熔丝（体），无论是已装好的或是备用的，均应经过检查，按给定值在熔断器标签上面注明电动机名称、额定电流值以及更换熔丝（体）的年、月、日。各台电动机的熔断器不得互换使用，不得随意更改熔体定值。

（8）停电前应确知所带设备已停止运行。停、送电应与有关岗位联系好，取、装熔断器应使用专用工具、戴绝缘手套。

（9）对于备用电动机，应与运行电动机一样，定期检查，测量绝缘和维护，保证能随时启动。

2-209 启动电动机时应注意什么？

（1）如果合上电源开关，电动机转子不动，应立即拉闸，查明原因并消除故障后，才允许重新启动。

（2）合上电源开关后，电动机发出异常响声，应立即拉闸，检查电动机的传动装置及电源是否正常。

（3）合上电源开关后，应监视电动机的启动时间和电流表的变化。如启动时间过长或电流表电流迟迟不返回，应立即拉闸，进行检查。

（4）在正常情况下，厂用电动机允许在冷态下启动两次，每次间隔时间不得少于 5min；在热态下启动一次。只有在处理事故时，才可以多启动一次。

（5）启动时发现电动机冒火或启动后振动过大，应立即拉闸，停机检查。

（6）如果启动后发现运转方向反了，应立即拉闸、停电，调换三相电源任意两相后再重新启动。

2-210　保证电动机启动并升到额定转速的条件是什么？

电动机运转时有两个力矩：一个是使电动机转动的电磁力矩，由定子绕组中流过三相电流后产生；另一个是阻碍电动机转动的阻力力矩，由电动机的机械负载产生，它的方向与转子方向相反。

要使电动机启动升至额定转速，必须使电动机的电磁力矩在机组的转速自零到额定值的整个范围内大于阻力力矩。在稳定运行状态时，电磁力矩等于阻力力矩。

2-211　检修高压电动机和启动装置时，应做好哪些安全措施？

（1）断开一次电源如断路器、隔离开关，断开二次电源；经验明确无电压后，装设接地线或在隔离开关间装绝缘隔板，小车开关应从成套配电装置内拉出并将柜门上锁。

（2）在断路器、隔离开关操作把手上悬挂"禁止合闸，有人工作！"的标示牌。

（3）拆开后的电缆头须三相短路接地。

（4）做好防止被其带动的机械（如水泵、空气压缩机、引风机等）引起电动机转动的措施，并在阀门上悬挂"有人工作！"的标示牌。

2-212　试述运行中对电动机监视的技术要求有哪些？

经常对电动机运行情况进行监视，监视项目如下：

（1）电动机的电流不超过额定值，如超过应迅速采取措施。

（2）电动机轴承润滑良好，温度正常。

（3）电动机声音正常，振动不超过允许值。

（4）对直流电动机和绕线式电动机应注意电刷是否冒火。

（5）电动机外壳接地线应完好，地脚螺栓不松动。

（6）电缆无过热现象。

（7）对于引入空气冷却的电动机管道应清洁畅通、严密。大型密闭式冷却的电动机，其冷却水系统正常。

2-213 电动机在电源切换过程中，冲击电流与什么有关？

电动机在电源切换过程中，当工作电源断开，备用电源合闸的瞬间，电动机将流过冲击电流。冲击电流的大小随着备用电源电压与残压之间的相角差变化而变化。当相角差很小时，引起较小的冲击电流；最大冲击电流是在备用电源电压与残压之间的相角差为180°时产生。就是说，切换不当会产生较大的冲击电流。当然，冲击电流的大小还与电压差有关。降低冲击电流的方法有如下几种：

（1）同期切换。备用电源电压与残压之间的相角差在一定的允许范围内进行的切换。由于厂用电的设计各不相同，电动机负载特性的差异以及断路器固有合闸时间也不相同，因此，要经过试验或计算后才能确定。

（2）低残压切换。当残压降到较低的数值时才进行切换。

（3）制造高转差电动机，以减少时间常数，并且提出高的加速力矩和低的启动电流电动机。这种方法往往要受到制造上的限制。

（4）快速切换。要求厂用断路器具有快速的动作时间，这样才能保证在一定的相角差范围内。这是近年来国外大容量电厂厂用电切换中采用的方法，且证明是较有效的方法。

2-214 电动机常见机械故障有哪些？

（1）轴承发热，可能是轴承中油脂过少或过多，或油脂标号不合适；轴承规格不合。

(2) 轴承内有异物、转轴弯曲、连接偏心等。

(3) 轴承发生异常的响声,可能是轴承装得松紧不合适、滚珠(柱)损坏等。

(4) 振动明显,可能是被带动机械不平衡,电动机地脚螺栓不紧或绕线式电动机转子未校好动平衡等。

2-215 异步电动机常见电气故障有哪些?

(1) 电动机不能转动,可能是电源线断开(包括熔丝熔断、接线松脱、电源线中断等),转子回路断路或短路,启动器故障,负载过重等。

(2) 电动机达不到额定转速,可能是接线错误(将△接法错接成Y接法)、电源电压过低、电刷与集电环接触不良、鼠笼式转子断条、负载过重等。

(3) 电动机绕组发热过度,可能是过载、接线错误(将Y接法错接成△接法)、转子与定子相摩擦等。

2-216 直流电动机常见电气故障有哪些?

(1) 电动机不能转动,可能是电源线断开、电枢回路断线、变阻器断线或接线错误、电刷接触不良和负载过重等。

(2) 换向器发热,可能是换向器表面不清洁、电刷压得太紧或电刷不适合该电动机。

(3) 换向器冒火花,可能是过负荷、换向器表面不圆或太脏、云母绝缘高出换向器表面。

(4) 刷架位置不合适,电刷与换向器接触不良或电刷规格不合适等。

2-217 三相感应电动机如何调速?

感应电动机的转速表达式为

$$n = n_0(1-s)\frac{60f_1}{p}(1-s)$$

可见要改变 n,可改变极对数 p、供电电源频率 f_1、转差率

s，可实现调速。

2-218 感应电动机变极调速的原理是什么？

改变定子极对数，可改变同步转速，从而调节转速。调速原理：对笼型感应电动机，改变定子绕组连接法，以改变定子的极对数，而其转子极对数能自动地跟随定子极对数改变，从而实现调速的目的；而对绕线式的感应电动机，改变定子绕组的同时必须改变转子绕组。改变连接法，可使极对数成倍地变化，同步转速也成倍地变化，这种调速为变极调速。

2-219 三相异步电动机为什么能采用变频调速？在调压过程中，为什么要保持 U 与 f 比值恒定？普通交流电动机变频调速系统的变频电源主要由哪几部分组成？

由三相异步电动机的工作原理可知，其同步转速为 $n = 60f/p$，即同步转速与电源频率成正比。所以，改变电源频率就可以改变电动机旋转磁动势的同步转速，从而改变电动机转速达到调速目的。

三相异步电动机的主体为一铁磁机构，为得到所需的转矩，并充分利用铁磁材料，其工作主磁通在设计时已作考虑，希望保持额定。由三相异步电动机电压表达式 $U \approx E = 4.44fNk\Phi_m$ 可知，改变频率而要维持主磁通不变，只有保持 U 与 f 的比值恒定，才能在降低频率的情况下，不降低主磁通。

普通交流电动机变频调速系统的变频电源，主要由整流、滤波和逆变三大部分组成。

2-220 三相交流异步电动机选用改变频率的调速方法有何优点？

根据电动机转速 $n = 60(1-s)f/p$ 可知，只要改变任一参数就可改变电动机转速。改变 p 的调速是有级的，即选用多极电动机，较复杂；改变 s 的调速是不经济的（如转子串电阻调速等）；

改变 f 的调速，具有高精度、高速控制、无级调速、大调速比等优点，非常经济。

2-221 采用变频器运转时，电动机的启动电流、启动转矩怎样？

用工频电源直接启动时，启动电流为额定电流的 6～7 倍。因此，将产生机械上的电气冲击；采用变频器传动可以平滑地启动（启动时间变长），启动电流为额定电流的 1.2～1.5 倍，启动转矩为 70%～120% 额定转矩。

2-222 感应电动机常用的转差调速方法有哪些？有何特点？

（1）转子回路串电阻调速。当转子回路串电阻后，转子电流减小，转矩也减小，原有的平衡被破坏，系统减速，转差增大，转子电流开始回升，直到新的平衡，电动机在新的转速下稳定运行。转子串电阻越大，人为特性越软。

调速的上限为额定转速，下限受允许静差率的限制，调速范围较小，一般为 2～3 级。该调速方式级数少，平滑性不高，经济性差。适用于恒转矩负载，如起重机，对通风机类负载也可适用。

（2）改变定子电压调速。不适合于恒转矩负载，最适合于通风机类负载调速。采用闭环系统可以增加机械特性的硬度。该调速方式既不是恒转矩调速，也不是恒功率调速。其调速效率低，功率因数比转子串电阻更低。同时适用于高转差笼型感应电动机调速，变极变压相结合。

2-223 直流电动机有哪几种调速方法，各有什么特点？

直流电动机的调速方法：①降压调速。②电枢回路串电阻调速。③弱磁调速。前两种调速方法适用于恒转矩负载，后一种调速方法适用于恒功率负载。降压调速可实现无级调速，机械特性斜率不变，速度稳定性好，调速范围较大。电枢回路串电阻调速为有级调速，调速平滑性差，机械特性斜率增大，速度稳定性差，受静差率的限制，调速范围很小。弱磁调速控制方便，能量损耗小，调速平滑，受最高转速限制，调速范围不大。

2-224　运行中电动辅机跳闸处理原则有哪些？

（1）迅速启动备用辅机。

（2）对于重要的厂用电动辅机跳闸后，在没有备用的辅机或不能迅速启动备用辅机的情况下，为了不使机组的重要设备遭到损坏，一般情况下允许将已跳闸的电动辅机进行强送，具体强送次数规定如下：6kV电动辅机，一次；380V电动辅机，两次。

（3）跳闸的电动辅机，存在下列情况之一者，禁止进行强送：

1）电动机本体或启动调节装置以及电源电缆上有明显的短路或损坏现象。

2）发生需要立即停止辅机运行的人身事故。

3）电动机所带的机械损坏。

4）非湿式电动机浸水。

2-225　简述感应电动机的工作原理。

感应电动机的工作原理：当三相定子绕组通过三相对称的交流电流时，产生一个旋转磁场，这个旋转磁场在定子内膛转动，其磁力线切割转子上的导线，在转子导线中感应出电流。由于定子磁场与转子电流相互作用产生电磁力矩，于是，定子旋转磁场就拖着具有载流导线的转子转动起来。

2-226　简述直流电动机的构造和工作原理。

直流电动机的构造分为定子与转子两部分。定子包括主磁极、机座、换向极、电刷装置等。转子包括电枢铁芯、电枢绕组、换向器、轴和风扇等。

直流电动机的工作原理大致应用了"通电导体在磁场中受力的作用"的原理，励磁绕组的两个端线通有相反方向的电流，使整个绕组产生绕轴的扭力，使绕组转动。要使电枢受到一个方向不变的电磁转矩，关键在于：当绕组边在不同极性的磁极下，如何将流过绕组中的电流方向及时地加以变换，即进行所谓"换向"。为此必须增添一个叫做换向器的装置，换向器配合电刷可保证每个磁极下绕组边中的电流始终是一个方向，就可以使电动机能连续地旋转。

2-227 同步电动机的工作原理与异步电动机的有何不同？

异步电动机的转子没有直流电流励磁，它所需要的全部磁动势均由定子电流产生，所以异步电动机必须从三相交流电源吸取滞后电流来建立电动机运行时所需要的旋转磁场，它的功率因数总是小于 1 的。同步电动机所需要的磁动势由定子和转子共同产生，当外加三相交流电源的电压一定时总的磁通不变，在转子励磁绕组中通以直流电流后，同一空气隙中，又出现一个大小和极性固定，极对数与电枢旋转磁场相同的直流励磁磁场，这两个磁场的相互作用，使转子被电枢旋转磁场拖动着以同步转速一起转动。

2-228 直流电动机的励磁方式有哪几种？

直流电动机的主要励磁方式有他励式、并励式、串励式和复励式。他励直流电动机励磁绕组与电枢绕组无连接关系，而由其他直流电源对励磁绕组供电，永磁直流电动机也可看作他励直流电动机；并励直流电动机的励磁绕组与电枢绕组相并联；串励直流电动机的励磁绕组与电枢绕组串联后，再接于直流电源；复励直流电动机有并励和串励两个励磁绕组，若串励绕组产生的磁通势与并励绕组产生的磁通势方向相同称为积复励，若两个磁通势方向相反，则称为差复励。

2-229 感应电动机启动电流大为什么启动力矩并不大？

启动时启动力矩与转子电流、定子磁通和功率因数有关。启动时，无功分量比例大。功率因数与电抗 X 和电阻 R 的比例 X/R 有关，X/R 大则功率因数小，X/R 小则功率因数大，而电抗又与频率有关。启动时，旋转磁场切割转子绕组的速度最大，故转子电流的频率最大，此时转子绕组电抗也最大，因此功率因数就低，故而它的启动转矩也就很小。

2-230 感应电动机启动时为什么电流大？而启动后电流会变小？

当感应电动机处在停止状态时，从电磁的角度看，就像变压器，接到电源去的定子绕组相当于变压器的一次绕组，成闭路的转子绕组相当于变压器被短路的二次绕组；定子绕组和转子绕组间无电的联系，只有磁的联系，磁通经定子、气隙、转子铁芯成闭路。当合闸瞬间，转子因惯性还未转起来，旋转磁场以最大的切割速度——同步转速切割转子绕组，使转子绕组感应出可能达到的最高的电动势，因而，在转子导体中流过很大的电流，这个电流产生抵消定子磁场的磁能，就像变压器二次磁通要抵消一次磁通的作用一样。定子方面为了维护与该时电源电压相适应的原有磁通，遂自动增加电流。因为此时转子的电流很大，故定子电流也增得很大，甚至高达额定电流的 4～7 倍，这就是启动电流大的缘由。

随着电动机转速增高，定子磁场切割转子导体的速度减小，转子导体中感应电动势减小，转子导体中的电流也减小，于是定子电流中用来抵消转子电流所产生的磁通的影响的那部分电流也减小，所以定子电流就从大到小，直到正常。

2-231 电动机启动电流大有无危险？为什么有的感应电动机需用启动设备？

一般说来，由于启动过程不长，短时间流过大电流，发热不太厉害，电动机是能承受的，但如果正常启动条件被破坏，如规定轻载启动的电动机作重载启动，不能正常升速，或电压低时电动机长时间达不到额定转速，以及电动机连续多次启动，都将有可能使电动机绕组过热而烧毁。

电动机启动电流大对并在同一电源母线上的其他用电设备是有影响的。这是因为供给电动机大的启动电流，供电线路的电压降很大，致使电动机所接母线的电压大大降低，影响其他用电设备的正常运行，如电灯不亮，其他电动机启动不起来，电磁铁自动释放等。

就感应电动机本身来说，都容许直接启动，即可加额定电压启动。

由于电动机的容量和其所接的电源容量大小不相配合，感应电动机有可能在启动时因线端电压降得太低、启动力矩不够而启动不起来。为了解决这个问题和减少对其他同母线用电设备的影响，有的容量较大的电动机必须采用启动设备，以限制启动电流及其影响。

需要不需要启动设备，关键在于电源容量和电动机容量大小的比较。发电厂或电网容量越大，允许直接启动电动机的容量也越大。所以，现在新建的中、大型电厂，除绕线式外的感应电动机几乎全部采用直接启动，只有旧的和小的电厂中，还可见到各种启动设备启动的电动机。

对于鼠笼式电动机，采用启动设备是为了降低启动电压，从而达到降低启动电流的目的。根据降压方法不同，启动方法包括：①Y/△转换启动法。正常运行时定子绕组接成三角形的电动机，在启动时接成星形，待启动后又改成三角形接法。②用自耦变压器启动法。③用电抗器启动法。

2-232 电动机三相绕组一相首尾接反，启动时有什么现象？怎样查找？

电动机三相绕组一相绕组首尾接反，则在启动时：

（1）启动困难。

(2) 一相电流大。
(3) 可能产生振动引起声音很大。
一般查找的方法：
(1) 仔细检查三相绕组首、尾标志。
(2) 检查三相绕组的极性次序，如果不是 N、S 交错分布，即表示有一相绕组反接。

2-233　感应电动机定子绕组一相断线为什么启动不起来？

三相星形接线的定子绕组，一相断线时，电动机另两相接在电源的线电压上，组成串联回路，成为单相运行。

单相运行时将有以下现象：原来停着的电动机启动不起来，且"唔唔"作响，用手拨一下转子轴，也许能慢慢转动；原来转动着的电动机转速变慢，电流增大，电动机发热，甚至烧毁。

2-234　鼠笼式感应电动机运行中转子断条有什么异常现象？

鼠笼式感应电动机在运行中转子断条，电动机转速将变慢，定子电流忽大忽小呈周期性摆动，机身振动，可能发出有节奏的"嗡嗡"声。

2-235　感应电动机定子绕组运行中单相接地有哪些异常现象？

对于 380V 低压电动机，接在中性点接地系统中，发生单相接地时，接地相的电流显著增大，电动机发生振动并发出不正常的响声，电动机发热，可能一开始就使该相的熔断器熔断，也可能使绕组因过热而损坏。

2-236　频率变动对感应电动机运行有什么影响？

频率的偏差超过额定频率的±1%时，电动机的运行情况将会恶化，影响电动机的正常运行；电动机运行电压不变时，磁通与频率成反比，因此频率的变化将影响电动机的磁通；电动机的启动力矩与频率的立方成反比，最大力矩与频率的平方成反比，所以频率的变动对电动机力矩也是有影响的。

频率的变化还将影响电动机的转速、出力等。频率升高，定子电流通常是增大的；在电压降低的情况下，频率降低，电动机吸取的无功功率要减小。由于频率的改变，还会影响电动机的正常运行，使其发热。

2-237　电动机在什么情况下会过电压？

运行中的感应电动机，在开关跳闸的瞬间，容易发生电感性负荷的操作过电压，有些情况，合闸时也能产生操作过电压。电压超过 3kV 的绕线式电动机，如果转子开路，则在启动时合闸瞬间，磁通突变，也会产生过电压。

2-238　电压变动对感应电动机的运行有什么影响？

下面分别说明电压偏离额定值时，对电动机运行的影响。为了简单起见，在讨论电压变化时，假定电源的频率不变，电动机的负载力矩也不变。

(1) 对磁通的影响。电动机铁芯中磁通的大小决定于电动势的大小。而在忽略定子绕组漏阻抗压降的前提下，电动势就等于电动机的电压。由于电动势和磁通成正比地变化，所以电压升高，磁通成正比地增大；电压降低，磁通成正比地减小。

(2) 对力矩的影响。无论是启动力矩、运行时的力矩或最大力矩，都与电压的平方成正比。电压越低，力矩越小。由于电压降低，启动力矩减小，会使启动时间增长，如当电压降低 20%时，启动时间将增加 3.75 倍。要注意的是，当电压降得低到某一数值时，电动机的最大力矩小于阻力力矩，于是电动机会停转。而在某些情况下（如负载是水泵，有水压情况下），电动机还会发生倒转。

(3) 对转速的影响。电压的变化对转速的影响较小。但总的趋向是电压降低，转速也降低，因为电压降低使电磁力矩减小。例如，对于具有额定转差为 2%而最大力矩为 2 倍额定力矩的电动机，当电压降低20%时，转速仅减小1.6%。

(4) 对出力的影响。出力即机轴输出功率。它与电压的关系和转速与电压的关系相似，电压变化对出力影响不大，但随电压的降低出力也降低。

(5) 对定子电流的影响。定子电流为空载电流与负荷电流的相量和。其中负荷电流实际上是与转子电流相对应的。负荷电流的变化趋势与电压的变化相反，即电压升高，负荷电流减小，电压降低，负荷电流增加。而空载电流（或叫励磁电流）的变化趋势与电压的变化相同，即电压升高，空载电流也增大，这是因为空载电流随磁通的增大而增大。

当电压降低时，电磁力矩降低，转差增大，转子电流和定子中负荷电流都增大，而空载电流减小。通常前者占优势，故当电压降低时，定子电流通常是增大的。

当电压升高时，电磁力矩增大，转差减小，负荷电流减小，而空载电流增大。但这里分两种情况：当电压偏离额定值不大，磁通还增大得不多时，铁芯未饱和，空载电流的增加是与电压成比例的，此时负荷电流减小占优势，定子电流是减小的；当电压偏离额定值较大，磁通增大得很多时，由于铁芯饱和，空载电流上升得很快，以致它的增大占了优势，此时定子电流增加。所以，当电压增大时，定子电流开始略有减小，而后上升，此时功率因数变坏。

(6) 对吸取无功功率的影响。电动机吸取的无功功率，一是漏磁无功功率，二是磁化无功功率，前者建立漏磁场，后者建立定、转子之间实现电磁能量转换用的主磁场。

漏磁无功功率与电压的平方成反比地变化，而磁化无功功率与电压的平方成正比地变化。但由于铁芯饱和的影响，磁化无功功率可能不与电压的平方成正比地变化。所以，电压降低时，从系统吸取的总的无功功率变化不大，还有可能减小。

(7) 对效率的影响。若电压降低，机械损耗实际上不变，铁耗差不多与电压的平方成正比地减少；转子绕组的损耗与转子电流的平方成正比地增加；定子绕组的损耗取决于定子电流的增加还是减少，而定子电流又取决于负载电流和空载电流间的互相关系。总的来说，电动机在负载小时（≤40%），效率增加一些，然后开始很快地下降。

(8) 对发热的影响。在电压变化范围不大的情况下，电压降低，定子电流升高；电压升高，定子电流降低。在一定的范围内，铁耗和铜耗可以相互补偿，温度保持在容许范围内。因此，当电压在额定值±5%范围内变化时，电动机的容量仍可保持不变。但当电压降低超过额定值的5%时，就要限制电动机的出力，否则定子绕组可能过热，因为此时定子电流可能已升到比较高的数值。当电压升高超过10%时，由于磁通密度增加，铁耗增加，又由于定子电流增加，铜耗也增加，故定子绕组温度将超过允许值。

2-239 规程规定电动机的运行电压可以偏离额定值－5%或＋10%而不改变其额定出力，为什么电压偏高的允许范围较大？

(1) 电压偏高运行对电动机来说比电压偏低运行所处条件要好，造成不利的影响少。电压偏低时，定子、转子电流都增加而使损耗增加，同时转速降低又使冷却条件变坏，这样会使电动机温升增高。此外，由于力矩减小，又使启动和自启动条件变坏。

电压增高，由于磁通增多使铁耗增加，温度升高一点对定子绕组温度都会有影响。可是，由于定子电流降低又使定子绕组温度降一点，据分析，铁芯温度升高对定子绕组温度升高的影响要比定子电流减小引起的温降要小一些，因此，总的趋向是使温度降低一些的。至于铁芯本身温度升高一点，无关紧要，对电动机没有什么危害。电压升高引起力矩的增加，极大地改善了启动和自启动的条件。至于从绝缘的角度来说，提高10%的电压，不会有什么危险，因绝缘的电气强度都有一定的余度。

(2) 采用电压偏离范围较大的规定，对运行来说，比较易于满足要求，可能因此就可避免采用有载调压的厂用变压器。不然，范围规定得小，即使设计上不采用有载调压的厂用变压器，也得要求运行人员频繁地调整发电机电压或主变压器的分接头。

2-240　电动机低电压保护起什么作用？

当电动机的供电母线电压短时降低或短时中断又恢复时，为了防止电动机启动时使电源电压严重降低，通常在次要电动机上装设低电压保护，当供电母线电压降到一定值时，低电压保护动作将次要电动机切除，使得母线电压迅速恢复，以保证重要电动机的自启动。

2-241　感应电动机启动不起来可能是什么原因？

(1) 电源方面。①无电。操作回路断线，或电源开关未合上。②一相或两相断电。③电压过低。

(2) 电动机本身。①转子绕组开路。②定子绕组开路。③定、转子绕组有短路故障。④定、转子相摩擦。

(3) 负载方面。①负载带得太重。②机械部分卡涩。

2-242　鼠笼式感应电动机运行时转子断条对其有什么影响？

鼠笼式感应电动机常因铸铝质量较差或铜笼焊接质量不佳发生转子断条故障。断条后，电动机的电磁力矩降低而造成转速下降，定子电流时大时小，因为断条破坏了结构的对称性，同时破坏了电磁的对称性，使与转子有相对运动的定子磁场，从转子表面的不同部位穿入磁通时，转子的反应不一样，因而造成定子电流时大时小。同时断条也会使机身发生振动，这是因为沿整个定子内膛周围的磁拉力不均匀引起的，周期性的嗡嗡声，也因此产生。

2-243　运行中的电动机遇到哪些情况时应立即停止运行？

电动机在运行中发生下列情况之一者，应立即停止运行：
（1）人身事故。
（2）电动机冒烟起火，或一相断线运行。
（3）电动机内部有强烈的摩擦声。
（4）直流电动机整流子发生严重环火。
（5）电动机强烈振动及轴承温度迅速升高或超过允许值。
（6）电动机受水淹。

2-244 运行中的电动机，声音发生突然变化，电流表所指示的电流值上升或低至零，其可能原因有哪些？

可能原因如下：
（1）定子回路中一相断线。
（2）系统电压下降。
（3）绕组匝间短路。
（4）鼠笼式转子绕组端环有裂纹或与铜（铝）条接触不良。
（5）电动机转子铁芯损坏或松动，转轴弯曲或开裂。
（6）电动机某些零件（如轴承端盖等）松弛或电动机底座和基础的连接不紧固。
（7）电动机定、转子空气间隙不均匀超过规定值。

2-245 电动机启动时，合闸后发生什么情况时必须停止其运行？

（1）电动机电流表指向最大抄过返回时间而未返回时。
（2）电动机未转而发生"嗡嗡"响声或达不到正常转速。
（3）电动机所带机械严重损坏。
（4）电动机发生强烈振动超过允许值。
（5）电动机启动装置起火、冒烟。
（6）电动机回路发生人身事故。
（7）启动时，电动机内部冒烟或出现火花时。

2-246　电动机正常运行中的检查项目有哪些？

（1）音响正常，无焦味。

（2）电动机电压、电流在允许范围内，振动值小于允许值，各部温度正常。

（3）电缆头及接地线良好。

（4）绕线式电动机及直流电动机电刷、整流子无过热、过短、烧损，调整电阻表面温度不超过60℃。

（5）油色、油位正常。

（6）冷却装置运行良好，出入口风温差不大于25℃，最大不超过30℃。

2-247　怎样改变三相电动机的旋转方向？

电动机转子的旋转方向是由定子建立的旋转磁场的旋转方向决定的，而旋转磁场的方向与三相电流的相序有关。改变了电流相序即改变旋转磁场的方向，也就改变了电动机的旋转方向。

2-248　电动机轴承温度有什么规定？

周围温度为35℃时，滑动轴不得超过80℃，滚动轴不得超过100℃。

2-249　电动机绝缘电阻值是怎样规定的？

（1）6kV电动机应使用1000～2500V绝缘电阻表测绝缘电阻，其值不应低于6MΩ。

（2）380V电动机使用500V绝缘电阻表测量绝缘电阻，其值不应低于0.5MΩ。

（3）容量为500kW以上的电动机，吸收比R_{60}''/R_{15}''不得小于1.3，且与前次相同条件上比较，不低于前次测得值的1/2，低于此值应汇报有关领导。

（4）电动机停用超过7天以上时，启动前应测绝缘，备用电机每月测绝缘一次。

(5) 电动机发生淋水、进汽等异常情况时，启动前必须测定绝缘。

2-250 运行的电动机有什么规定和注意事项？

(1) 电动机在额定冷却条件下，可按制造厂铭牌上所规定的额定数据运行，不允许限额不明确的电动机盲目地运行。

(2) 电动机绕组和铁芯的最高监视温度，不应超过规程规定。

(3) 电动机轴承的允许温度，不应超过规程规定。

(4) 电动机一般可以在额定电压变动$-5\%\sim+10\%$的范围内运行，其额定出力不变。

(5) 电动机在额定出力运行时，相间电压的不平衡率不得大于5%，三相电流差不得大于10%。

(6) 电动机运行时，在每个轴承测得的振动不得超过相关规定。

电动机在运行过程中除严格执行各种规定外，还应注意如下问题：

(1) 电动机的电流在正常情况下不得超过允许值，三相电流之差不得大于10%。

(2) 音响和气味。电动机在正常运行时音响应正常均匀，无杂音；电动机附近无焦臭味或烟味，如发现有异音、焦臭味或冒烟应采取措施进行处理。

(3) 轴承的工作情况。主要是润滑情况，润滑油是否正常、温度是否高、是否有杂物。

(4) 其他情况。如冷却水系统是否正常，绕线式电动机集电环上的电刷运行是否正常等。

2-251 在什么情况下可先启动备用电动机，然后停止故障电动机？

遇有下列情况，对于重要的厂用电动机可事先启动备用电动机组，然后停止故障电动机：

(1) 电动机内发出不正常的声音或绝缘有烧焦的气味。

(2) 电动机内或启动调节装置内出现火花或烟气。

(3) 定子电流超过运行的数值。

(4) 出现强烈的振动。

(5) 轴承温度出现不允许的升高。

2-252 什么原因会造成三相异步电动机的单相运行？单相运行时现象如何？

(1) 原因。三相异步电动机在运行中，如果有一相熔断器烧坏或接触不良，隔离开关、断路器、电缆头及导线一相接触松动以及定子绕组一相断线，均会造成电动机单相运行。

(2) 现象。电动机在单相运行时，电流表指示上升或为零（如正好安装电流表的一相断线时，电流指示为零），转速下降，声音异常，振动增大，电动机温度升高，时间长了可能烧毁电动机。

2-253 高压厂用电动机综合保护具有哪些功能？

高压厂用电动机（变压器）综合保护，其装置采用先进的软硬件技术开发的单片机保护技术，一般采用两相三元件方式，B相由软件产生，一般具有以下功能：①速断保护。②过流保护。③过负荷保护。④负序电流保护。⑤零序电流保护。⑥热过负载保护。

2-254 高压厂用电动机一般装设有哪些保护？保护是如何配置的？

对于1000V及以上的厂用电动机应装设由继电器构成的相间短路保护装置，通常采用无时限的电流速断保护，并且一般用两相式，动作于跳闸。容量2000kW及以上的电动机或2000kW以下中性点具有分相引出线的电动机，当电流速断保护灵敏系数不够时，应装设差动保护。

当电动机装设差动保护或速断保护时，宜装设过电流保护，作为差动保护或速断保护的后备保护。

对于运行中易发生过负荷的电动机，或启动、自启动条件较差而使启动、自启动时间过长的电动机应装设过负荷保护。

低电压保护主要是为了当电源电压短时降低或中断后又恢复时，为了保证主要电动机的自启动，通常应将一部分不重要的电动机利用低电压保护装置将其切除。另外，对于某些根据生产过程和技术安全等要求不允许自启动的电动机，也利用低电压保护将其切除。

2-255　低压厂用电动机一般装设有哪些保护？

对于 1000V 以下容量小于 75kW 的低压厂用电动机，广泛采用熔断器或低压断路器本身的脱扣器作为相间短路保护。

低压厂用电系统的中性点直接接地时，当相间短路保护能满足单相接地短路的灵敏度系数时，可由相间短路保护兼作接地短路保护；当不能满足时，应另外装设接地保护。接地保护装置一般由一个接于零序电流互感器上的电流继电器构成，瞬时动作于断路器跳闸。

对易于过负荷的电动机应装设过负荷保护。保护装置可根据负荷的特点动作于信号或跳闸。操作电器为磁力启动器或接触器的供电回路，其过负荷保护由热继电器构成。由自动开关组成的回路，当装设单独的继电保护时，可采用反时限电流继电器作为过负荷保护。电动机型自动开关也可采用本身的热脱扣器作为过负荷保护。

操作电器为磁力启动器或接触器的供电回路，由于磁力启动器或接触器的保持线圈在低电压时能自动释放，所以不需另设低电压保护。

2-256　电动机送电前应检查哪些项目？

(1) 电动机及周围清洁，无妨碍运行的物件。

(2) 油环油量充足，油色透明，油位及油循环正常。

(3) 基础及各部螺栓牢固，接地线接触良好。

(4) 冷却装置完好，运行正常。

(5) 绕线式电动机应检查整流子、集电环、电刷接触良好，启动装置在启动位置，调整电阻无卡涩现象，利用频敏电阻启动的绕线式电动机应检查频敏电阻及短路开关正常，且短路开关在断开位置。

(6) 尽可能设法盘动转子，检查定子、转子有无摩擦，机械部分应无卡涩现象。

(7) 检查联锁开关位置正确，电气、热工仪表完整正确。

(8) 电动机绝缘合格，保护投入正常。

2-257 熔断器能否作为异步电动机的过载保护？

熔断器不能作为异步电动机的过载保护。

为了在电动机启动时不使熔断器熔断，所以选用的熔断器的额定电流要比电动机额定电流大 1.5～2.5 倍，这样即使电动机过负荷 50%，熔断器也不会熔断，但电动机不到 1h 就会烧坏。所以，熔断器只能作为电动机、导线、开关设备的短路保护，而不能起过载保护的作用。只有加装热继电器等设备才能作为电动机的过载保护。

2-258 电动机允许启动次数有何要求？

电动机启动时，启动电流大，发热多，允许启动的次数是以发热不至于影响电动机绝缘寿命和使用年限为原则确定的。连续多次合闸启动，常使电动机过热超温，甚至烧坏电动机，必须禁止。启动次数一般要求如下：

(1) 正常情况下，电动机在冷态下允许启动 2 次，间隔 5min，在热态下允许启动 1 次。

(2) 事故时（或紧急情况）以及启动时间不超过 2～3s 的电

动机，可比正常情况多启动1次。

（3）机械进行平衡试验，电动机启动的间隔时间：200kW以下的电动机，不应小于0.5h；200～500kW的电动机，不应小于1h；500kW以上的电动机，不应小于2h。

2-259　电动机启动时，断路器跳闸如何处理？

（1）检查保护是否动作，整定值是否正确。

（2）对电气回路进行检查，未发现明显故障点及设备异常时，应停电测量绝缘电阻。

（3）检查机械部分是否卡住，或带负载启动。

（4）检查事故按钮是否人为接通（长期卡住）。

（5）电源电压是否过低。

通过检查查明原因后，待故障消除，再送电启动。

2-260　电动机启动时，熔断器熔断如何处理？

（1）对电气回路进行检查，未发现明显故障点及设备异常时，应停电测量绝缘电阻。

（2）检查机械部分是否卡住，或带负荷启动。

（3）检查电源电压是否过低。

（4）检查熔断器熔断情况，判断有无故障或熔丝容量是否满足要求。

2-261　电动机启动时，将开关合闸后，电动机不能转动而发出响声，或者不能达到正常的转速，可能是什么原因？

（1）定子回路中一相断线。

（2）转子回路中断线或接触不良。

（3）电动机或所拖动的机械被卡住。

（4）定子绕组接线错误。

2-262　运行中的电动机，定子电流发生周期性的摆动，可能是什么原因？

（1）鼠笼式转子铜（铝）条损坏。

（2）绕线式转子绕组损坏。

（3）绕线式电动机的集电环短路装置或变阻器有接触不良等故障。

（4）机械负荷发生不均匀的变化。

2-263 感应式电动机的振动和噪声是什么原因引起的？

电动机正常运行的声音由两方面引起：铁芯硅钢片通过交变磁通后因电磁力的作用发生振动，以及转子的鼓风作用。这些声音是均匀的。如果发生异常的噪声和振动，可能由以下原因引起：

（1）电磁方面的原因：

1）接线错误。如一相绕组反接，各并联电路的绕组有匝数不等的情况。

2）绕组短路。

3）多路绕组中个别支路断路。

4）转子断条。

5）铁芯硅钢片松弛。

6）电源电压不对称。

7）磁路不对称。

（2）机械方面原因：

1）基础固定不牢。

2）电动机和被拖带机械中心不正。

3）转子偏心或定子槽楔凸出使定、转子相摩擦（电动机扫膛）。

4）轴承缺油、滚动轴承钢珠损坏、轴承和轴承套摩擦、轴瓦座位移。

5）转子风扇损坏或平衡破坏。

6）所带机械不正常振动引起电动机振动。

2-264 电动机运行中轴承振动有何规定？

电动机转速 3000r/min，轴承振动不超过 0.05mm；转速 1500r/min，轴承振动不超过 0.085mm；转速 1000r/min，轴承振动不超过 0.1mm；转速 750r/min，轴承振动不超过 0.12mm。

2-265 直流电动机励磁回路并接电阻有什么作用？

当直流电动机励磁回路断开时，由于自感作用，将在磁场绕组两端感应很高的电动势，此电动势可能对绕组匝间绝缘有危险。为了消除这种危险，在磁场绕组两端并接一个电阻，该电阻称为放电电阻。放电电阻可将磁场绕组构成回路，一旦出现危险电动势，在回路中形成电流，使磁场能量消耗在电阻中。

2-266 异步电动机中"异步"的含义是什么？

异步电动机转子的转速必须小于定子旋转磁场的转速，两个转速不能同步，故称"异步"。

2-267 什么叫异步电动机的转差率？

异步电动机的同步转速与转子转速之差叫转差，转差与同步转速的比值的百分数叫异步电动机的转差率。

2-268 异步电动机空载电流的大小与什么因素有关？

主要与电源电压的高低有关。因为电源电压高，铁芯中的磁通增多，磁阻将增大。当电源电压高到一定值时，铁芯中的磁阻急剧增加，绕组感抗急剧下降，这时电源电压稍有增加，将导致空载电流增加很多。

2-269 什么原因会造成异步电动机空载电流过大？

（1）电源电压太高，这时电动机铁芯饱和使空载电流过大。

（2）装配不当或空气隙过大。

（3）定子绕组匝数不够或星形接线误接成三角形接线。

（4）硅钢片腐蚀或老化，使磁场强度减弱或片间绝缘损坏。

2-270 电动机超载运行会发生什么后果？

电动机超载运行会破坏电磁平衡关系，使电动机转速下降，温度升高。若短时过载还能维持运行；若长时间过载，超过电动机的额定电流，会使绝缘过热加速老化，甚至烧毁电动机。

2-271 异步电动机的最大转矩与什么因素有关？

（1）最大转矩与电压的平方成正比。
（2）最大转矩与漏抗成正比。

2-272 什么叫电动机的电腐蚀？

高压电动机定子线棒槽内部分绝缘的表面，包括防晕层的内、外表面，常有一种蚀伤现象，轻则变色，重则防晕层变酥，主绝缘出现麻坑，这种现象称为电腐蚀。

2-273 直流电动机是否允许低速运行？

直流电动机低速运行将使温升增大，对电动机产生许多不良影响。但若采取有效措施，提高电动机的散热能力，则在不超过额定温升的前提下，可以长期运行。

2-274 启动电动机时应注意什么问题？

（1）接通电源开关后，电动机转子不动，应立即拉闸，查明原因并消除故障后，才允许重新启动。

（2）接通电源开关后，电动机发出异常响声，应立即拉闸，检查电动机的传动装置及熔断器。

（3）接通电源开关后，应监视电动机的启动时间和电流表的变化。如启动时间过长或电流表迟迟不返回，应立即拉闸，进行检查。

（4）启动时如果发现电动机冒火或启动后振动过大，应立即拉闸，停机检查。

（5）在正常情况下，厂用电动机允许在冷态下启动2次，每次间隔时间不得少于5min；在热状态下启动1次。只有在处理事故时,以及启动时间不超过 2～3s 的电动机,可以多启动一次。

(6) 如果启动后发现电动机反转,应立即拉闸停电,调换三相电源任意两相接线后再重新启动。

2-275 直流电动机不能正常启动的原因有哪些?

(1) 电刷不在中性线上。

(2) 电源电压过低。

(3) 励磁回路断线。

(4) 换向极绕组接反。

(5) 电刷接触不良。

(6) 电动机严重过载。

2-276 为什么异步电动机在拉闸时会产生过电压?

因为在拉闸瞬间电感线圈(绕组)中的电流被截断,该电流产生的磁通急剧变化,因此产生过电压。这种过电压在绕线式电动机的定、转子绕组的端头都可能发生。

2-277 造成电动机单相接地的原因是什么?

(1) 绕组受潮。

(2) 绕组长期过载或局部高温,使绝缘焦脆、脱落。

(3) 铁芯硅钢片松动或有尖刺,割伤绝缘。

(4) 绕组引线绝缘损坏或与机壳相碰。

(5) 制造时留下隐患,如下线擦伤、槽绝缘位移、掉进金属物等。

2-278 电动机合不上闸的原因有哪些?

(1) 操作方法不正确。

(2) 操作、控制电源中断。

(3) 直流电压异常。

(4) 保护装置动作。

(5) 弹簧储能不好。
(6) 合闸机构有问题。
(7) 存在跳闸指令。
(8) 合闸回路继电器烧坏或接触不良。
(9) 动力熔断器熔断。
(10) 断路器开关位置不到位。

2-279 电动机的额定电流有何规定？

电动机在额定出力运行时，相间电压不平衡不得超过 5%，各相不平衡电流不得超过 10%，且最大一相的电流不得超过额定值。

2-280 电动机启动时应注意什么？

电动机的启动应逐台进行，一般不允许在同一母线上同时启动两台及以上较大容量的电动机，启动大容量电动机前应调整好母线电压。

2-281 电动机停不下来怎么办？

电动机停不下来，严禁用拉隔离开关或取熔断器的方法停运，应通知电气值班人员手动跳闸。6kV 电动机远方/就地停不下来，应经值长同意后方可机械打跳。

2-282 厂用电动机做动平衡时，启动时间间隔是如何规定的？

(1) 500kW 以上电动机不低于 2h。
(2) 200～500kW 电动机不低于 1h。
(3) 200kW 以下电动机不低于 0.5h。

2-283 直流电动机的检查项目有哪些？

(1) 电刷是否冒火、过热、变色、短路。
(2) 电刷在刷框内有无晃动或卡涩现象。

(3) 电刷软铜辫是否完整,接触是否紧密,有无碰外壳危险。

(4) 电刷压力是否均匀适当。

(5) 发现已磨短或已露出铜辫,或边缘磨坏的电刷,联系检修更换。

(6) 有无因电刷集电环和整流子磨损不均、整流子片间云母凸出、电刷固定太松、机组振动等原因而产生的不正常振动现象,如发现上述不正常现象,设法消除。

2-284 电动机的定子绕组短路有什么现象和后果?

电动机的定子绕组短路包括相间短路和匝间短路,它们是由绝缘损坏引起的。

发生相间短路时,由于接在电源电压下的匝数减少,加上转差的变化,使电动机的阻抗减小,从电源来的定子电流会急剧增大,一般保护动作使断路器跳闸或熔断器熔断,迅速断开电源。如果不及时断电,就会烧毁绕组。

2-285 电动机外壳带电的原因是什么?

(1) 接地不良。

(2) 绕组绝缘损坏。

(3) 绕组受潮。

(4) 接线板损坏或表面油污太多。

2-286 电动机检修后的验收标准是什么?

(1) 各项电气试验数据正常,绝缘合格。各种仪表、指示灯应良好。

(2) 电动机接线正确,连接良好,电缆头护罩应装好。

(3) 转子手动、盘动应灵活,无卡涩现象。轴承应无缺油、渗油现象。

(4) 电动机接地线应连接良好。本体清洁无杂物,周围现场已清扫干净。

(5) 空载试验 2h 测量空载电流、电动机振动、轴承温度、外壳温度在允许范围，轴承声音正常。

2-287　什么是变频器？

各国使用的交流供电电源，无论是用于家庭还是用于工厂，其电压和频率均为 200V/60Hz（50Hz）或 100V/60Hz（50Hz）。通常，把电压和频率固定不变的交流电变换为电压或频率可变的交流电的装置称作变频器。为了产生可变的电压和频率，该设备首先要把三相或单相交流电变换为直流电，然后再把直流电变换为三相或单相交流电。

第三章

变压器

3-1 变压器的储油柜起什么作用？

当变压器油的体积随着油温的变化膨胀或缩小时，储油柜起储油和补油的作用，以此来保证油箱内充满油。同时由于装了储油柜，使变压器与空气的接触面减小，减缓了油的劣化速度。储油柜的侧面还装有油位计，可以监视油位变化。

3-2 什么是变压器分级绝缘？

分级绝缘是指变压器绕组整个绝缘的水平等级不一样，靠近中性点部位的主绝缘水平比绕组端部的绝缘水平低。

3-3 什么是变压器的铜损和铁损？

铜损（短路损耗）是指变压器一、二次电流流过该绕组电阻所消耗的能量之和。由于绕组多用铜导线制成，故称铜损。它与电流的平方成正比，铭牌上所标的千瓦数，系指绕组在75℃时通过额定电流的铜损。铁损是指变压器在额定电压下（二次开路），在铁芯中消耗的功率，其中包括励磁损耗与涡流损耗。

3-4 什么是变压器的负荷能力？

对使用的变压器不但要求保证安全供电，而且要具有一定的使用寿命。能够保证变压器中的绝缘材料具有正常寿命的负荷，就是变压器的负荷能力。它决定于绕组绝缘材料的运行温度。变压器正常使用寿命约为20年。

3-5 变压器的温度和温升有什么区别？

变压器的温度是指变压器本体各部位的温度，温升是指变压器本体温度与周围环境温度的差值。

3-6 影响变压器油温变化的因素有哪些？

（1）环境温度的变化。

（2）变压器内部故障。

（3）放热管是否通畅。

(4) 冷却系统的状况。

(5) 负荷。

3-7 分裂变压器有何特点？

(1) 能有效地限制低压侧的短路电流，因而可选用轻型开关设备，节省投资。

(2) 用分裂变压器对两段母线供电时，当一段母线发生短路时，除能有效地限制短路电流外，另一段母线电压仍能保持一定的水平，不致影响供电。

(3) 当用分裂变压器对两段低压母线供电时，若两段负荷不相等，则母线上的电压不等，损耗增大，所以分裂变压器适用于两段负荷均衡又需限制短路电流的场所。

(4) 分裂变压器在制造上比较复杂，如当低压绕组发生接地故障时，很大的电流流向一侧绕组，在分裂变压器铁芯中失去磁的平衡，在轴向上由于强大的电流产生巨大的机械应力，必须采取结实的支撑机构，因此在相同容量下，分裂变压器约比普通变压器贵20%。

3-8 变压器有哪些接地点？各接地点起什么作用？

(1) 绕组中性点接地。为工作接地，构成大电流接地系统。

(2) 外壳接地。为保护接地，防止外壳上的感应电压高而危及人身安全。

(3) 铁芯接地。为保护接地，防止铁芯的静电电压过高使变压器铁芯与其他设备之间的绝缘损坏。

3-9 干式变压器的正常检查维护内容有哪些？

(1) 高、低压侧接头无过热，电缆头无过热现象。

(2) 根据变压器采用的绝缘等级，监视温升不得超过规定值。

(3) 变压器室内无异味，声音正常，室温正常，其室内通风设备良好。

(4) 支持绝缘子无裂纹、放电痕迹。

(5) 变压器室内屋顶无漏水、渗水现象。

3-10 发电机并、解列前为什么必须投主变压器中性点接地开关?

因为主变压器高压侧断路器一般是分相操作的,而分相操作的断路器在合、分操作时,易产生三相不同期或某相合不上、拉不开的情况,可能在高压侧产生零序过电压,传递给低压侧后,引起低压绕组绝缘损坏。如果在操作前合上接地开关,可有效地限制过电压,保护绝缘。

3-11 变压器运行中应做哪些检查?

(1) 变压器声音是否正常。

(2) 瓷套管是否清洁,有无破损、裂纹及放电痕迹。

(3) 油位、油色是否正常,有无渗油现象。

(4) 变压器温度是否正常。

(5) 变压器接地是否完好。

(6) 电压值、电流值是否正常。

(7) 各部位螺栓有无松动。

(8) 二次引线接头有无松动和过热现象。

3-12 对变压器检查的特殊项目有哪些?

(1) 系统发生短路或变压器因故障跳闸后,检查有无爆裂、移位、变形、烧焦、闪络及喷油等现象。

(2) 在降雪天气引线接头不应有落雪融化或蒸发、冒气现象,导电部分无冰柱。

(3) 大风天气引线不能强烈摆动。

(4) 雷雨天气瓷套管无放电闪络现象,并检查避雷器的放电记录仪的动作情况。

(5) 大雾天气绝缘子、套管无放电闪络现象。

(6) 气温骤冷或骤热变压器油位及油温应正常，伸缩节无变形或发热现象。

(7) 变压器过负荷时，冷却系统应正常。

3-13 采用分级绝缘的主变压器运行中应注意什么？

采用分级绝缘的主变压器，中性点附近绝缘比较薄弱，故运行中应注意以下问题：

(1) 变压器中性点一定要加装避雷器和防止过电压间隙。

(2) 如果条件允许，运行方式允许，变压器一定要中性点接地运行。

(3) 变压器中性点如果不接地运行，中性点过电压保护一定要可靠投入。

3-14 强迫油循环变压器停了油泵为什么不准继续运行？

由于这种变压器的外壳是平的，其冷却面积很小，甚至不能将变压器空载损耗所产生的热量散出去，因此，强迫油循环变压器完全停了油泵的运行是危险的。

3-15 主变压器分接开关由 3 挡调至 4 挡，对发电机的无功有什么影响？

主变压器的分接开关由 3 挡调至 4 挡，主变压器的变比减小，如果主变压器高压侧的系统电压认为不变，则主变压器低压侧即发电机出口电压相应升高，自动励磁系统为了保证发电机电压在额定值，将减小励磁以降低电压，发电机所带无功将减小。

3-16 变压器着火如何处理？

发现变压器着火时，首先检查变压器的断路器是否已跳闸。如未跳闸，应立即断开各侧电源的断路器，然后进行灭火。如果油在变压器顶盖已燃烧，应立即打开变压器底部放油阀门，将油面降低，并往变压器外壳浇水使油冷却。如果变压器外壳裂开着火，应将变压器内的油全部放掉。扑灭变压器火灾时，应使用二氧化碳、干粉或泡沫灭火枪等灭火器材。

3-17 变压器上层油温显著升高时如何处理？

在正常负荷和正常冷却条件下，如果变压器上层油温较平时高出10℃以上，或负荷不变，油温不断上升，若不是测温计问题，则认为变压器内部发生故障，此时应立即将变压器停止运行。

3-18 变压器油色不正常时，应如何处理？

在运行中，如果发现变压器油位计内油的颜色发生变化，应取油样进行分析化验。若油位骤然变化，油中出现炭质，并有其他不正常现象时，则应立即将变压器停止运行。

3-19 运行电压超过或低于额定电压值时，对变压器有什么影响？

当运行电压超过额定电压值时，变压器铁芯饱和程度增加，空载电流增大，电压波形中高次谐波成分增大，超过额定电压过多会引起电压和磁通的波形发生严重畸变。当运行电压低于额定电压值时，对变压器本身没有影响，但低于额定电压值过多时，将影响供电质量。

3-20 变压器油面变化或出现假油面的原因是什么？

变压器油面的变化决定于变压器油温，而影响变压器油温变化的原因主要有负荷的变化、环境温度及变压器冷却装置的运行情况等。如变压器油温在正常范围内变化，而油位计内的油位不变化或变化异常，则说明油位计指示的油位是假的。运行中出现假油面的原因主要有油位计堵塞、呼吸器堵塞、防爆管通气孔堵塞等。

3-21 运行中变压器冷却装置电源突然消失如何处理？

（1）准确记录冷却装置停运时间。

（2）严格控制变压器电流和上层油温不超过规定值。

（3）迅速查明原因，恢复冷却装置运行。

（4）如果冷却装置电源不能恢复，且变压器上层油温已达到规定值或冷却器停用时间已达到规定值，按有关规定降低负荷或停止变压器运行。

3-22 轻瓦斯保护动作原因是什么？

（1）因滤油、加油或冷却系统不严密以致空气进入变压器。

（2）因温度下降或漏油致使油面低于气体继电器轻瓦斯浮筒以下。

（3）变压器故障产生少量气体。

（4）发生穿越性短路。

（5）气体继电器或二次回路故障。

3-23 在什么情况下需将运行中的变压器差动保护停用？

变压器在运行中有以下情况之一时应将差动保护停用：

（1）差动保护二次回路及电流互感器回路有变动或进行校验时。

（2）继电保护人员测定差动回路电流相量及差压。

（3）差动保护互感器一相断线或回路开路。

（4）差动回路出现明显的异常现象。

（5）误动跳闸。

3-24 变压器反充电有什么危害？

变压器出厂时，就确定了其作为升压变压器使用还是降压变压器使用，且对其继电保护整定要求作了规定。若该变压器为升压变压器，确定为低压侧零起升压。如从高压侧反充电，此时低压侧开路，由于高压侧电容电流的关系，会使低压侧因静电感应而产生过电压，易击穿低压绕组。若确定正常为高压侧充电的变压器，如从低压侧反充电，此时高压侧开路，但由于励磁涌流较大（可达到额定电流的6～8倍），它所产生的电动力，易使变压器的机械强度受到严重的威胁，同时，继电保护装置也可能躲不过励磁涌流而误动作。

3-25　变压器二次侧突然短路对变压器有什么危害？

变压器二次侧突然短路，会有一个很大的短路电流通过变压器的高压和低压侧绕组，使高、低压绕组受到很大的径向力和轴向力，如果绕组的机械强度不足以承受此力的作用，就会使绕组导线崩断、变形以致绝缘损坏而烧毁变压器。另外，在短路时间内，大电流使绕组温度上升很快，若继电保护不及时切断电源，变压器就有可能烧毁。同时，短路电流还可能将分接开关触头或套管引线等载流元件烧坏而使变压器发生故障。

3-26　变压器的过励磁可能产生什么后果？如何避免？

变压器过励磁时，当变压器电压超过额定电压的10%时，将使变压器铁芯饱和，铁损增大，漏磁使箱壳等金属构件涡流损耗增加，造成变压器过热、绝缘老化，影响变压器寿命甚至烧毁变压器。

避免方法：

（1）防止电压过高运行。一般电压越高，过励情况越严重，允许运行时间越短。

（2）加装过励磁保护。根据变压器特性曲线和不同的允许过励磁倍数发出告警信号或切除变压器。

3-27　变压器运行中，发生哪些现象，可以投入备用变压器后，将该变压器停运处理？

（1）套管发生裂纹，有放电现象。

（2）变压器上部落物危及安全，不停电无法消除。

(3) 变压器严重漏油，油位计中看不到油位。
(4) 油色变黑或化验油质不合格。
(5) 在正常负荷及正常冷却条件下，油温异常升高 10℃ 及以上。
(6) 变压器出线接头严重松动、发热、变色。
(7) 变压器声音异常，但无放电声。
(8) 有载调压装置失灵、分接头调整失控且手动无法调整正常时。

3-28 变压器差动保护动作时应如何处理？

变压器差动保护主要保护变压器内部发生的严重匝间短路、单相短路、相间短路等故障。若差动保护正确动作，变压器跳闸，变压器有明显的故障象征（如喷油、瓦斯保护同时动作），则故障变压器不准投入运行，应进行检查、处理。若差动保护动作，变压器外观检查没有发现异常现象，则应对差动保护范围以外的设备及回路进行检查，查明确属其他原因后，变压器方可重新投入运行。

3-29 变压器重瓦斯保护动作后应如何处理？

变压器重瓦斯保护动作后，值班人员应进行下列检查：
(1) 变压器差动保护是否有掉牌。
(2) 重瓦斯保护动作前，电压、电流有无波动。
(3) 防爆管和吸湿器是否破裂，释压阀是否动作。
(4) 气体继电器内部有无气体，收集的气体是否可燃。
(5) 重瓦斯掉牌能否复归，直流系统是否接地。

通过上述检查，未发现任何故障迹象，可初步判定重瓦斯保护误动。在变压器停电后，应联系检修人员测量变压器绕组的直流电阻及绝缘电阻，并对变压器油做色谱分析，以确认是否为变压器内部故障。在未查明原因、未进行处理前，变压器不允许再投入运行。

3-30 什么是变压器老化的6℃原则?

变压器温度每增加6℃,老化速度加倍,寿命缩短一半,即为变压器老化的6℃原则。

3-31 变压器油老化的危害是什么?主要原因是什么?

使变压器油的绝缘强度和传热性能下降,在变压器运行时将使油循环受到影响,致使变压器冷却不良,所以油的老化将使压器等设备在运行中过热损坏和击穿放电。变压器油老化主要是高温下氧化引起的。

3-32 变压器压力释放阀的作用是什么?

压力释放阀是在变压器内部故障时,产生大量气体时开启,使油箱不致变形和爆炸。

3-33 变压器中性点接地开关的分合有什么规定?

(1) 变压器投运或停运时合上中性点接地开关。
(2) 正常运行时以调令执行。
(3) 中性点倒换时先合后拉。
(4) 零序保护方式随之改变。

3-34 通过变压器的短路试验,可以发现哪些缺陷?

可以发现以下缺陷:
(1) 变压器各结构件或油箱箱壁中,由于漏磁通所致的附加损耗太大和局部过热。
(2) 油箱盖或套管法兰等损耗过大而发热。
(3) 带负荷调压变压器中的电抗绕组匝间短路。
(4) 选择的绕组导线是否良好合理。

3-35 什么是主变压器非电量保护?有哪些?

非电量保护是指由非电气量反映的故障动作或发信的保护,一般是指保护的判据不是电量(电流、电压、频率、阻抗等),

而是非电量，如瓦斯保护（通过油速整定）、温度保护（通过温度高低）、防爆保护（压力）、防火保护（通过火灾探头等）等。

非电量保护可对输入的非电量触点进行 SOE 记录和保护报文记录并上传，主要包括本体重瓦斯、有载调压重瓦斯、压力释放、冷却器全停、本体轻瓦斯、有载调压轻瓦斯、油温过高等，经连接片直接出口跳闸或发信报警。对于冷却器全停，可选择是否经本装置延时出口跳闸，最长延时可达 300min。还可选择是否经油温过高非电量闭锁，投入时只有在外部非电量油温过高输入触点闭合时，才开放冷却器全停跳闸功能。

3-36 变压器并联运行应满足哪些要求？若不满足这些要求会出现什么后果？

变压器并联运行应满足以下条件要求：

（1）一次侧和二次侧的额定电压应分别相等（电压比相等）。

（2）绕组接线组别（联结组标号）相同。

（3）阻抗电压的百分数相等。

条件不满足的后果：

（1）电压比不等的两台变压器，二次侧会产生环流，增加损耗，占据容量。

（2）如果两台接线组别不一致的变压器并联运行，二次回路中将会出现相当大的电压差。由于变压器内阻很小，将会产生几倍于额定电流的循环电流，使变压器烧坏。

（3）如果两台变压器的阻抗电压（短路电压）百分数不等，则变压器所带负荷不能按变压器容量的比例分配。例如：若电压百分数大的变压器满负荷，则电压百分数小的变压器将过负荷。只有当并联运行的变压器任何一台都不会过负荷时，才可以并联运行。

3-37 如何根据变压器的温度及温升判断变压器运行工况？

变压器在运行中铁芯和绕组的损耗转化为热量，引起各部位发热，使温度升高。热量向周围以辐射、传导等方式扩散，当发热与散热达到平衡时，各部位温度趋于稳定。巡视检查变压器时，应记录环境温度、上层油温、负荷及油面高度，并与以前的记录相比较、分析，如果发现在同样条件下温度比平时高出10℃以上，或负荷不变，但温度不断上升，而冷却装置又运行正常，温度表无误差及失灵时，则可以认为变压器内部出现异常现象。由于温升使铁芯和绕组发热，绝缘老化，影响变压器使用寿命和系统运行安全，因此对温升要有规定。

3-38 有载调压变压器与无载调器压变压器各有何优缺点？

有载调压变压器与无载调压变压器不同点在于：前者装有带负荷调压装置，可以带负荷调整电压，后者只能在停电的情况下改变分接头位置调整电压。有载调压变压器用于电压质量要求较高的地方，还可加装自动调压检测控制部分，在电压超出规定范围时自动调整电压。其主要优点是能在额定容量范围内带负荷随时调整电压，且调压范围大，可以减少或避免电压大幅度波动，母线电压质量高。但其体积大，结构复杂，造价高，检修维护要求高。无载调压变压器改变分接头位置时变压器必须停电，且调整的幅度较小，每变一个分接头，只能改变一个挡位，输出电压质量差。但相对便宜，体积较小，检修维护方便。

3-39 对变压器绕组绝缘电阻测量时应注意什么？如何判断变压器绝缘的好坏？

新安装或检修后及停运半个月以上的变压器，投入运行前，均应测量变压器绕组的绝缘电阻。

测量变压器绕组的绝缘电阻时，对运行电压在500V以上的，应使用1000~2500V绝缘电阻表，500V以下可用500V绝缘电阻表。

测量变压器绝缘电阻时应注意以下问题：

（1）必须在变压器冷备用状态时进行，变压器各侧都应有明显的断开点。

（2）变压器周围清洁，无接地物，无作业人员。

（3）测量前、后，变压器绕组和铁芯应用地线对地充分放电。

（4）测量使用的绝缘电阻表应符合电压等级的要求。

（5）中性点接地的变压器，测量前应将中性点隔离开关拉开，测量后应恢复原状态。

（7）变压器在使用时，所测得的绝缘电阻值，与变压器安装或大修干燥后投入运行前测得的数值之比，不得低于50%。

（8）吸收比 R_{60}''/R_{15}'' 不得小于1.3。

符合上述条件，则认为变压器绝缘合格。

3-40 新安装或大修后的有载调压变压器在投入运行前，运行人员对有载调压装置应检查哪些项目？

对有载调压装置检查的项目：

（1）有载调压装置的储油柜油位应正常，外部各密封处应无渗漏，控制箱防尘良好。

（2）检查有载调压机械传动装置，用手摇操作一个循环，位置指示及动作计数器应正确动作，极限位置的机械闭锁应可靠动作，手动与电动控制的联锁也应正常。

（3）有载调压装置电动控制回路各接线端子应接触良好，保护电动机用的熔断器的额定电流与电动机容量应相配合（一般为电动机额定电流的2倍），在控制室电动操作一个循环，行程指示灯、位置指示盘、动作计数器指示应正确无误，极限位置的电气闭锁应可靠，紧急停止按钮应操动灵活。

（4）有载调压装置的瓦斯保护应接入跳闸。

3-41 变压器中性点的接地方式有几种？中性点套管头上平时是否有电压？

现代电力系统中变压器中性点的接地方式分为中性点不接

地、中性点经电阻或消弧线圈接地、中性点直接接地三种。

在中性点不接地系统中，当发生单相金属性接地时，三相系统的对称性不被破坏，在某些条件下，系统可以照常运行，但是其他两相的对地电压升高到线电压水平。

当系统容量较大，线路较长时，接地电弧不能自行熄灭。为了避免电弧过电压的发生，可采用经消弧线圈接地的方式。在单相接地时，消弧线圈中的感性电流能够补偿单相接地的电容电流，既可保持中性点不接地方式的优点，又可避免产生接地电弧的过电压。

随着电力系统电压等级的增高和系统容量的扩大，设备绝缘费用占的比重越来越大，采用中性点直接接地方式，可以降低绝缘的投资。我国110、220、330kV及500kV系统中性点皆直接接地。380V的低压系统，早期为方便地抽取相电压，也直接接地；现在新建的电厂，为保证供电可靠性，380V低压系统多采用经高阻接地（照明变压器仍采用中性点直接接地方式）。

关于变压器中性点套管上正常运行时有没有电压问题，这要具体情况具体分析。理论上讲，当电力系统正常运行时，如果三相对称，则无论中性点接地采用何种方式，中性点的电压均等于零。但是，实际上三相输电线对地电容不可能完全相等，如果不换位或换位不当，特别是在导线垂直排列的情况下，对于不接地系统和经消弧线圈接地系统，由于三相不对称，变压器的中性点在正常运行时会有对地电压。经消弧线圈接地系统还和补偿程度有关。对于直接接地系统，中性点电位固定为地电位，对地电压应为零。

3-42 变压器的外加电压有何规定？

变压器的外加一次电压可以较额定电压高，但一般不得超过相应分接头电压值的5%。无论电压分接头在何位置，如果所加一次电压不超过其相应分接头额定值的5%，则变压器的二次侧可带额定电流。

根据变压器的构造特点，经过试验或经制造厂认可，加在变压器一次侧的电压允许比该分接头额定电压增高10%。此时，允许的电流值应遵守制造厂的规定或根据试验确定。

无载调压变压器在额定电压±5%范围内改换分接头位置运行时，其额定容量不变；如为－7.5%和－10%分接头时，额定容量应相应降低2.5%和5%。

有载调压变压器各分接头位置的额定容量，应遵守制造厂规定。

3-43　运行中的变压器铁芯为什么会有"嗡嗡"响声？怎样判断异音？

由于变压器铁芯是由一片片硅钢片叠成的，所以片与片之间存在间隙。当变压器通电后，有了励磁电流，铁芯中产生交变磁通，在侧推力和纵牵力作用下硅钢片产生倍频振动。这种振动使周围的空气或油发生振动，就发出"嗡嗡"的声音来。另外，靠近铁芯的里层线圈所产生的漏磁通对铁芯产生交变的吸力，芯柱两侧最外两极的铁芯硅钢片，若紧固得不牢，很容易受这个吸力的作用而产生倍频振动。这个吸力与电流的平方成正比，因此这种振动的大小与电流有关。

正常运行时，变压器铁芯的声音应是均匀的，当有其他杂音时，就应认真查找原因。

（1）过电压或过电流。变压器的响声增大，但仍是"嗡嗡"声，无杂音。随负荷的急剧变化，也可能呈现"割割割、割割割割"突击的间歇响声，此声音的发生和变压器的指示仪表（电流表、电压表）的指针同时动作，易辨别。

（2）夹紧铁芯的螺钉松动。呈现非常惊人的"锤击"和"刮大风"之声，如"叮叮哨哨"和"呼噜呼噜"之音。但指示仪表均正常，油色、油位、油温也正常。

(3) 变压器外壳与其他物体撞击。这是因为变压器内部铁芯振动引起其他部件的振动，使接触处相互撞击。如变压器上装控制线的软管与外壳或散热器撞击，呈现"沙沙沙"的声音，有连续较长、间歇的特点，变压器各部不会呈异常现象。这时可寻找声源，在最响的一侧用手或木棒按住再听声有何变化，以此判别。

(4) 外界气候影响造成的放电。如大雾天、雪天造成套管处电晕放电或辉光放电，呈现"嗞嗞"、"哧哧"之声，夜间可见蓝色小火花。

(5) 铁芯故障。如铁芯接地线断开会产生如放电的劈裂声，铁芯着火造成不正常鸣音。

(6) 匝间短路。因短路处严重局部发热，使油局部沸腾会发出"咕噜咕噜"像水开了似的声音，这种声音特别要注意。

(7) 分接开关故障。因分接开关接触不良，局部发热也会引起像绕组匝间短路所引起的那种声音。

3-44 变压器停送电操作时，其中性点为什么一定要接地？

这主要是为防止过电压损坏被操作变压器而采取的一种措施。对于一侧有电源的受电变压器，当其断路器非全相断、合时，若其中性点不接地有以下危害：

(1) 变压器电源侧中性点对地电压最大可达相电压，这可能损坏变压器绝缘。

(2) 变压器的高、低压绕组之间有电容，这种电容会造成高压对低压的"传递过电压"。

(3) 当变压器的高、低绕组之间电容耦合，低压侧电压达到谐振条件时，可能会出现谐振过电压，损坏绝缘。

对于低压侧有电源的送电变压器：

(1) 由于低压侧有电源，在并入系统前，变压器高压侧发生单相接地，若中性点未接地，则其中性点对地电压将是相电压，这可能损坏变压器绝缘。

（2）非全相并入系统时，在一相与系统相连时，由于发电机和系统的频率不同，变压器中性点又未接地，该变压器中性点对地电压最高将是 2 倍的相电压，未合相的电压最高可达 2.73 倍相电压，将造成变压器绝缘损坏事故。

3-45 油浸变压器试运行前的检查项目有哪些？

（1）变压器本体、冷却装置及所有附件应无缺陷，且不渗油。

（2）轮子的制动装置应牢固。

（3）油漆应完整，相色标志正确。

（4）变压器顶盖上应无遗留杂物。

（5）事故排油设施应完好，消防设施安全齐备。

（6）储油柜、冷却装置、净油器等油系统上的油门均应打开，且指示正确。

（7）接地引下线及其与主接地网的连接应满足设计要求，接地应可靠。铁芯和夹件的接地引出套管抽出端子应接地。电流互感器备用二次端子应短接接地。套管顶部结构的接触及密封应良好。

（8）储油柜和充油套管的油位应正常。套管无破损，应清洁。

（9）分接头的位置应符合运行要求；有载调压切换装置的远方操作应动作可靠，指示位置正确。

（10）变压器的相位及绕组的接线组别应符合并列运行要求。

（11）测温装置指示应正确，整定值符合要求。

（12）冷却装置试运行正常，联动正确；水冷装置的油压应大于水压；强迫油循环的变压器应启动全部冷却装置，进行循环 4h 以上，放完残留空气。

（13）变压器的全部电气试验应合格，保护装置整定值符合规定,操作及联动试验正确。

3-46 什么是变压器过负荷能力?为什么在一定的条件下允许变压器过负荷?原则是什么?

变压器的过负荷能力是指为满足某种运行需要而在某些时间内允许变压器超过其额定容量运行的能力。按过负荷运行的目的不同,变压器的过负荷一般又分为正常过负荷和事故过负荷两种。

变压器运行时的负荷是经常变化的,日负荷曲线的峰谷差很大。根据等值老化原则,可以在一部分时间内允许变压器超过额定负荷运行,一般在事故情况下允许过负荷运行;而在另一部分时间内小于额定负荷运行。只要在过负荷期间多损耗的寿命与低于额定负荷期间少损耗的寿命相互补偿,变压器仍可获得原设计的正常使用寿命。

变压器的正常过负荷能力,是以不牺牲变压器正常使用寿命制定的。同时还规定,过负荷期间负荷和各部分温度不得超过规定的最高限制值。我国目前的规定:绕组最热点不超过140℃;自然油循环变压器负荷不得超过额定负荷的1.3倍,强迫油循环变压器负荷不得超过额定负荷的1.2倍。

变压器的事故过负荷,也称为短时间急救过负荷。当电力系统发生事故时,保证不间断供电是首要任务,变压器绝缘老化加速是次要的。所以,事故过负荷和正常过负荷不同,它是以牺牲变压器的寿命为代价的。事故过负荷时,绝缘老化率允许比正常过负荷时高很多,即允许较大的过负荷,但我国规定绕组最热点的温度仍不得超过140℃。

3-47 变压器过负荷应如何处理?

(1) 检查各侧电流是否超过规定值。

(2) 检查变压器的油位、油温是否正常,同时将全部冷却器投入运行。

（3）及时调整运行方式，如有备用变压器，应投入。

（4）联系值长，及时调整负荷分配情况。

（5）如属正常过负荷，可根据正常过负荷的倍数确定允许时间，并加强监视油位、油温，不得超过允许值，若超过时间，则应立即减少负荷。

（6）若属事故过负荷，则过负荷倍数及时间，应依制造厂的规定执行。

3-48 变压器在什么情况下必须立即停止运行？

若发现运行中无法消除且有威胁整体安全的可能性的异常现象时，应立即将变压器停运修理。

发生下述情况之一时，应立即将变压器停运修理：

（1）变压器内部音响很大，很不正常，有爆裂声。

（2）在正常负荷和冷却条件下，变压器上层油温异常，并不断上升。

（3）储油柜或防爆筒向外喷油、喷烟。

（4）严重漏油，致使油面低于油位计的指示限度。

（5）油色变化过大，油内出现碳质。

（6）套管有严重的破损和放电现象。

（7）变压器范围内发生人身事故，必须停电时。

（8）变压器着火。

（9）套管接头和引线发红、熔化或熔断。

3-49 何谓变压器的压力保护？

压力保护使用压力释放装置，当变压器内部出现严重故障时，压力释放装置使油膨胀和分解产生的不正常压力得到及时释放，以免损坏油箱，造成更大的损失。

压力释放装置有安全气道（防爆筒）和压力释放阀两种。安全气道为释放膜结构，当变压器内部压力升高时冲破释放膜释放压力。压力释放阀是安全气道的替代产品，现在被广泛应用，结构为弹簧压紧一个膜盘,压力克服弹簧压力冲开膜盘释放,其最大优点是能够自动恢复。

压力释放阀一般要求开启压力与关闭压力相对应,且故障开启时间小于 2ms,因此在校核压力释放阀时,开启压力、关闭压力和开启时间均需校核。压力释放阀带有与释放阀动作时联动的触点,作用于信号报警或跳闸。

3-50 变压器自动跳闸应如何处理?

(1) 根据掉牌、光字信号检查何种保护装置动作,在变压器跳闸时,有何外部现象(如外部短路、变压器过负荷及其他等)。如检查结果证明变压器跳闸,不是由于内部故障所引起,而是由于外部过负荷、短路或保护、二次回路故障所造成的,则变压器可不经外部检查而重新投入运行。

(2) 如是由于出口短路造成的,则应进行必要的电气试验,检查确无问题后方可投运。

(3) 若因变压器有内部故障跳闸时,应进行内部检查,排除故障后方可投运。

(4) 如果原因不明,则必须进行相应检查、试验,以查明跳闸原因,在未查明原因之前,不得将变压器投入运行。

3-51 变压器油位不正常时如何处理?

(1) 变压器正常运行中,油位因气温升高而超过最高限时,应联系检修及时放油。

(2) 因气温急剧变化,油位明显下降,应及时联系检修加油。

(3) 变压器加油、放油、放气时,应将重要瓦斯保护改投信号。

(4) 如因变压器漏油致使油位下降,应立即采取堵漏措施,并迅速补油至油位正常。

(5) 大量漏油使变压器油位下降禁止将重瓦斯改投信号,如无法消除，变压器油位计已看不到油位，立即将变压器停用。

3-52 变压器油色谱分析的原理是什么？

变压器在发生突发性事故之前，绝缘的劣化及潜伏性故障在运行电压下将产生光、电、声、热、化学变化等一系列效应及信息。对于大型电力变压器，目前几乎是用油来绝缘和散热的，变压器油与油中的固体有机绝缘材料（纸和纸板等）在运行电压下因电、热、氧化和局部电弧等多种因素作用会逐渐变质，裂解成低分子气体；变压器内部存在的潜伏性过热或放电故障又会加快产气的速率。随着故障的缓慢发展，裂解出来的气体形成泡在油中经过对流、扩散作用，就会不断地溶解在油中。同一类性质的故障，其产生的气体的组分和含量在一定程度上反映出变压器绝缘老化或故障的程度，可以作为反映电气设备异常的特征量。从预防性维修制形成以来，电力运行部门通过对运行中的变压器定期分析其溶解于油中的气体组分、含量及产气速率，总结出了能够及早发现变压器内部存在潜伏性故障、判断其是否会危及安全运行的方法即油色谱分析法。油色谱分析法是将变压器油取回实验室中用色谱仪进行分析，不仅不受现场复杂电磁场的干扰，而且可以发现油设备中一些用介损和局部放电法所不能发现的局部性过热等缺陷。

3-53 变压器的铁芯为什么要接地？

运行中变压器的铁芯及其他附件都处于绕组周围的电场内，如果不接地，铁芯及其他附件必然产生一定的悬浮电位，在外加电压的作用下，当该电位超过对地放电电压时，就会出现放电现象。为了避免变压器的内部放电，所以铁芯要接地。

3-54 变压器的冷却方式有哪几种？

根据变压器的容量不同、工作条件的不同、冷却方式的不同，常用的冷却方式有：

(1) 油浸式自然空气冷却式。
(2) 油浸风冷式。
(3) 强迫油循环水冷式。
(4) 强迫油循环风冷式。
(5) 强迫油循环导向风冷式。

3-55 变压器并列运行应遵守什么原则？

(1) 变比相同。
(2) 相序相同。
(3) 接线组别相同。
(4) 短路阻抗相同。

变比不同和阻抗不同的变压器在任何一台均不过负荷的情况下，可以并列运行。同时应适当提高阻抗电压大的变压器的二次电压，以使并列运行的变压器的容量均能充分利用。

3-56 哪些原因使变压器缺油？缺油对运行有什么危害？

变压器长期渗油或大量漏油；在检修变压器时，放油后没有及时补油；储油柜的容量小，不能满足运行要求；气温过低储油柜的储油量不足等都会使变压器缺油。变压器油位过低会使轻瓦斯动作，而严重缺油时，铁芯暴露在空气中容易受潮，并可能造成导线过热，绝缘击穿，发生事故。

3-57 变压器出现强烈而不均匀的噪声且振动很大，该怎样处理？

变压器出现强烈而不均匀的噪声且振动加大，是由于铁芯的穿心螺栓夹得不紧，使铁芯松动，造成硅钢片间产生振动。振动能破坏硅钢片间的绝缘层，并引起铁芯局部过热。如果有"吱吱"声，则是由于绕组或引出线对外壳闪络放电，或铁芯接地线断线造成铁芯对外壳感应而产生高电压，发生放电引起的。放电的电弧可能会损坏变压器的绝缘，在这种情况下，运行或监护人员应立即汇报，并采取措施。如保护不动作，则应立即手动停用变压器，如有备用先投入备用变压器，再停用此台变压器。

3-58 主变压器差动与瓦斯保护的作用有哪些区别？如变压器内部故障时两种保护是否都能反映出来？

差动保护为变压器的主保护，瓦斯保护为变压器内部故障时的主保护。

差动保护的保护范围为主变压器各侧差动电流互感器之间的一次电气部分，包括：

（1）主变压器引出线及变压器绕组发生多相短路。

（2）单相严重的匝间短路。

（3）在大电流接地系统中绕组及引出线上的接地故障。

瓦斯保护的保护范围：

（1）变压器内部多相短路。

（2）匝间短路，匝间与铁芯或外皮短路。

（3）铁芯故障（发热烧损）。

（4）油面下降或漏油。

（5）分接开关接触不良或导线焊接不良。

差动保护可装在变压器、发电机、分段母线、线路上，而瓦斯保护为变压器独有的保护。变压器内部故障（除不严重的匝间短路）时，差动保护和瓦斯保护都能反映出来，因为变压器内部故障时，油的流速和一次电流的增加均会使两种保护启动。至于哪种保护先动，还需看故障性质来决定。

3-59 变压器合闸时为什么有励磁涌流？

变压器绕组中，励磁电流和磁通的关系，由磁化特性决定，铁芯越饱和，产生一定的磁通所需要的励磁电流越大。由于在正常情况下，铁芯中的磁通就已饱和，如在不利条件下合闸，铁芯中磁通密度最大值可达两倍的正常值，铁芯饱和将非常严重，使其导磁数减小，励磁电抗大大减小，因而励磁电流数值大增，由磁化特性决定的电流波形很尖,这个冲击电流可超过变压器额定电流的 6～8 倍。所以,由于变压器电、磁能的转换,合闸瞬间电压的相角、铁芯的饱和程度等,决定了变压器合闸时有励磁涌流,励磁涌流的大小将受到铁芯剩磁与合闸电压相角的影响。

3-60 对变压器绝缘电阻值有哪些规定？测量时应注意什么？

新安装或检修后及停运半个月以上的变压器,投入运行前,均应测定绕组的绝缘电阻。测量变压器绝缘电阻时,对绕组运行电压在 500V 以上者应使用 1000～2500V 绝缘电阻表,500V 以下者应使用 500V 绝缘电阻表。变压器绝缘状况的好坏按以下要求判定：

(1) 在变压器使用时所测得的绝缘电阻值与变压器在安装或大修干燥后投入运行前测得的数值之比,不得低于 50%。

(2) 吸收比 R_{60}''/R_{15}'' 不得小于 1.3。

符合上述条件,则认为变压器绝缘合格。

测量变压器绝缘时应注意以下问题：

(1) 必须在变压器停电时进行,各绕组出线都有明显断开点。

(2) 变压器周围清洁,无接地物,无作业人员。

(3) 测量前应对地放电,测量后也应对地放电。

(4) 测量使用的绝缘电阻表应符合电压等级要求。

(5) 中性点接地的变压器,测量前应将中性点隔离开关拉开,测量后应恢复原位。

3-61 新装或大修后的主变压器投入前,为什么要求做全电压冲击试验？冲击几次？

新装或大修后的主变压器投入运行前,要做全电压冲击试验。此外,空载变压器投入电网时,会产生励磁涌流。励磁涌流一般可达 6～8 倍的额定电流,经 0.5～1s 后可能衰减到 0.25～

0.5倍额定电流，但是全部衰减的时间较长，大容量的变压器需要几十秒。由于励磁涌流能产生很大的电动力，所以冲击试验也是为了考核变压器的机械强度和继电保护装置动作的可靠程度。规程中规定，新安装的变压器冲击试验5次，大修后的变压器冲击试验3次，合格后方可投入运行。

3-62 过电压是怎样产生的？它对变压器有什么影响？

过电压产生大致有下列三种情况：

（1）线路开关拉合闸时形成的操作过电压。

（2）系统发生短路或间歇弧光放电时引起的故障过电压。

（3）直接雷击或大气雷电放电，在输电网中感应的脉冲电压波。

这些过电压的特点是作用时间短，瞬时幅度大。通常由电力系统本身造成的过电压很少超过变压器相电压的4倍，而由大气放电或雷击造成的过电压有可能超出十几倍甚至于几十倍。只是后者持续时间极短，在微秒数量级。过电压的危害可使变压器绝缘击穿，为防止其危害，在线路和变压器结构设计上采取了一系列保护措施，如装设避雷器、静电环、加强绝缘、中心点接地等。

3-63 过电流是怎样产生的？它对变压器有什么影响？

过电流的形成有下列两种情况：

（1）变压器空载合闸形成的瞬时冲击过电流。

（2）二次侧负荷突然短路造成的事故过电流。

空载合闸电流最大可以达到额定电流的5～10倍，它对变压器本身不至于造成什么危害，但它有可能造成继电保护装置的误动作，对于小容量变压器可采取多次合闸，而对于大容量变压器则要采取专门的措施。

二次负荷短路所造成的过电流，一般要超出额定电流的几十倍，如果保护装置失灵或动作迟缓将会造成直接的危害。巨大的短路电流会在绕组中产生极大的径向力,高压绕组向外,低压绕组向里。这种力会把绕组扯断、扭弯或破坏绝缘。短路电流还会使铜损比其在正常情况下急剧增长几百倍,造成内部温度骤增而烧毁变压器。因此,运行中应尽力避免发生短路,通常在继电保护及变压器结构设计上也都充分考虑短路事故的发生。

3-64 变压器的铁芯、绕组各有什么用途?

铁芯是变压器最基本的组件之一,是用导磁性能极好的硅钢片叠放而成,用以组成闭合的磁回路。由于铁芯的磁阻极小,可得到较强的磁场,从而增强了一、二次绕组的电磁感应。用铜线或铝线绕成圆筒形的多层绕组,套在铁芯柱上,由于一、二次绕组匝数不同,用以变换成不同的电压和电流。

3-65 什么叫变压器的接线组别?

变压器的接线组别是指变压器的一、二次绕组按一定接线方式连接时,一、二次的电压或电流的关系。变压器的接线组别是用时钟的表示方法来说明一、二次线电压或线电流的相量关系的。因为相位关系就是角度关系,而变压器一、二次侧各量的相位差都是30°的倍数,于是就用同样有30°倍数关系的时钟指针关系的,来形象地说明变压器的接线组别,叫做时钟表示法。

电力系统中国产变压器有 YNd11、Yd11、Yyn0 三种常见的接线组别,其中前大写字母是高压绕组的连接图,后小写字母是低压绕组的连接图,数字表示高、低压绕组线电动势的相位差,即变压器的接线组别。

用时钟表示法表示接线组别,钟表的分针代表高压绕组线电动势相量,时针代表低压绕组线电动势相量,分针固定指向 12,时针所指的小时数就是接线组别。

3-66 变压器运行中铁芯局部发热有什么现象?

轻微的局部发热,对变压器的油温影响较少,保护也不会动作。因为油分解而产生的少量气体溶解于未分解的油中（只有油色谱在线监视装置能反映此种故障）。较严重的局部过热，会使油温上升，轻瓦斯保护频繁动作，析出可燃气体，油的闪光点下降，油色变深，还可能闻到烧焦的气体。严重时重瓦斯保护可能动作跳闸。

3-67 变压器有何作用？其工作原理是什么？

电力系统中，在向远方输送电力时，为了减少线路上的电能损耗，需要把电压升高，为了满足用户用电需要，又需要把电压降低，变压器就是用来改变电压高低的电器设备。

变压器工作原理基于"电生磁、磁生电"这个基本的电磁现象。以双绕组变压器为例，当一次绕组加上电压 U_1，流过交流电流 I_1 时，在铁芯中产生交变磁通，这些磁通的大部分即链接着本绕组，也匝链着二次绕组，称为主磁通。在主磁通作用下两侧绕组分别感应起电动势 E_1 和 E_2，电动势的大小与匝数成正比。

3-68 变压器瓦斯保护的使用有哪些规定？

变压器瓦斯保护的使用规定如下：

（1）变压器投入前，重瓦斯保护应作用于跳闸，轻瓦斯保护应作用于信号。

（2）运行和备用中的变压器，重瓦斯保护应投入跳闸位置，轻瓦斯保护应投入信号位置，重瓦斯和差动保护不许同时停用。

（3）变压器运行中进行滤油、加油、更换硅胶及处理呼吸器时，应先将重瓦斯保护改投信号，此时变压器的其他保护（如差动保护、电流速断保护等）仍应投入跳闸位置。工作完毕，变压器空气排尽，经现场规程规定时间无轻瓦斯动作信号后，方可将重瓦斯保护重新投入跳闸。

（4）当变压器油位异常升高或油路系统有异常现象时，为查明其原因，需要打开各放气或放油塞子、阀门，检查吸湿器或进行其他工作时，必须先将重瓦斯保护改接信号，然后才能开始工作，工作完毕，变压器空气排尽，经现场规程规定时间无轻瓦斯动作信号后，方可将重瓦斯保护重新投入跳闸。

（5）在地震预报期间，根据变压器的具体情况和气体继电器的类型来确定将重瓦斯保护投入跳闸或信号。地震引起重瓦斯保护动作停运的变压器，在投运前应对变压器及瓦斯保护进行检查试验，确定无异状后方可投入。

（6）变压器大量漏油致使油位迅速下降，禁止将重瓦斯保护改接信号。

（7）变压器轻瓦斯信号动作，若因油中剩余空气逸出或强油循环系统吸入空气引起，而且信号动作间隔时间逐次缩短，将造成跳闸时，如无备用变压器，则应将瓦斯保护改接信号，同时应立即查明原因加以消除。但如有备用变压器时，则应切换至备用变压器，而不准使运行中变压器的重瓦斯保护改接信号。

3-69 主变压器中性点运行方式改变时，对保护有何要求，为什么在装有接地开关的同时安装放电间隙？

主变压器中性点运行方式改变时，反映主变压器中性点零序过流和中性点过电压的保护应当作相应改变：

（1）主变压器中性点接地开关合上后，应将主变压器零序过流保护投入，间隙过电压及间隙零流保护退出。

（2）主变压器中性点接地开关断开前，应先将间隙过电压及间隙零流保护投入，然后再断开主变压器中性点接地开关，退出主变压器零序过流保护。主变压器采用分级绝缘，中性点附近绝缘比较薄弱，所以运行中必须防止中性点过电压。如果主变压器中性点接地开关合上运行，则强制性使中性点电位为0，不会出现过电压。但由于运行方式及保护装置的要求，有时需要主变压器中性点不接地运行，所以通常在主变压器中性点装有避雷器及与之并联的过电压放电保护间隙。避雷器对偶然出现的过电压，能起到很好的降低电压作用，但对于频繁出现过电压时，避雷器如果频繁动作，有可能使避雷器爆炸；放电间隙在频繁出现高电压时，间隙击穿放电，然后又恢复，不会损坏，因此必须安装放电间隙。

3-70　简述主变压器油流量表计的用途。

用来测定通过主变压器冷却器强迫油循环的油流量。当油流量降至低于正常强迫油循环油流量的大约 50% 时，断路器触点应动作。若油泵仍在运行，则应在主变压器报警装置上发出警报信号，并通过变送器由 DCS 在集中控制室发出警报信号。

3-71　变压器瓦斯保护动作跳闸的原因有哪些？

（1）变压器内部发生严重故障。
（2）保护装置二次回路有故障（如直流接地等）。
（3）在某种情况下，如变压器检修后油中气体分离出来得太快，也可能使气体继电器动作跳闸。

3-72　主变压器差动保护或重瓦斯保护动作跳哪些开关？

主变压器差动保护或重瓦斯保护动作后跳 500kV 的两侧断路器、发电机出口断路器、励磁开关及 A、B 两侧高压厂用变压器的低压侧断路器。

3-73　新安装或二次回路经变动后，变压器差动保护需做哪些工作后方可正式投运？

新安装或二次回路经变动后，应在变压器充电时将差动保护投入运行，带负荷前将差动保护停用，带负荷后测量负荷电流相量和继电器的差电压，正确无误后，方可将差动保护正式投入运行。

3-74　变压器的零序保护在什么情况下投入运行？

变压器的零序保护应装在变压器中性点直接接地侧，用来保护该侧绕组的内部及引出线上接地短路，也可作为相应母线和线路接地短路时的后备保护，因此当该变压器中性点接地开关合入后，零序保护即可投入运行。

3-75 变压器可能出现哪些故障和不正常运行状态？

相间短路、接地（或对铁芯）短路、匝间或层间短路、铁芯局部发热和烧损、变压器过负荷、变压器过电流、变压器零序过电流、变压器过励磁、变压器冷却器故障、油面下降。

3-76 什么是变压器的额定电流、空载电流、额定电压、短路电压？

（1）额定电流。变压器绕组允许长期连续通过的电流。

（2）空载电流。变压器二次开路时，变压器一次加额定电压所通过的电流。

（3）额定电压。变压器允许的工作电压。

（4）短路电压。将变压器二次短路，一次侧施加电压，使电流达到额定值，此时一次侧电压和额定电压之比的百分数。

3-77 变压器投运的操作规定有哪些？

（1）厂用变压器电源侧充电，任何情况下，严禁变压器由负荷侧向电源侧全电压充电。

（2）投运时观察励磁涌流的冲击情况，若发生异常，立即断开电源。

（3）高压备用变压器投运或退出前，必须先合入中性点接地开关，运行中断开。

（4）变压器充电时，重瓦斯保护必须投入跳闸位置。

（5）新投运的变压器，其冲击合闸次数为5次；更换绕组后的变压器，其冲击合闸次数为3次。

（6）变压器投运前，必须确认检修工作完毕，临时措施拆除，地线已全部拆除，测绝缘合格，保护及测量装置投入正常，下口断路器断开，具备送电条件后向值长申请操作命令后方可进行操作。

3-78 遇有哪些情况，需经定相并出具报告后，方可正式投运变压器？

（1）新安装或大修后的变压器。
（2）变压器的接线变更后。
（3）与变压器连接的电压互感器检修后。
（4）新换电缆或重做电缆后。
（5）其他可能使相序变动的工作。

3-79 使用变压器有何意义？

发电厂欲将 $P=3UI\cos\varphi$ 的电功率输送到用电的区域，在 P、$\cos\varphi$ 为一定值时，若采用的电压越高，则输电线路中的电流越小，因而可以减少输电线路上的损耗，节约导电材料。所以，远距离输电采用高电压是最为经济的。

目前，我国交流输电的电压最高已达 500kV。这样高的电压，无论从发电机的安全运行方面或是从制造成本方面考虑，都不允许由发电机直接生产。因此，必须用升压变压器将电压升高才能远距离输送。

电能输送到用电区域后，为了适应用电设备的电压要求，还需通过各级变电站（所）利用变压器将电压降低为各类电器所需要的电压值。

3-80 变压器如何分类？

（1）按其用途不同，有电源变压器、电力变压器、调压变压器、仪用互感器、隔离变压器。
（2）按结构分为双绕组变压器、三绕组变压器、多绕组变压器及自耦变压器。
（3）按铁芯结构分为壳式变压器和心式变压器。
（4）按相数分为单相变压器、三相变压器和多相变压器。

变压器的种类虽多，但基本原理和结构是一样的。

3-81　变压器呼吸器有什么作用？

变压器呼吸器是一玻璃容器，内盛入变色硅胶等吸湿剂，在其下端设一盛变压器油的油杯。杯内盛有变压器油（杯内盛油起到硅胶与外界空气隔离的油封作用，防止硅胶失效），进入变压器的空气先通过变压器油滤去灰尘，再通过硅胶滤去其中的水分，这样最后进入到变压器内部的空气就比较干燥纯净，可起到防止绝缘油老化的问题。

吸湿剂在未吸湿前，呈蓝色，装入呼吸器后色泽鲜艳，便于观察。如果吸湿剂吸入足够的水分就处于饱和状态而变成白色。值班人员可通过呼吸器内硅胶颜色的变化，来判断硅胶是否潮解。当硅胶潮解部分占到整体的1/3以上时，就应该更换。

3-82　变压器呼吸器巡检有什么注意事项？

在日常的巡视检查中，应注意观察呼吸器内硅胶的颜色变化，特别是在雨季、空气湿度大、硅胶的潮解速度加快、硅胶变色后，应及时更换。呼吸器下的油杯在安装时应松紧适度。旋得过紧，呼吸器无法工作；旋得过松，则不起过滤空气的作用。另外，还需要检查呼吸器底部油杯油位是否正常。

3-83　变压器冷却器潜油泵以及油流继电器有什么作用，有何注意事项？

潜油泵将变压器上层热油吸入冷却器，并将冷却器冷却后的冷油打回变压器油箱下部，完成强迫油循环的过程。油流继电器则是监视潜油泵的油流的，也就是说油泵到底打不打油，是否出力，可以通过油流继电器来监测。油流继电器装在油泵管路上，油泵打油了，继电器挡板被冲动，挡板带动指针指向油流正常侧。当油泵出力不正常时，没有油流冲动挡板，则挡板带动指针返回，指针指向油流异常侧，巡检时必须检查油流继电器指示是否正常，有异常必须及时汇报。

3-84 变压器套管油位过低有什么危害？

变压器套管油起绝缘和冷却的双重作用，前者保证安全，后者与负荷有关。漏到一定程度，绝缘必然击穿，将变压器烧毁。

3-85 主变压器冷却器切换试验有何作用？

主变压器冷却器电源切换试验，主要是检查主变压器冷却器两路电源是否正常，能否正确联锁，不至于在事故状态下，一路电源故障失去时另一路电源不能自动投入，导致主变压器冷却器全停，扩大事故范围，增加两路电源的可靠性。

3-86 主变压器冷却器电源切换试验有何注意事项？

（1）主变压器冷却器切换后检查冷却器转向正确，对应潜油泵运行正常。

（2）主变压器冷却器切换后主变压器运行声音正常，油位正常。

（3）变压器无漏油、喷油现象。

（4）主变压器冷却器切换电源过程中，出现冷却器全停立即切回原来运行方式并立即汇报值班负责人。

3-87 变压器空载试验有什么目的？

变压器的损耗是变压器的重要性能参数，一方面表示变压器在运行过程中的效率，另一方面表明变压器设计制造的性能是否满足要求。变压器的空载试验就是从变压器任一组绕组施加额定电压，其他绕组开路的情况下，测量变压器的空载损耗和空载电流。空载电流用它与额定电流的百分数表示。

进行空载试验的目的：测量变压器的空载损耗和空载电流；验证变压器铁芯的设计计算、工艺制造是否满足技术条件和标准的要求；检查变压器铁芯是否存在缺陷，如硅钢片间绝缘不良，铁芯极间、片间局部短路烧损，穿芯螺栓或绑扎钢带、连接片、上轭铁等的绝缘部分损坏、形成短路,磁路中硅钢片松动、错位、气隙太大,铁芯多点接地,绕组有匝间、层间短路或并联支路匝数不等、安匝不平衡等。

3-88 变压器是由哪些部分组成的?

变压器主要由铁芯、绕组组成,此外还有油箱、储油柜、绝缘套管及分接开头等。

3-89 变压器油有什么用处?

变压器油的作用:①绝缘作用;②散热作用;③熄灭电弧作用。

3-90 什么是自耦变压器?

自耦变压器只有一组绕组,二次绕组是从一次绕组抽头出来的,它除了有电磁感应传递,还有电的传送,这种变压器其硅钢片和铜线数量比一般变压器要少,常用来调节电压。

3-91 自耦变压器与普通变压器有何不同?

(1) 自耦变压器一次侧和二次侧不仅有磁的联系,而且还有电的联系。普通变压器的一次侧和二次侧只有磁的联系,而没有电的联系。

(2) 电源通过自耦变压器的容量由两个部分组成,即一次绕组与公用绕组之间的电磁感应功率和一次绕组直接传导的传导功率。

(3) 自耦变压器的短路电阻和短路电抗分别是普通变压器短路电阻和短路电抗的 $(1-1/k)$ 倍,k 为变压比。

(4) 由于自耦变压器的中性点必须接地,因而继电保护的整定和配置较为复杂。

(5) 自耦变压器体积小,质量轻,造价较低,便于运输。

3-92 自耦变压器在运行中应注意什么问题?

（1）由于自耦变压器的一、二次绕组间有电的联系，为防止由于高压侧发生单相接地故障而引起低压侧的电压升高，用在电网中的自耦变压器中性点必须可靠地直接接地。

（2）由于一、二次绕组有直接电的联系。高压侧受到过电压时，会引起低压侧的严重过电压，为避免这种危险，需在一、二次侧加装避雷器。

（3）由于自耦变压器的短路阻抗较小，短路时比普通变压器的短路电流大，因此在必要时需采取限制短路电流的措施。

（4）运行中应注意监视公共绕组的电流，使之不过负荷，必要时可调整第三绕组的运行方式，以增加自耦变压器的交换容量。

（5）采用中性点接地的星形连接的自耦变压器时，因产生三次谐波磁通而使电动势峰值严重升高，对变压器绝缘不利。为此，现代的高压自耦变压器都制成三绕组的，其中高、中压绕组接成星形，而低压绕组接成三角形。第三绕组与高、中压绕组是分开的、独立的，只有磁的联系，和普通变压器一样。增加了这个低压绕组后，形成了高、中、低三个电压等级的三绕组自耦变压器。目前电力系统中广泛应用的三绕组自耦变压器一般为YNynd11接线。

（6）在升压及降压变电站内采用三种电压的自耦变压器时，会出现各种不同的运行方式。在某些情况下，自耦变压器会过负荷，而在另一些情况下，自耦变压器却又不能充分利用。因此，在应用自耦变压器时，必须对其运行方式及相关问题加以分析，并进行相应的控制。

3-93 如何保证变压器有一个额定的电压输出？

电压太高或过低都会影响变压器的正常工作和使用寿命，所以必须调压。调压的方法是在一次绕组中引出几个抽头，接在分接开关上，分接开关通过转动触头来改变绕组的匝数。只要转动分接开关的位置，即可得到需要的额定电压值。要注意的是，调压通常应在切断变压器所接的负荷后进行。

3-94　调压器是怎样调压的？

调压器的构造与自耦变压器相同，只是将铁芯做成环形，绕组就绕在环形铁芯上。二次绕组抽头用一个可以滑动的电刷触头，使触头沿绕组表面环形滑动，达到平滑的调节电压作用。

3-95　什么是变压器的极性？在使用中有何作用？

变压器的极性用来标志在同一时刻一次绕组的绕组端头与二次绕组的绕组端头彼此电位的相对关系。因为电动势的大小与方向随时变化，所以在某一时刻，一、二次两绕组必定会出现同时为高电位的两个端头，和同时为低电位的两个端头，这种同时刻为高的对应端叫变压器的同极性端。由此可见，变压器的极性决定于绕组绕向，绕向改变了，极性也改变。在使用中，变压器的极性是变压器并联的依据，按极性可以组合接成多种电压形式，如果极性接反，往往会出现很大的短路电流，以致烧坏变压器。因此，使用变压器时必须注意铭牌上的标志。

3-96　变压器瓷套管表面脏污或出现裂纹有何危害？

变压器瓷套管表面脏污时，由于脏物吸附水分，使绝缘强度降低。这样不仅容易引起瓷套管的表面放电，还可能使其漏电流增加，造成套管发热。

瓷套管表面脏污，使其闪络电压降低，当线路过电压时，会引起瓷套管的闪络放电，导致断路器跳闸。另外，由于瓷套管表面放电，还会导致其表面瓷质损坏，这是绝缘击穿的一个重要因素。

如果变压器的瓷套管出现裂纹，也会使变压器的绝缘强度降低。因为瓷套管裂纹中充满空气，由于空气的介电系数小，致使裂纹中的电场强度增大到一定数值时，空气便被游离，引起瓷套管的局部放电。这样使瓷绝缘进一步损坏，以至于全部被击穿。此外，套管裂纹中进水结冰时，还会使瓷套管胀裂。

3-97 变压器空载运行时为什么接地检漏装置有时会动作？当带负荷后就恢复正常，为什么？

变压器空载运行时，绕组及所带的母线三相对地电容不等，即 $C_A \neq C_B \neq C_C$，此时变压器处于不平衡运行状态，中性点发生位移，分裂变压器低压侧等效阻抗为绕组阻抗 Z_L 与三相对地容抗 Z_C 相并联。当 $Z_C < Z_L$ 时，中性点位移数值较大，这时接地检漏装置会动作。

当变压器带上负荷或线路后，此时母线三相电压主要取决于负荷或线路阻抗平衡情况，上述三相对地电容的不平衡因素居于次要地位，如负荷或线路阻抗平衡，检漏装置将复归正常。

3-98 变压器套管闪络的原因有哪些？

（1）套管表面过脏。如粉尘、污秽等，在阴雨天套管表面绝缘强度降低，容易发生闪络事故。若套管表面不光洁，在运行中电场不均匀会发生放电现象。

（2）高压套管制造不良。末屏接地焊接不良形成绝缘损坏，或末屏接地出线的绝缘子心轴与接地螺套不同心、接触不良，或末屏不接地也有可能导致电位提高，使高压套管逐步损坏。

（3）系统出现内部或外部过电压，套管内存在隐患而导致击穿。

3-99 对变压器有载分接开关的操作具体规定有哪些？

（1）应逐级调压，同时监视分接开关的位置及电压、电流的变化。

（2）单相变压器组和三相变压器分相安装的有载分接开关，宜三相同步电动操作。

（3）有载调压变压器并联运行时，其调压操作应轮流逐级或同步进行。

（4）有载调压变压器与无励磁调压变压器并联运行时，两变压器的分接电压值应尽量接近。

（5）应核对系统电压与分接额定电压间的差值，使之符合规程规定。DL/T 572—2010《电力变压器运行规程》规定，变压器的运行电压一般不应高于该运行分接额定电压的105%。对于特殊的使用情况（如变压器的有功功率可以在任何方向流通），允许在不超过110%的额定电压下运行。

3-100　变压器的有载调压装置动作失灵是什么原因造成的？

有载调压装置动作失灵的原因：
（1）操作电源电压消失或过低。
（2）电动机绕组断线烧毁，启动电动机失压。
（3）联锁触点接触不良。
（4）传动机构脱扣及销子脱落。

3-101　试分析三绕组降压变压器高、中压侧运行，低压侧开路时的危害及应采取的措施。

三绕组降压变压器低压侧一般为不接地三角形接线，少数为不接地星形接线。当低压侧开路，高、中压侧运行时，低压绕组有经高压侧传递过电压的危险，有可能破坏绝缘造成事故。

当高压侧因某种原因产生过电压时，低压绕组对地就会有一定电位，其组成可视为两部分：电感分量电压与两绕组匝数比成比例，高压侧能承受时低压侧也能承受，对低压侧无单独危害；电容分量电压的数值大小与冲击电压（U_1）、两绕组对地电容（C_{10}、C_{20}）和两绕组之间电容（C_{12}）有关。U_1传递至低压侧电压$U_2 = U_1 C_{12} / (C_{12} + C_{20})$。可见$C_{20}$越大，$U_2$越小。事实上，制造设备后这些数值都是确定值，$C_{20}$相对$C_{12}$要小得多，分析时可忽略$C_{20}$，则$U_2 \approx U_1$，即全冲击电压加在低压绕组上，对此应加以保护。规程规定有三条措施，要求人为地改变C_{20}值，降低过电压数值。这三条措施包括：

(1) 单相人工接地。

(2) 一相通过 10kvar 电容器接地。

(3) 一相通过 20m 电缆接地。

3-102 三绕组变压器停一侧，其他侧能否继续运行？

三绕组变压器任何一侧停止运行，其他两侧均可继续运行，但应注意：

(1) 若低压侧为三角形接线，停止运行后应投入避雷器。

(2) 高压侧停止运行，中性点接地开关必须投入。

(3) 应根据运行方式考虑继电保护的运行方式和整定值。

此外，还应注意容量比，在运行中监视负荷情况。

3-103 变压器在什么情况下应进行核相？不核相并列可能有什么后果？

(1) 新装或大修后投入，或易地安装。

(2) 变动过内、外接线或接线组别。

(3) 电缆线路或电缆接线变动，或架空线走向发生变化。

核相的目的是为检查即将投入的变压器的高、低压侧（或母线）的相位与并列系统的变压器（或母线）的相位是否一致，如相位不同，不允许并列运行，否则会造成相间短路。

3-104 变压器核相的方法有哪些？

核相的方法有两种：

(1) 10kV 及以下电压等级的变压器或母线，可用核相杆核相。将可以承受 10kV 及以下电压等级的绝缘杆上接装一只电压表（或采用专用核相杆），在一次高压系统上，直接核相。电压表的两端分别接在核相杆上，核相杆分别跨接在待核相的变压器或母线的并列高压断路器（或隔离开关）相对应的两侧，如某相测得电压值为零，表示该对应相为同相位，否则相位不同。当测得三相此端与彼端相对应的相位均相同时，变压器或母线可以并列运行。

（2）用电压互感器进行核相。核相前应先核对两段母线的电压互感器的相位对应（即接线组别相同，二次回路接线正确），然后核对两台变压器的相位。

1) 核对两段母线的电压互感器的相位是否对应。其方法如下：将两段母线由一路电源或一组变压器供电，使得两段母线的电压互感器由一个电源供电（即断开 T2 两侧的断路器，闭合 Ⅰ、Ⅱ 段母线联络断路器），然后用电压表分别测量电压互感器的对应相。当测定电压为零，即是对应的同名相；当测定电压为 100V 左右时，是不对应的异名相。

2) 接着测定 T1 与 T2 的相位。其方法如下：将 Ⅰ、Ⅱ 段母联断路器断开，并将主变压器 T1 与 T2 送电。然后用电压表分别测量两段母线电压互感器的同名相及异名相之间的电压，若同名相之间的电压接近于零，而异名相之间的电压为 100V 左右，则表明主变压器 T1、T2 相位相同，可以通过 Ⅰ、Ⅱ 段母线并列运行。

3-105 变压器中性点在什么情况下应装设保护装置？

电力系统中性点直接接地系统中的中性点不接地变压器，如中性点的绝缘未按线电压设计，为了防止因断路器非同期操作，线路非全相断线，或因继电保护的原因造成中性点不接地的孤立系统带单相接地运行，引起中性点的避雷器爆炸和变压器绝缘损坏，应在变压器中性点装设棒型保护间隙并联避雷器。保护间隙的距离按电网的具体情况确定。如中性点的绝缘按线电压设计，但变电站是单进线具有单台变压器运行时，也应在变压器的中性点装设保护装置。电力系统中性点非直接接地系统中的变压器中性点，一般不装设保护装置，但多雷区进线变电站应装设保护装置。中性点接有消弧线圈的变压器，如有单进线运行的可能，也应在中性点装设保护装置。

3-106 变压器气体继电器的巡视项目有哪些？
（1）气体继电器连接管上的阀门应在打开位置。
（2）变压器的呼吸器应在正常工作状态。
（3）瓦斯保护连接片投入正确。
（4）检查储油柜的油位在合适位置，继电器应充满油。
（5）气体继电器防水罩应牢固。

3-107 气体继电器的作用是什么？如何根据气体的颜色来判断故障？

气体继电器的作用是当变压器内部发生绝缘击穿、线匝短路及铁芯烧毁等故障时，给运行人员发出信号或切断电源以保护变压器。可按下面气体的颜色来判断故障：
（1）灰黑色，易燃。通常是因绝缘油炭化造成的，也可能是接触不良或局部过热导致。
（2）灰白色，可燃，有异常臭味。可能是变压器内纸质烧毁所致，有可能造成绝缘损坏。
（3）黄色，不易燃。因木质制件烧毁所致。
（4）无色，可燃，无味。多为空气。

3-108 变压器内部故障类型与其运行油中气体含量有什么关系？

变压器的内部故障，就其故障现象来看，主要有热性故障和电性故障。至于机械性故障及内部进水受潮等，将最终发展为电性故障而表现出来。

热性故障是由于热应力而造成的绝缘加速劣化，其具有中等水平的能量密度。如果热应力只引起热源外绝缘油的分解，所产生的特殊气体主要是甲烷和乙烯，两者之和一般占总烃的 80% 以上，而且随着故障点的温度升高，乙烯所占比例将增加。严重过热会产生微量乙炔。当过热涉及固体绝缘材料时，除产生上述物质外，还产生大量的一氧化碳和二氧化碳。

电性故障是在高电应力作用下所造成的绝缘劣化，由于能量密度的不同，而分为高能量放电和局部放电等。高能量放电将导致绝缘电弧击穿。局部放电的能量较低，电弧放电以绕组匝间、层间绝缘击穿为多见，其次为引线断裂或对地闪络和分接开关飞弧等，其产生的特殊气体主要是乙炔和氢气，其次是大量的乙烯和甲烷。乙炔一般占总烃的 20%～70%，氢占烃总量的 30%～90%。

火花放电常见于引线或套管储油柜对套管导电管放电，引线接触不良或铁芯接地片接触不良的放电，以及分接开关电位悬浮而引起的放电等。其产生的特征气体也以乙炔和氢气为主，但故障能量较小，一般烃总量不高。局部放电主要依放电能量的密度不同而不同，一般总烃量不太高，主要成分是氢气，其次是甲烷。无论是哪种放电，只要有固体绝缘介入，就会产生一氧化碳和二氧化碳。

当变压器内部进水受潮时，油中水分和含湿杂质形成的"小桥"或者绝缘中含有气隙均能引起局部放电。

3-109 大容量变压器本体一般有哪些监测和保护装置？

大容量变压器，在本体上均设有监测顶部油温的温度计，监测高、低压绕组温度的温度计，监测油箱油位的油位计，并设有瓦斯保护及压力释放装置。对于强迫油循环变压器，还设有流量计或油流针，以监视潜油泵的运转情况或供冷却器控制及报警。此外，有的大容量变压器本体上还装有氧气（油中氢气）监测装置或气体分析器，用以连续在线监视和测量变压器中绝缘油的含氢量或气体主要成分。

3-110 引起呼吸器硅胶变色的原因主要有哪些？

正常干燥时呼吸器硅胶为蓝色。当硅胶颜色变为粉红色时，表明硅胶已受潮而且失效。一般变色硅胶达 2/3 时，值班人员应通知检修人员更换，硅胶变色过快的原因主要有：

（1）长时期天气阴雨，空气湿度较大，因吸湿量大而过快变色。

（2）呼吸器容量过小。

（3）硅胶玻璃罩罐有裂纹、破损。

（4）呼吸器下部油封罩内无油或油位太低，起不到良好的油封作用，使湿空气未经油封过滤而直接进入硅胶罐内。

（5）呼吸器安装不当，如胶垫龟裂不合格、螺栓松动、安装不密封等。

3-111　为什么变压器上层油温不宜经常超过 85℃？

上层油温的允许值应遵守制造厂的规定，对自然油循环自冷、风冷的变压器最高不得超过 95℃，为了防止变压器油劣化过速，上层油温不宜经常超过 85℃。这是因为温度升高，油的氧化速度增大，油的老化越快。根据试验得出，当平均温度每升高 10℃时，油的劣化速度就会增加 1.5～2 倍。当然，规定得再低一些对油的运行虽然有利，但却限制了变压器的出力。为兼顾两者，因此变压器油温不宜经常超过 85℃。

3-112　为什么将变压器绕组的温升规定为 65℃？

变压器在运行中要产生铁损和铜损，这两部分损耗各转化为热量，使铁芯和绕组发热、绝缘老化，影响变压器的使用寿命，国标规定变压器绕组的绝缘多采用 A 级绝缘，因此规定了绕组的温升为 65℃。

3-113　变压器正常运行时，其运行参数的允许变化范围如何？

（1）变压器在运行中绝缘所受的温度越高，绝缘的老化也越快，所以必须规定绝缘的允许温度。一般认为油浸变压器绕组绝缘最热点温度为98℃时，变压器具有正常使用寿命，约20～30年。

（2）上层油温的规定。上层油温的允许值应遵循制造厂的规定，对自然油循环自冷、风冷的变压器最高不得超过95℃，为防止变压器油劣化过速，上层油温不宜经常超过85℃；对强油导向风冷式变压器最高不得超过80℃；对强迫油循环水冷变压器最高不得超过75℃。

（3）温升的规定。上层油温与冷却空气的温度差（温升），对自然油循环自冷、风冷的变压器规定为55℃，而对强油循环风冷变压器规定为40℃。

（4）绕组温度规定。一般规定绕组最热点温度不得超过105℃，但如在此温度下长期运行，则变压器使用年限将大为缩短，所以此规定仅限当冷却空气温度达到最大允许值且变压器满载的情况。

（5）电压变化范围。规程规定变压器电源电压变动范围应在其所接分接头额定电压的±5%范围内，其额定容量也保持不变，即当电压升高（降低）5%时，额定电流应降低（升高）5%。变压器电源电压最高不得超过额定电压的10%。

3-114 为什么大容量三相变压器的一次或二次总有一侧接成三角形？

当变压器接成Yy时，各相励磁电流的三次谐波分量在无中性线的星形接法中无法通过，此时励磁电流仍保持近似正弦波，而由于变压器铁芯磁路的非线性，主磁通将出现三次谐波分量。由于各相三次谐波磁通大小相等，相位相同，因此不能通过铁芯闭合，只能借助于油、油箱壁、铁轭等形成回路，结果在这些部件中产生涡流，引起局部发热，并且降低变压器的效率。所以，容量大和电压较高的三相变压器不宜采用Yy接法。

当绕组接成Dy时，一次侧励磁电流的三次谐波分量可以通过，于是主磁通可保持为正弦波而没有三次谐波分量。

当绕组接成 Yd 时，一次侧励磁电流中的三次谐波分量虽然不能通过，在主磁通中产生三次谐波分量，但因二次侧为△接法，三次谐波电动势将在△中产生三次谐波环流，一次侧没有相应的三次谐波电流与之平衡，故此环流就成为励磁性质的电流。此时变压器的主磁通将由一次侧正弦波的励磁电流和二次侧的环流共同励磁，其效果与 Dy 接法时完全一样，因此，主磁通也为正弦波面没有三次谐波分量，这样三相变压器采用 Dy 或 Yd 接法后就不会产生因三次谐波涡流而引起的局部发热现象。

3-115　变压器下放鹅卵石的原因是什么？

这个部位通常称为卸油池或卸油坑（或者类似的叫法），通往事故油坑或事故油池。发生事故时，如喷油或爆炸，变压器的油会卸到卸油坑内，然后流往事故油池。池内有的做隔栅，也有的不做隔栅。做隔栅的，鹅卵石就放置在隔栅上面；不做隔栅的，鹅卵石就放置在卸油坑内。另外，鹅卵石在泄油时还起冷却油温的作用，以防油燃烧。

3-116　接地变压器起什么作用？

对于中压系统（即 6.3、10、35kV），为了限制接地短路电流，可在电力系统中性点与接地之间，加入相当的电抗或电阻。对中压系统而言，若变电站主降电压二次绕组（中压绕组）为三角形接线（一般降压主变压器为星/三角接线），没有中性点引出，就需要在系统中接入接地变压器。接地变压器除可以带消弧绕组外，也可带二次负荷，代替站用变压器。在带二次负荷时，接地变压器的一次容量应为消弧绕组与二次负荷容量之和；接地变压器不带二次负荷时，接地变压器容量等于消弧绕组容量。

第四章

高压电器

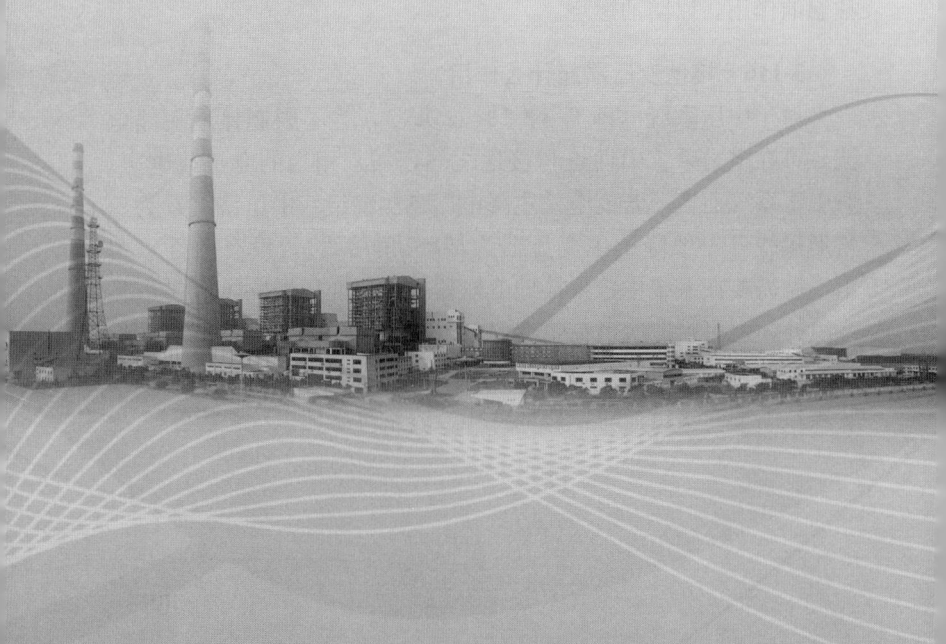

第一节 互 感 器

4-1 什么是电压互感器？

电压互感器是一种仪用变压器，是一、二次系统的联络元件，把一次侧的高电压变为低电压，向测量仪表、继电保护和自动装置提供一次电压的信息。

4-2 电压互感器如何分类？

（1）按电压等级。低压互感器、高压互感器、超高压互感器。

（2）按用途。测量保护用电压互感器、计量用电压互感器。

（3）按绝缘材料。油浸式电压互感器、干式电压互感器。

（4）按绝缘类型。全封闭电压互感器、半封闭电压互感器。

（5）按变压原理。电磁式电压互感器、电容式电压互感器。

4-3 电压互感器二次绕组一端为什么必须接地？

电压互感器一次绕组直接与电力系统高电压连接，若在运行中电压互感器的绝缘被击穿，高电压即窜入二次回路，将危及设备和人身的安全。所以，电压互感器二次绕组要有一端牢固接地。

4-4 引起电压互感器的高压熔断器熔丝熔断的原因是什么？

（1）系统发生单相间歇电弧接地。

（2）系统发生铁磁谐振。

（3）电压互感器内部发生单相接地或层间、相间短路故障。

（4）电压互感器二次回路发生短路，而二次侧熔丝选择太粗而未熔断时，可能造成高压侧熔丝熔断。

4-5 电压互感器发生一相熔断器熔断，如何处理？

发生上述故障时，值班人员应进行如下处理：

(1) 若低压侧熔断器一相熔断,应立即更换。若再次熔断,则不应再更换,待查明原因后处理。

(2) 若高压侧熔断器一相熔断,应立即拉开电压互感器出口隔离开关,取下低压侧熔断器,并采取相应的安全措施,在保证人身安全及防止保护误动作的情况下,更换熔断器。

4-6 电压互感器的一、二次侧装设熔断器是怎样考虑的?什么情况下可不装设熔断器,其选择原则是什么?

为防止高压系统受电压互感器本身或其引出线上故障的影响和对电压互感器自身的保护,所以在一次侧装设熔断器。

110kV及以上的配电装置中,电压互感器高压侧不装设熔断器。电压互感器二次侧出口是否装熔断器有几个特殊情况:

(1) 二次接线为开口三角形的出线除供零序过电压保护用外,一般不装熔断器。

(2) 中性线上不装熔断器。

(3) 接自动电压调整器的电压互感器二次侧一般不装熔断器。

(4) 110kV及以上的配电装置中的电压互感器二次侧装空气小开关而不用熔断器。

二次侧熔断器选择的原则:熔体的熔断时间必须保证在二次回路发生短路时小于保护装置动作时间。熔体额定电流应大于最大负荷电流,且取可靠系数为1.5。

4-7 电压互感器的开口三角形侧为什么不反映三相正序、负序电压,而只反应零序电压?

因为开口三角形接线是将电压互感器的第三绕组按A-X-B-Y-C-Z相连,即输出电压为三相电压相量相加。由于三相的正序、负序电压相加等于零,因此其输出电压等于零,而三相零序电压相加等于一相零序电压的三倍,故开口三角形的输出电压中只有零序电压。

4-8 电压互感器运行中检查项目有哪些?

(1) 检查接头有无发热,有无异声、异味,接头螺栓有无松动。

(2) 瓷套是否清洁,有无裂纹、破损、放电痕迹。

(3) 有无渗油(指电容式电压互感器)。

(4) 外壳接地良好。

(5) 高、低压熔断器是否完好。

(6) 二次端子箱清洁,无受潮并关严。

4-9 电压互感器运行操作应注意哪些问题?

(1) 启用电压互感器应先一次后二次,停用则相反。

(2) 停用电压互感器时应先考虑该电压互感器所带保护及自动装置,为防止误动的可能,应将有关保护及自动装置停用。

(3) 电压互感器停用或检修时,其二次空气开关应分开、二次熔断器应取下。

(4) 双母线运行,一组电压互感器因故需单独停役时,应先将电压互感器经母联断路器一次并列且投入电压互感器二次并列开关后再进行电压互感器的停役。

(5) 双母线运行,两组电压互感器并列的条件:

1) 一次必须先经母联断路器并列运行,这是因为若一次不经母联断路器并列运行,可能由于一次电压不平衡,使二次环流较大,容易引起熔断器熔断,致使保护及自动装置失去电源。

2) 二次侧有故障的电压互感器与正常二次侧不能并列。

4-10 为什么 110kV 及以上电压互感器的一次侧不装设熔断器?

因为 110kV 及以上电压互感器的结构采用单相串级式,绝缘强度大,而且 110kV 系统为中性点直接接地系统,电压互感器的各相不可能长期承受线电压运行,所以在一次侧不装设熔断器。

4-11　为什么绝缘子表面做成波纹形？

（1）将绝缘子做成凹凸的波纹形，延长了爬弧距离，所以在同样有效高度下，增加了电弧爬弧距离，而且每一个波纹又能起到阻断电弧的作用。

（2）在雨天能起到阻止水流的作用，污水不能直接由绝缘子上部流到下部，形成水柱引起接地短路。

（3）污尘降落到绝缘子上时，其凹凸部分使污尘分布不均匀，因此在一定程度上保证了耐压强度。

4-12　电压互感器二次回路短路的原因有哪些？

引起电压互感器二次回路短路故障的原因较多，下面简述几种常见的原因：

（1）回路中连接电缆短路。

（2）二次回路导线受潮、腐蚀及损伤而发生一相接地，又发展成两相接地短路。

（3）内部存在金属短路缺陷，造成二次回路短路。

（4）户外端子箱严重受潮，端子连接处产生锈蚀。

（5）电压互感器接线存在隐患。

（6）在预试、检修工作完成后忘记恢复预试、检修措施。

4-13　电压互感器常见故障有哪些，应如何处理？

（1）电压三相指示不平衡。可能是熔断器损坏。

（2）中性点不接地。三相不平衡，可能是谐振，或受消弧绕组影响。

（3）高压熔断器多次熔断。内部绝缘损坏，层间和匝间故障。

（4）中性点接地，电压波动。若有操作是串联谐振，则没有操作是内绝缘损坏。

（5）电压指示不稳。接地不良，及时检查处理。

（6）电压互感器回路断线。退出保护，检查熔断器并更换，检查回路。

(7) 电容式电压互感器的二次电压波动。可能是二次阻尼配合不当。二次电压低，可能接线断开或分压器损坏；二次电压高，可能是分压器损坏。

(8) 声音异常。电磁单元电抗器或中间变压器损坏。

4-14 电压互感器一、二次熔断器的保护范围各有哪些？

(1) 电压互感器二次熔断器（快速空气开关）的保护范围：其安装位置以下回路所引起的持续短路故障。

(2) 6~35kV 电压互感器一次熔断器的保护范围：电压互感器的内部故障（一般不包括匝间短路和二次熔断器以下的回路故障）或电压互感器与电网连接引线上的短路故障。

4-15 什么是电压互感器的额定电压因数？

额定电压因数是电压互感器的主要技术数据之一。额定电压因数是在规定时间内能满足热性能及准确等级的最大电压与额定一次电压的比值。它与系统最高电压及接地方式有关。系统发生单相接地故障时，该因数一般不超过 1.5 或 1.6 和 1.9 或 2.0。国标中规定为 1.5 和 1.9。

4-16 为什么电压互感器的二次侧不允许短路？

因为电压互感器本身阻抗很小，如二次侧短路，二次回路通过的电流很大，会造成二次侧熔断器熔体熔断，影响表计的指示，极可能引起保护装置的误动作。

4-17 电压互感器及其二次回路的故障处理程序是什么？

(1) 当电压互感器一次或二次熔断器熔断，或回路接触不良，将会出现电压表指示为零或三相电压不平衡，电能表转慢，保护发出"电压回路断线"、"单相接地"等信号。

(2) 应首先通过测量判断是熔断器熔断还是单相接地，若发现一次熔断器熔断，应拉开隔离开关测量电压互感器绝缘，或用万用表检测绕组的完整性，如绝缘良好时，更换熔断器后投入运行。

（3）二次熔断器熔断或快速开关跳闸后，若检查二次回路良好，立即更换熔断器或合上二次快速开关。

（4）若不是熔断器熔断及二次快速开关跳闸，则应检查回路有无断线或接触不良等情况。

（5）当发现电压互感器有漏油、喷油、冒烟、内部有异常声响、严重发热或火花放电现象时应停用。

4-18 什么是电流互感器？

电流互感器是一次回路与二次回路之间的接口，它把处于高电位下的大电流缩小为处于低电位下的小电流（相位不变），向测量仪表、继电保护和自动装置提供一次电流的信息。

4-19 电流互感器如何分类？

（1）按用途分。

1）测量用电流互感器（或电流互感器的测量绕组）。在正常工作电流范围内，向测量、计量等装置提供电网的电流信息。

2）保护用电流互感器（或电流互感器的保护绕组）。在电网故障状态下，向继电保护等装置提供电网故障的电流信息。

（2）按绝缘介质分。

1）干式电流互感器。由普通绝缘材料经浸漆处理作为绝缘。

2）浇注式电流互感器。用环氧树脂或其他树脂混合材料浇注成型的电流互感器。

3）油浸式电流互感器。由绝缘纸和绝缘油作为绝缘，一般为户外型。目前我国在各种电压等级均为常用。

4）气体绝缘电流互感器。主绝缘由气体构成。

（3）按电流变换原理分。

1）电磁式电流互感器。根据电磁感应原理实现电流变换的电流互感器。

2）光电式电流互感器。通过光电变换原理以实现电流变换的电流互感器。

（4）按安装方式分。

1）贯穿式电流互感器。用来穿过屏板或墙壁的电流互感器。

2）支柱式电流互感器。安装在平面或支柱上，兼做一次电路导体支柱用的电流互感器。

3）套管式电流互感器。没有一次导体和一次绝缘，直接套装在绝缘的套管上的一种电流互感器。

4）母线式电流互感器。没有一次导体但有一次绝缘，直接套装在母线上使用的一种电流互感器。

4-20 电流互感器有几个准确度级别？各准确度适用于哪些地点？

电流互感器的准确度级别有 0.2、0.5、1.0、3.0 等级。测量和计量仪表使用的电流互感器为 0.5 级、0.2 级，只作为电流、电压测量用的电流互感器允许使用 1.0 级，对非重要的测量允许使用 3.0 级。

4-21 电流互感器应满足哪些要求？

（1）应满足一次回路的额定电压、最大负荷电流及短路时的动、热稳定电流的要求。

（2）应满足二次回路测量仪表、自动装置的准确度等级和继电保护装置 10% 误差特性曲线的要求。

4-22 什么是电流互感器误差？

由于电流互感器铁芯的结构以及材料性能等原因的影响，电流互感器存在着励磁电流，使其产生误差。

4-23 影响电流互感器误差的主要因素是什么？

（1）一次电流的影响。当电流互感器一次电流很小时，引起的误差增大；当一次电流长期大于额定电流运行时，也会引起误差增大。因此,一般一次侧电流应大于互感器额定电流的 25%,小于 120%。

(2) 二次负荷的影响。当电流互感器二次负荷增大时,误差也随着增大,故在使用中不应使二次负荷超过其额定值(伏安数或欧姆数)。

此外,电源频率和铁芯剩磁也影响电流互感器误差。

4-24　电流互感器有哪几种基本接线方式?

电流互感器的基本接线方式有:

(1) 完全星形接线。

(2) 两相两继电器不完全星形接线。

(3) 两相一继电器电流差接线。

(4) 三角形接线。

(5) 三相并接。

4-25　运行中电流互感器二次开路应如何处理?

(1) 设法降低一次侧电流值,必要时断开一次回路。

(2) 根据间接表计监视设备。

(3) 做好安全措施与监护工作,以免损坏设备和处理时危及人身安全。

(4) 若发现 TA 冒烟和着火时,严禁靠近 TA。

4-26　电流互感器二次侧接地有什么规定?

(1) 高压电流互感器二次侧绕组应有一端接地,而且只允许有一个接地点。

(2) 低压电流互感器由于绝缘强度大,发生一、二次绕组击穿的可能性极小,因此,其二次绕组不接地。

4-27　什么是电流互感器的同极性端子?

电流互感器的同极性端子是指一次绕组通入交流电流,二次绕组接入负荷,在同一瞬间,一次电流流入的端子和二次电流流出的端子。

4-28　为什么电流互感器的二次侧是不允许开路的？

因为电流互感器二次回路中只允许带很小的阻抗，所以在正常工作情况下，接近于短路状态，如二次侧开路，在二次绕组两端就会产生很高的电压，可能烧坏电流互感器，同时对设备和工作人员产生很大的危险。

4-29　电流互感器与电压互感器二次侧为什么不能并联？

电压互感器是电压回路（是高阻抗），电流互感器电流回路（是低阻抗），若两者二次侧并联，会使二次侧发生短路烧坏电压互感器，或保护误动，会使电流互感器开路，对工作人员造成生命危险。

4-30　怎样选择电流互感器？

对测量用的电流互感器，除考虑使用场所外还应根据以下几个参数进行选择：

(1) 额定电压的选择。要使被测线路线电压 U_1 与互感器额定电压 U_N 相适应，要求 $U_N > U_1$。

(2) 额定变比的选择。应按照长期通过电流互感器的极大工作电流 I_m 选择其额定一次电流 I_{1N}，应使 $I_{1N} \geqslant I_m$，最好使电流互感器在额定电流附近运行，这样测量更准确。

(3) 准确度等级的选择。一般电能表及所有测量仪表均选择准确度等级不低于 0.5 级的电流互感器。

(4) 额定容量的选择。为了准确测出电流互感器的二次负荷必须在额定容量（阻抗）以下，其误差才不会超过给定准确度等级。

4-31　电流互感器有哪些使用特性？

(1) 一次电流不随二次负荷的变化而变化。

(2) 一次电流取决于系统负荷的变化。

（3）二次线路所消耗的功率随二次阻抗的变化而变化。

（4）二次侧阻抗很小，近似短路状态。

（5）二次额定电流为5A。

4-32 使用电流互感器应注意的要点有哪些？

（1）电流互感器的配置应满足测量表计、自动装置的要求。

（2）要合理选择变比。

（3）极性应连接正确。

（4）运行中的电流互感器二次绕组不许开路。

（5）电流互感器二次应可靠接地。

（6）二次短路时严禁用熔丝代替短路线或短路片。

（7）二次线不得缠绕。

4-33 电流互感器在运行中的检查维护项目有哪些？

（1）检查电流互感器有无过热现象，有无异声及焦臭味。

（2）电流互感器油位正常，无渗、漏油现象；瓷质部分应清洁完整，无破裂和放电现象。

（3）定期检验电流互感器的绝缘情况；对充油的电流互感器要定期放油，试验油质情况。

（4）检查电流表的三相指示值应在允许范围内，不允许过负荷运行。

（5）检查二次侧接地线是否良好，应无松动及断裂现象；运行中的电流互感器二次侧不得开路。

4-34 运行中的电流互感器易出现哪些问题？

运行中的电流互感器可能出现二次开路、发热、冒烟、接线螺栓松动、声响异常等问题，因此要经常检查接头有无过热、有无声响、有无异味、绝缘部分有无破坏和放电现象。

4-35 怎样进行电流互感器故障检查与处理？

电流互感器在正常运行中，听不到"嗡嗡"声，如果二次开路或过负荷，会发出较大的"嗡嗡"声，这时通过电流表监视电流互感器是否二次侧开路。

电流互感器二次回路断线时，二次电流消失，这时应速将电流互感器二次短路。在短路时发现有较大的火花，则说明短路有效；若没有火花，还需另找故障点。做此项工作时应使用可靠的保安用具，防止开路电压及火花伤人。

4-36　更换电流互感器应注意哪些问题？

在采取安全措施的条件下更换电流互感器其中的一只时，需要选用变比相同、极性相同、使用电压等级相符、伏安特性相近、试验合格的去更换。对一组电流互感器全部更换的，要考虑更换后定值以及仪表的倍率，同时要注意用户账卡收费倍率的变更。

4-37　电流互感器为什么不允许长时间过负荷？

电流互感器是利用电磁感应原理工作的，因此过负荷会使铁芯磁通密度达到饱和或过饱和，则电流比误差增大，使表针指示不正确；由于磁通密度增大，使铁芯和二次绕组过热，加快绝缘老化。

4-38　互感器的哪些部位应做良好接地？

（1）分级绝缘的电压互感器，其一次绕组的接地引出端子，电容式电压互感器应按制造厂的规定执行。

（2）电容型绝缘的电流互感器，其一次绕组末屏的引出端子、铁芯引出接地端子。

（3）互感器外壳。

（4）备用的电流互感器的二次绕组端子应先短路后接地。

（5）倒装式电流互感器二次绕组的金属导管。

4-39　电流互感器、电压互感器发生哪些情况必须立即停用？

（1）电流互感器、电压互感器内部有严重放电声和异常声。

（2）电流互感器、电压互感器发生严重振动时。

（3）电压互感器高压熔丝更换后再次熔断。

（4）电流互感器、电压互感器冒烟、着火或有异臭。

（5）引线和外壳或绕组和外壳之间有火花放电，危及设备安全运行。

（6）严重危及人身或设备安全。

（7）电流互感器、电压互感器发生严重漏油或喷油现象。

4-40 电流互感器、电压互感器着火的处理方法有哪些？

（1）立即用断路器断开其电源，禁止用闸刀断开故障电压互感器或将手车式电压互感器直接拉出断电。

（2）若干式电流互感器或电压互感器着火，可用四氯化碳、砂子灭火。

（3）若油浸式电流互感器或电压互感器着火，可用泡沫灭火器或砂子灭火。

4-41 电压互感器和电流互感器在作用原理上有什么区别？

主要区别是正常运行时工作状态很不相同，表现如下：

（1）电流互感器二次可以短路，但不得开路；电压互感器二次可以开路，但不得短路。

（2）相对于二次侧的负荷来说，电压互感器的一次内阻抗较小，以至于可以忽略，可以认为电压互感器是一个电压源；而电流互感器的一次内阻抗却很大，以至可以认为是一个内阻无穷大的电流源。

（3）电压互感器正常工作时的磁通密度接近饱和值，故障时磁通密度下降；电流互感器正常工作时磁通密度很低，而短路时由于一次侧短路电流变得很大，使磁通密度大大增加，有时甚至远远超过饱和值。

第二节 消弧线圈

4-42 消弧线圈的作用是什么？

消弧线圈的作用主要是将系统的电容电流加以补偿，使接地点电流补偿到较小的数值，防止弧光短路，保证安全供电。降低弧隙电压恢复速度，提高弧隙绝缘强度，防止电弧重燃，造成间歇性接地过电压。

4-43 什么叫消弧线圈的补偿度？什么叫残流？

消弧线圈的电感电流与电容电流之差和电网的电容电流之比叫补偿度。

消弧线圈的电感电流补偿电容电流之后，流经接地点的剩余电流，叫残流。

4-44 消弧线圈正常检查项目有哪些？

(1) 设备外观完整无损。

(2) 一、二次引线接触良好，接头无过热，各连接引线无发热、变色。

(3) 外绝缘表面清洁，无裂纹及放电现象。

(4) 金属部位无锈蚀，底座、支架牢固，无倾斜变形。

(5) 干式消弧线圈表面平整应无裂纹和受潮现象。

(6) 无异常振动、异常声音及异味。

(7) 储油柜、绝缘子、套管、阀门、法兰、油箱应完好，无裂纹和漏油。

(8) 阻尼电阻端子箱内所有熔断器和二次空气开关正常。

(9) 阻尼电阻箱内引线端子无松动、过热、打火现象。

(10) 设备的油温和温度计应正常，储油柜的油位应与温度相对应，各部位无渗油、漏油；吸湿器完好，吸湿剂干燥。

(11) 各控制箱和二次端子箱应关严，无受潮。

(12) 吸湿器硅胶是否受潮变色。

(13) 各表计指示准确。

(14) 引线接头、电缆、母线应无发热迹象。

(15) 对调匝式消弧线圈，人为调节一挡分接头，检验有载开关动作是否正常。

4-45　中性点经消弧线圈接地的系统正常运行时，消弧线圈是否带有电压？

系统正常运行时，由于线路的三相对地电容不平衡，网络中性点与地之间存在一定电压，其电压值的大小直接与电容的不平衡有关。在正常情况下，中性点所产生的电压不能超过额定相电压的 1.5%。

4-46　消弧线圈的运行规定有哪些？

(1) 消弧线圈的投切或分接头的调整应按调度命令或现场规程的规定进行。

(2) 消弧线圈应采用过补偿，正常情况下中性点的位移电压应不大于额定相电压的 15%，不允许长期超过 15%，操作过程中的 1h 内允许值为 30%。

(3) 当消弧线圈的端电压超过相电压的 15% 时（操作时除外），消弧线圈已经动作，应按接地故障处理，寻找接地点。

(4) 在系统单相接地的情况下，不得停用消弧线圈，应监视其上层油温最高不得超过 95℃，并监视其运行时间不超过铭牌或现场规程规定的允许时间。否则，切除故障线路，停用消弧线圈、变压器。

4-47　消弧线圈的操作有哪些规定？

(1) 投入消弧线圈应在相应的变压器投运后进行，退出的操作顺序相反。

(2) 运行中或需要将消弧线圈倒至另一台变压器时，应先退出后再投入，不得将两台变压器的中性点同时接到一台消弧线圈的中性母线上。

（3）当系统单相接地或中性点的位移电压超过额定相电压的50%时，禁止用隔离开关投入和切除消弧线圈。

（4）当消弧线圈有故障需立即停用时，不能用隔离开关切除带故障的消弧线圈，必须先停用。

第三节 电 抗 器

4-48 为什么要加装电抗器？

电力网中所采用的电抗器，实质上是一个无导磁材料的空心线圈。它可以根据需要，布置为垂直、水平和品字形三种装配形式。在电力系统发生短路时，会产生数值很大的短路电流。如果不加以限制，要保持电气设备的动态稳定和热稳定是非常困难的。因此，为了满足某些断路器遮断容量的要求，常在出线断路器处串联电抗器，增大短路阻抗，限制短路电流。由于采用了电抗器，在发生短路时，电抗器上的电压降较大，所以也起到了维持母线电压水平的作用，使母线上的电压波动较小，保证了非故障线路上的用户电气设备运行的稳定性。

4-49 在电力系统中电抗器的作用有哪些？

电力系统中所采取的电抗器，常见的有串联电抗器和并联电抗器。串联电抗器主要用来限制短路电流，也有在滤波器中与电容器串联或并联用来限制电网中的高次谐波。并联电抗器用来吸收电网中的容性无功，如500kV电网中的高压电抗器、500kV变电站中的低压电抗器，都是用来吸收线路充电电容无功的；220、110、35、10kV电网中的电抗器是用来吸收电缆线路的充电容性无功的。可以通过调整并联电抗器的数量来调整运行电压。超高压并联电抗器有改善电力系统无功功率有关运行状况的多种功能，主要包括：①轻空载或轻负荷线路上的电容效应，以降低工频暂态过电压。②改善长输电线路上的电压分布。③使轻负荷时线路中的无功功率尽可能就地平衡，防止无功功率不合理流动，同时也减轻了线路上的功率损失。④在大机组与系统并列时，降低高压母线上工频稳态电压，便于发电机同期并列。⑤防止发电机带长线路可能出现的自励磁谐振现象。⑥当采用电抗器中性点经小电抗接地装置时，还可用小电抗器补偿线路相间及相地电容，以加速潜供电流自动熄灭，便于采用单相快速重合闸。

4-50 电抗器的分类有哪些？

按用途分为 7 种：①限流电抗器。串联于电力电路中，以限制短路电流的数值。②并联电抗器。一般接在超高压输电线的末端和地之间，起无功补偿作用。③通信电抗器。又称阻波器，串联在兼作通信线路用的输电线路中，用以阻挡载波信号，使之进入接收设备。④消弧电抗器。又称消弧线圈，接于三相变压器的中性点与地之间，用以在三相电网的一相接地时供给电感性电流，以补偿流过接地点的电容性电流，使电弧不易起燃，从而消除由于电弧多次重燃引起的过电压。⑤滤波电抗器。用于整流电路中减少-流电流上纹波的幅值，也可与电容器构成对某种频率能发生共振的电路，以消除电力电路某次谐波的电压或电流。⑥电炉电抗器。与电炉变压器串联，限制其短路电流。⑦启动电抗器。与电动机串联，限制其启动电流。

4-51 电抗器的使用条件是怎么规定的？

（1）海拔高度不超过 1000m。

（2）运行环境温度为 $-25℃\sim +45℃$。

（3）安装于户内无剧烈震动，无任何有害气体或粉尘的场合，无易燃易爆物品。

（4）当启动时间满 2min（一次或数次之和），应冷却 6h 才可再次启动。

4-52 什么叫并联电抗器？其主要作用有哪些？

并联电抗器是指接在高压输电线路上的大容量的电感线圈。

并联电抗器的主要作用：
(1) 防止工频过电压。
(2) 防止操作过电压。
(3) 避免发电机带长线出现的自励磁。
(4) 有利于单相自动重合闸。

4-53 500kV（高压）并联电抗器应装设哪些保护及其作用？

高压并联电抗器应装设如下保护装置：
(1) 高阻抗差动保护。保护电抗器绕组和套管的相间和接地故障。
(2) 匝间保护。保护电抗器的匝间短路故障。
(3) 瓦斯保护和温度保护。保护电抗器内部各种故障、油面降低和温度升高。
(4) 过流保护。电抗器和引线的相间或接地故障引起的过电流。
(5) 过负荷保护。保护电抗器绕组过负荷。
(6) 中性点过流保护。保护电抗器外部接地故障引起中性点电抗过电流。
(7) 中性点电抗瓦斯保护和温度保护。保护电抗内部各种故障、油面降低和温度升高。

4-54 电抗器在空载的情况下，二次电压与一次电流的相位关系是怎么样的？

二次电压超前一次电流90°。

4-55 采用分裂电抗器对用户可能造成什么影响？

采用分裂电抗器，运行中如果负荷变化，由于两分段负荷电流不等，引起两分段的电压偏差增大，影响用户电动机工作不稳定。

第四节 电 容 器

4-56 什么是电容器？

电容器通常简称为电容，用字母 C 表示。电容器是一种容纳电荷的器件。

4-57 电容器的应用有哪些？

电容是电子设备中大量使用的电子元件之一，广泛应用于电路中的隔直流通交流、耦合、旁路、滤波、调谐回路、能量转换、控制等方面。

4-58 高压电容器的作用？

高压电容器具有耗损低、质量轻的特点，主要作用有：

（1）在输电线路中，利用高压电容器可以组成串补站，提高输电线路的输送能力。

（2）在大型变电站中，利用高压电容器可以组成静止型相控电抗器式动态无功补偿装置（SVC），提高电能质量。

（3）在配电线路末端，利用高压电容器可以提高线路末端的功率因数，保障线路末端的电压质量。

（4）在变电站的中、低压各段母线，均装有高压电容器，以补偿负荷消耗的无功，提高母线侧的功率因数。

（5）在有非线性负荷的负荷终端站，也会装设高压电容器，作为滤波用。

4-59 高压输电中均压电容的作用是什么？基本工作原理是什么？

高压断路器在高电压等级（550kV 以上）为使串联的双断口的电压得到平衡分配，并联了均压电容器。在断路器合闸状态时，电容不起作用，当断路器在分闸状态时，串联的两个断口就相当于两个电容器串联在一起，这时由于电压降的存在，会使两个串联断口间产生电位差，电压分布不均衡，为消除这种不平衡，给串联的两个断口再并联一个大些的电容，这个电容类似一个充电电容，向其他两个串联在一起的电容同时充电，这样就使断口间的电压得到平衡，这是均压电容器的主要用途。其第二个用途就是限制断路器在开断过程中断口间恢复电压的幅值，有利于减轻断路器开断故障电流时的负荷，利用的是容性元件的电压不可跃变的原理。

4-60 为什么要安装无功补偿电容器？

电网中的电力负荷如电动机、变压器等，大部分属于感性负荷，在运行过程中需向这些设备提供相应的无功功率。在电网中安装并联电容器等无功补偿设备以后，可以提供感性负荷所消耗的无功功率，减少了电网电源向感性负荷提供、由线路输送的无功功率，由于减少了无功功率在电网中的流动，因此可以降低线路和变压器因输送无功功率造成的电能损耗。

第五节 断 路 器

4-61 高压断路器的作用和特点是什么？

高压断路器具有可靠的灭弧装置，其灭弧能力很强，电路工作时，用来接通或切断负荷电流，在电路发故障时，用来切断巨大的短路电流。高压断路器按灭弧介质的不同可分为多油断路器、少油断路器、真空断路器、六氟化硫断路器等。

4-62 高压断路器由哪几个部分组成？其各自的作用是什么？

高压断路器由以下五个部分组成：通断元件、中间传动机构、操动机构、绝缘支撑件和基座。通断元件是断路器的核心部分，主电路的接通和断开由它来完成。主电路的通断，由操动机构接到操作指令后，经中间传动机构传送到通断元件，通断元件执行命令，使主电路接通或断开。通断元件包括触头、导电部分、灭弧介质和灭弧室等，一般安放在绝缘支撑件上，使带电部分与地绝缘，而绝缘支撑件则安装在基座上。这些基本组成部分的结构，随断路器类型的不同而不同。

4-63 高压断路器有哪些种类？

高压断路器是电力系统中最主要的控制电器，安装地点有户内和户外两种型式，按照灭弧介质有油断路器（多油断路器和少油断路器）、空气断路器、六氟化硫断路器、真空断路器等。

4-64 多油断路器有何特点？

触头系统放置在装有变压器油的油箱中，油一方面用来熄灭电弧，另一方面还作为断路器导电部分之间以及导电部分与接地油箱之间的绝缘介质。具有配套性强、受大气条件影响小等特点，但体积庞大、用油量多，增加了爆炸和火灾的危险性，检修工作量大。

4-65 少油断路器有何特点？

灭弧室装在绝缘筒或不接地的金属筒中，变压器油只用作灭弧和触头间隙的绝缘。结构简单、材料消耗少、体积小、质量轻、便于生产、性能稳定、运行方便、价格便宜。

4-66 空气断路器有何特点？

空气断路器的优点是分断能力强、分断动作耗时短、结构紧凑、尺寸小、质量轻，同时空气断路器比少油断路器的安全性更高，无火灾和爆炸的危险。空气断路器的缺点是结构复杂且价格昂贵，多用于对断路器分断能力要求较高的工作场合。

4-67 六氟化硫断路器有何特点？

利用 SF_6 气体作为绝缘和灭弧的介质，具有良好的电气绝缘强度和灭弧性能。允许动作次数多，检修周期长，断路性能好，占地面积少，但加工精度高，密封性能要求高，对水分与气体的检测控制要求高。

4-68　真空断路器有何特点？

以真空作为灭弧和绝缘介质，绝缘强度很高，电弧容易熄灭。可在有腐蚀性和可燃性以及温度较高或较低的环境中使用。寿命长，维护量小，但价格昂贵，容易发生过电压。

4-69　磁吹断路器有何特点？

磁吹断路器是指利用磁场对电弧的作用，使电弧吹进灭弧栅内，电弧在固体介质的灭弧栅的狭沟内加快冷却和复合而熄灭的断路器。由于电弧在灭弧栅内是被逐渐拉长的，所以灭弧过电压不会太高。

4-70　高压断路器熄灭电弧的基本方法有哪些？

（1）利用性能优良的灭弧介质。

（2）采用特殊金属材料制成的灭弧触头。

（3）利用气体吹动电弧。

（4）采用多断口熄弧。

（5）拉长电弧并加快断路器触头的分离速度。

（6）断路器加装并联电阻。

（7）断路器加装并联电容。

4-71　断路器的型号是怎样规定的？

目前我国断路器型号根据国家技术标准的规定，一般由文字符号和数字按以下方式组成：①产品字母代号。S—少油断路器，D—多油断路器，K—空气断路器，L—六氟化硫断路器，Z—真空断路器，Q—产气断路器，C—磁吹断路器。②装置地点代号。N—户内，W—户外。③设计系列顺序号。以数字 1、2、3…表示。④额定电压，kV。⑤其他补充工作特性标志。G—改进型，

F—分相操作。⑥额定电流，A。⑦额定开断电流，kA。⑧特殊环境代号。

4-72 断路器、负荷开关、隔离开关在作用上有什么区别？

断路器、负荷开关、隔离开关都是用来闭合和切断电路的电器，但它们在电路中所起的作用不同。断路器可以切断负荷电流和短路电流；负荷开关只可切断负荷电流，短路电流是由熔断器来切断的；隔离开关不能切断负荷电流，更不能切断短路电流，只用来切断电压或允许的小电流。

4-73 对高压断路器有什么基本要求？

对高压断路器的基本要求有以下几点：

（1）在合闸状态时应为良好的导体。

（2）在分闸状态时应具有良好的绝缘性。

（3）在开断规定的短路电流时，应有足够的开断能力和尽可能短的开断时间。

（4）在接通规定的短路电流时，短时间内断路器的触头不能产生熔焊等情况。

（5）在制造厂给定的技术条件下，高压断路器要能长期可靠地工作，有一定的机械寿命和电气寿命要求。此外，高压断路器还应具有结构简单、安装和检修方便、体积小、质量轻等优点。

4-74 断路器位置的红、绿指示灯不亮，对运行有何影响？

断路器位置的红、绿指示灯接在分、合闸控制回路内，监视着断路器所处的状态（合闸后、跳闸后）。

（1）如果红、绿指示灯不亮，就不能正确及时反映断路器合、跳闸状态，故障时易造成误判断，影响正确处理事故。

（2）不能及时、正确监视断路器分、合闸回路的完好性。

（3）若跳闸回路故障，当发生故障时断路器不能及时跳闸，会扩大事故；若合闸控制回路故障，会使断路器在事故跳闸后不能自动重合（或重合失败）。

4-75 更换断路器指示灯应注意什么？

（1）更换灯泡的现场必须有两人。

（2）应换用与原灯泡同样电压、功率、灯口的灯泡。

（3）如需取下灯泡时，应使用绝缘工具，防止将直流短路或接地。

4-76 为什么高压断路器与隔离开关之间要加装闭锁装置？

因为隔离开关没有灭弧装置，只能接通和断开空载电路。所以，在断路器断开的情况下，才能拉、合隔离开关，严重影响人身和设备安全，为此在断路器与隔离开关之间要加装闭锁装置，使断路器在合闸状态时，隔离开关拉不开、合不上，可有效防止带负荷拉、合隔离开关。

4-77 何谓高压断路器的触头？它的质量和实际接触面积取决于什么？

在高压断路器的导电回路中，通常把导体互相接触的导电处称为触头。触头往往是高压断路器导电回路中最薄弱的环节。触头的质量主要取决于触头的接触电阻。接触电阻与表面的实际接触面积、触头材料、触头所受压力，以及接触表面的洁净程度有关。试验证明触头的实际接触面积与触头本身的尺寸无关，而仅取决于加在触头上的压力和触头金属材料的抗压极限。

4-78 电气触头的接触形式分哪几种？

触头的接触形式有面接触、线接触和点接触三种。面接触需要有较大的压力才能使接触良好，自洁作用差，常用于电流较大的固定连接（如母线）和低压开关电器（如刀开关和插入式熔断器）。线接触应用最广，即使在压力不大时接触处的压强也较高，接触电阻较小，触头的自洁作用强。点接触的容量小，通常用于控制电器或开关电器的辅助触点。

4-79　经常采用的减少接触电阻和防止触头氧化的措施有哪些？

（1）采用电阻率和抗压强度低的材料制造触头。

（2）利用弹簧或弹簧垫等，增加触头接触面间的压力。

（3）对易氧化的铜、黄铜、青铜触头表面，镀一层锡、铅锡合金或银等保护层，防止因触头氧化使接触电阻增加。

（4）在铝触头表面，涂上防止氧化的中性凡士林油层加以覆盖。

（5）采用焊接的铜铝过渡触头。

（6）可断触头在结构上，动、静触头间有一定的相对滑动，分、合时可以擦去氧化层（称自洁作用），以减少接触电阻。

4-80　高压断路器在电力系统中的作用是什么？

高压断路器能切断、接通电力电路的空载电流、负荷电流、短路电流，保证整个电网的安全运行。

4-81　高压断路器采用多断口结构的主要原因是什么？

（1）有多个断口可使加在每个断口上的电压降低，从而使每段的弧隙恢复电压降低。

（2）多个断口把电弧分割成多个小电弧段串联，在相等的触头行程下多断口比单断口的电弧拉伸更长，从而增大了弧隙电阻。

（3）多断口相当于总的分闸速度加快了，介质恢复速度增大。

4-82　为什么多断口的断路器断口上要装并联电容器？

多断口的断路器，由于各个断口间及对地的散杂电容，使得各断口在开断位置的电压及在开断过程中的恢复电压分配不均匀，从而使各断口的工作条件及开断负荷不相同，而降低整台断路器的开断性能。为此在各断口上并联一个比散杂电容大得多的电容器，使各断口上的电压分配均匀，以提高断路器的开断能力，所以断口并联电容器叫均压电容器。

4-83 什么是防止断路器跳跃闭锁装置？

断路器跳跃是指断路器用控制开关手动或自动装置合闸于故障线路上时，保护动作使断路器跳闸，如果控制开关未复归或控制开关接点、自动装置接点卡住，保护动作跳闸后发生"跳—合"多次的现象。为防止这种现象的发生，通常是利用断路器的操动机构本身的机械闭锁或在控制回路中采取预防措施，这种防止跳跃的装置叫做断路器防跳闭锁装置。

4-84 断路器拒绝合闸的原因有哪些？

断路器拒绝合闸有可能是以下原因：

（1）操作、合闸电源中断，如操作、合闸熔断器熔断等。

（2）操作方法不正确，如操作顺序错误、联锁方式错误、合闸时间短等。

（3）断路器不满足合闸条件，如同步并列点不符合并列条件等。

（4）直流系统电压太低。

（5）储能机构未储能或储能不充分。

（6）控制回路或操动机构故障。

4-85 断路器拒绝跳闸的原因有哪些？

断路器拒绝跳闸的原因有以下几个方面：

（1）操动机构的机械有故障。如跳闸铁芯卡涩等。

（2）继电保护故障。如保护回路继电器烧坏、断线、接触不良等。

（3）电气控制回路故障。如跳闸线圈烧坏、跳闸回路断线、熔断器熔断等。

4-86 断路器越级跳闸应如何检查处理？

断路器越级跳闸后，应首先检查保护及断路器的动作情况。如果是保护动作断路器拒绝跳闸造成越级，应在拉开拒跳断路器两侧的隔离开关后，给其他非故障线路送电。如果是因为保护未动作造成越级，应将各线路断路器断开，合上越级跳闸的断路器，再逐条线路试送电（或其他方式），发现故障线路后，将该线路停电，拉开断路器两侧的隔离开关，再给其他非故障线路送电，最后再查找断路器拒绝跳闸或保护拒动的原因。

4-87　试述断路器误跳闸的一般原因及处理原则。

断路器误跳闸原因：

（1）断路器机构误动作。判断依据：保护不动作，电网无故障造成的电流、电压波动。

（2）继电保护误动作。一般由定值不正确、保护错接线、电流互感器及电压互感器回路故障等原因造成。

（3）二次回路问题。两点接地，直流系统绝缘监视装置报警；直流接地，电网无故障造成的电流、电压波动；另外，还有二次回路接线错误等。

（4）直流电源问题。在电网中有故障或操作时，硅整流直流电源有时会出现电压波动、干扰脉冲等现象，使保护误动作。

误跳闸的处理原则：

（1）查明误跳闸原因。

（2）设法排除故障，恢复断路器运行。

4-88　断路器低电压分、合闸线圈的试验标准是怎样规定的？为什么有此规定？

标准规定电磁机构分闸线圈和合闸接触器线圈最低动作电压不得低于额定动作电压的30%，最高不得高于额定动作电压的65%。合闸线圈最低动作电压最低不得低于额定电压的80%～85%。

断路器的分合闸动作都需要一定的能量，为了保证断路器的合闸速度，规定了断路器的合闸线圈最低动作电压不得低于额定电压的80%～85%。

对分闸线圈和接触器线圈的低电压规定是因这些线圈的动作

电压不能过低，也不能过高。如果过低，在直流系统绝缘不良，两点高阻接地的情况下，在分闸线圈或接触器两端可能引入一个数值不大的直流电压，当线圈动作电压过低时，会引起断路器误分闸和误合闸；如果过高，则会因系统故障时，直流母线电压降低而拒绝跳闸。

4-89　断路器分、合闸速度过快或过慢有哪些危害？

（1）分闸速度过慢，不能快速切断故障，特别是刚分闸后速度降低，熄弧时间拖长，容易导致触头烧损、断路器喷油、灭弧室爆炸的后果。

（2）若合闸速度过慢，又恰好断路器合于短路故障时，断路器不能克服触头关合电动力的作用，引起触头振动或处于停滞，也将导致触头烧损、断路器喷油、灭弧室爆炸的后果。

（3）分、合闸速度过快，将使运动机构及有关部件承受超载的机械应力，使各部件损坏或变形，造成动作失灵，缩短使用寿命。

4-90　断路器的辅助触点有哪些用途？

断路器靠本身所带动合、动断触点的开合，来接通断路器机构、跳闸控制回路和音响信号回路，达到断路器断开或闭合电路的目的，并能正确发出音响信号，启动自动装置和保护闭锁回路等。当断路器的辅助触点用在合、跳闸回路时，均应带延时。

4-91　为什么断路器跳闸辅助触点要先投入后断开？

串在跳闸回路中的断路器触点，叫做跳闸辅助触点。

先投入是指断路器在合闸过程中，动触头与静触头未接通之前，跳闸辅助触点就已经接通，做好跳闸的准备，一旦断路器合入故障时能迅速断开。

后断开是指断路器在跳闸过程中，动触头离开静触头之后，跳闸辅助触点再断开，以保证断路器可靠地跳闸。

4-92　简述少油断路器的基本构造。

少油断路器主要由绝缘部分（相间绝缘和对地绝缘）、导电部分（灭弧触头、导电杆、接线端头）、传动部分、支座和油箱等组成。

4-93 绝缘油在油断路器中的作用是什么？

当断路器切断电流时，动静触头之间产生电弧，由于电弧的高温作用，使油剧烈分解成气体，气体中氢占7%左右，能迅速降低弧柱温度，并提高极间的绝缘强度，这时熄灭电弧是极为有利的。

4-94 油断路器正常巡视检查项目有哪些？

（1）油色、油位是否正常，有无渗、漏油现象。

（2）绝缘子及套管是否清洁无裂纹，有无放电痕迹。

（3）机械分合闸指示是否正确。

（4）有无喷油痕迹。

（5）引线接头是否接触良好，试温蜡片有无熔化。

（6）气压及液压机构的压力是否正常，弹簧储能机构的储能状态是否良好。

（7）断路器指示灯及重合闸指示灯是否指示正确。

4-95 油断路器运行操作注意事项有哪些？

（1）操作油断路器的远方控制开关时，不要用力过猛，以防损坏控制开关，也不得返回太快，以防开关机构未合上。

（2）禁止运行中手动慢分、慢合断路器。

（3）在断路器操作后，应检查有关信号灯及测量仪表指示，以判断断路器动作的正确性，但不得以此为依据来证明断路器的实际分合位置，还应到现场检查断路器的机械位置指示器，才能确定实际分合闸位置。

4-96 油断路器起火或爆炸原因是什么？

（1）断路器开断容量不足。

（2）导体与箱壁距离不够造成短路。

（3）油量不适当（油面过高或过低）。
（4）油有杂质或因受潮绝缘强度降低。
（5）外部套管破裂。
（6）断路器动作迟缓或部件损坏。

4-97 运行中油断路器发生哪些异常现象应退出运行？

（1）漏油严重导致油位看不见（此时禁止带负荷操作）。
（2）支持或拉杆绝缘子断裂，套管有裂纹或连续发生放电闪络。
（3）断路器内部有放电声或其他不正常声音。
（4）液压机构油泵启动次数频繁，威胁安全运行时。

4-98 油断路器油位过高或过低有何危害？

如果油位过高，则在灭弧时由于油箱内压力升高，可能引起喷油；油位过低，则电弧产生的高温在通过油层时来不及冷却，便可能在缓冲空间与空气混合引起爆炸。

4-99 油断路器渗油且不见油位如何处理？

（1）取下直流控制熔丝。
（2）在该断路器操作把手上悬挂"禁止拉闸"标示牌。
（3）设法转移负荷将该断路器停用。

4-100 油断路器渗、漏油的原因是什么？

（1）橡胶垫不耐油。
（2）耐油橡胶垫加压太紧，使橡胶失去弹性。
（3）橡胶垫使用太久，其弹性减弱。
（4）过热使密封垫老化或焦化。
（5）油标或放油阀门等处密封不严。
（6）油箱站油管等焊接质量不好。

4-101 空气操动机构是怎样工作的？

空气操动机构以压缩空气为动力，使断路器实现气动分闸，同时又使合闸弹簧储能，合闸时依靠合闸弹簧的释放能量，而不消耗压缩空气。

4-102 空气操动机构有何优点？

（1）结构简单，动作可靠，易损件少。

（2）不存在慢分、慢合的问题，在分闸位置时由掣子锁死，在合闸位置时由合闸弹簧保持。

（3）机械寿命长，其转动部分大都装有滚针轴承，减少了摩擦力，可单相操作10 000次不更换零件。

（4）机构缓冲性能好，配用的合闸缓冲器直接与机械活塞相连，有效地消除了分、合闸时的操作冲击。

（5）防跳跃措施好，在机械内配有电气防跳回路，能可靠地防止跳跃，二次控制可不装防跳跃回路。

（6）保证断路器机械特性的稳定。断路器的分闸是靠压缩空气作为操作开关的动力源的。在机构箱二次控制回路中的空气回路内装有空气压力开关，来控制空气压缩机自动启动与停止、空气低气压闭锁和重合闸操作的指示信号。空气压力开关的接通与断开与空气压力有关，与当时所处的环境温度无关。

（7）减少了设备投资和维护工作量，每台断路器配有一台小型空气压缩机，保证储气罐内的气体压力，不需另配备电源。

4-103 SF_6断路器有哪些优点？

（1）断口电压高。

（2）允许断路次数多。

（3）断路性能好。

（4）额定电流大。

（5）占地面积小，抗污染能力强。

4-104 SF_6断路器为什么不会产生危险的截流过电压？

由于 SF_6 气体中的电流在下降过零点时,虽然在零后有很高的介质恢复速度,但在电流过零点之前,尚存一明亮的弧柱,其直径随电流稳定地缩小,表现为弧电压低。因而 SF_6 断路器的截流水平较低,在切断小电感电流时不会产生危险的截流过电压。

4-105 SF_6 断路器通常装设哪些 SF_6 气体压力闭锁、信号报警装置?

(1) SF_6 气体压力降低信号,即补气报警信号。一般它比额定工作气压低 5%～10%。

(2) 分、合闸闭锁及信号回路。当压力降低到某数值时,它就不允许进行合、分闸操作,一般该值比额定工作气压低 5%～10%。

4-106 SF_6 气体有哪些化学性质?

SF_6 气体不溶于水和变压器油,在高温下,它与氧气、氩气、铝及其他许多物质不发生作用。但在电弧和电晕的作用下,SF_6 气体会分解,产生低氟化合物,这些化合物会引起绝缘材料的损坏,且这些低氟化合物是剧毒气体。SF_6 的分解反应与水分有很大关系,因此要有去潮措施。

4-107 SF_6 气体有哪些电气特性?

(1) SF_6 分子很容易吸附自由电子,形成负离子,具有较强的电负性。但在一定电场下,这些离子很难积累足够的能量导致气体电离。同时因为气体中的自由电子减少,还降低了这些电子使气体击穿的危害。因此,SF_6 气体具有良好的绝缘性能,在均匀电场中 SF_6 的绝缘强度比空气大 2～3 倍,在 0.3MPa 压力下,绝缘强度超过变压器油。但在不均匀电场中,其绝缘强度会下降,因此六氟化硫断路器的部件多呈同心圆状,以使电场均匀。

(2) SF_6 分子具有较强的电负性,使 SF_6 具有强大的灭弧能力。因为 SF_6 分子吸附自由电子后变为负离子,负离子容易和正离子复合形成中性分子,使电弧空间的导电性能很快消失。特别是在电弧电流接近零值时，这种作用更加显著。如果利用 SF_6 气体吹弧，使大量新鲜的 SF_6 分子不断和电弧接触，则灭弧更加迅速。由于 SF_6 气体灭弧能力强，从导电电弧向绝缘体变化速度特别快，所以 SF_6 断路器的开断电流大，开断时间短。在同一电压等级、同一开断电流和其他条件相同的条件下，SF_6 断路器的串联断口较少。

（3）SF_6 气体是多原子的分子气体，在电弧高温下分解和电离的情况非常复杂。SF_6 气体中弧心部分导热率低、温度高、电导率大，其外焰部分导热率高、温度低、电导率小，所以电弧电流几乎集中在弧心部分。因此，在 SF_6 气体中，可以看到很细、很亮的电弧，几乎看不到外焰部位。这也是 SF_6 气体灭弧时间短的原因之一。当电弧电流减小趋近于零值时，SF_6 分子此时电负性显著，从而使电流保持连续，可使细小的弧心一直存在到极小的电流范围。SF_6 电弧的这种特点，使断路器开断小电流时，也不会由于截流作用而产生操作过电压。

4-108　SF_6 断路器有哪几种类型？

SF_6 断路器的类型按灭弧方式分，有单压式和双压式；按总体结构分，有落地箱式和支柱瓷套式。

4-109　SF_6 断路器 SF_6 气体水分超标的现场处理方法和措施有哪些？

主要有以下三种处理方法和措施：

（1）抽真空、充高纯氮气和干燥 SF_6 气体。这种方法对投入不久的 SF_6 断路器效果显著，且停电处理时间短，工艺也比较容易操作和掌握。具体方法为根据 SF_6 气体水分受温度影响这一规律，利用高温季节，对现场水分超标设备抽真空，充入高纯度氮气去吸收设备中的水分，反复多次后再抽真空，并充入干燥的 SF_6 气体。

（2）外挂吸附罐。主要用于隔室中未加吸附剂的设备，且不需停电，易操作。

（3）解体大修方法。这种方法比较适合长期运行后的 SF_6 断路器，长期效果好，结合大修进行。

4-110　SF_6 断路器运行中的主要监视项目有哪些？

（1）检查断路器瓷套、瓷柱有无损伤、裂纹、放电闪络、严重污垢和锈蚀现象。

（2）检查断路器触点、接头处有无过热及变色发红现象。

（3）断路器实际分、合闸位置与机械、电气指示位置是否一致。

（4）断路器与机构之间的传动连接是否正常。

（5）机构油箱的油位是否正常。

（6）油泵或空气压缩机每日启动次数。

（7）监视压力表读数及当时环境温度（包括气压与油压的情况）。

（8）监视蓄能器的漏氮和进油情况，以及空气压缩系统的漏气和漏油情况。

（9）液压系统和压缩空气系统的外泄情况。

（10）加热器投入与切除情况，照明是否完好。

（11）辅助开关触点转换正常与否。

（12）机构箱门关紧与否。

4-111　SF_6 断路器有哪些运行注意事项？

SF_6 断路器应无漏气，压力正常。当 SF_6 断路器内气体压力在一年之内下降超过规定值（0.04MPa）时，应将断路器退出运行，检查漏点。SF_6 断路器满容量开断 15 次或运行 10 年应进行大修。SF_6 断路器微水含量应符合厂家规定，一般不大于 300×10^{-6}。SF_6 断路器充气不能在雨天进行，不宜在雾天或空气湿度不小于 90% 的条件下进行。如遇特殊情况需采取措施，以保证 SF_6 气体不受潮。

4-112 SF_6 断路器气体压力降低如何处理？

SF_6 断路器利用 SF_6 气体密度继电器（气体温度补偿压力开关）监视气体压力的变化。当 SF_6 气压降至第一报警值时，SF_6 气体密度继电器动作，发出"SF_6 压力低"信号，应进行如下处理：

(1) 检查压力表指示，检查是否漏气，确定信号报警是否正确。SF_6 气体严重泄漏时，如感觉有刺激气味，自感不适，应采取防止中毒的措施。

(2) 如果检查没有漏气，而属于长时间运行中的气压下降，应由专业人员带电补气。如果检查有漏气现象，且 SF_6 气体压力下降至第二报警值时，SF_6 气体密度继电器动作，发出"合跳闸闭锁"或"合闸闭锁"、"分闸闭锁"信号时，断路器不能跳合闸，应向调度员申请将断路器停止运行，并采取下列措施：①取下操作熔断器，挂"禁止分闸"警告牌。②将故障断路器倒换到备用母线上或旁路母线上，经母联断路器或旁路断路器供电。③设法带电补气，不能带电补气者，负荷转移后停电补气。④严重缺气的断路器只能作隔离开关用。如不能由母联断路器或旁路断路器代替缺气断路器工作，应转移负荷，把缺气断路器的电流降为零后，再断开断路器。

4-113 SF_6 断路器中 SF_6 气体水分的危害有哪些？

在 SF_6 断路器中 SF_6 气体的水分会带来两个方面的危害：

(1) SF_6 气体中的水分对 SF_6 气体本身的绝缘强度影响不大，但在固体绝缘件（盘式绝缘子、绝缘拉杆等）表现凝露时会大大降低沿面闪络电压。

(2) SF_6 气体中的水分还参与在电弧作用下 SF_6 气体的分解反应，生成氟化氢等分解物，它们对 SF_6 断路器内部的零部件有腐蚀作用，会降低绝缘件的绝缘电阻和破坏金属表面镀层，使产品受到严重损伤。运行经验表明，随着 SF_6 气体中水分的增加，在电弧作用下，生成的许多有害分解物的量也会增加。

4-114 SF$_6$ 断路器 SF$_6$ 气体中的水分有哪些来源？

SF$_6$ 气体中水分的来源有以下几个方面：

（1）断路器的零部件或组件在制造厂装配过程中吸附过量的水分。

（2）密封件的老化和渗漏。

（3）各法兰面密封不严。

（4）吸附剂的饱和和失效。

（5）在测试 SF$_6$ 气体压力、水分以及补气过程中带入水分。

4-115 SF$_6$ 断路器的检修周期是如何规定的？

（1）本体大修周期。一般 15 年进行一次或结合具体断路器型式决定。

（2）操动机构大修周期。凡是本体大修必须进行操动机构大修，另外还需 7～8 年进行一次。

（3）小修周期。一般建议 1～3 年进行一次。

（4）临时性检修：①开断故障电流次数达到规定值时。②开断短路电流或负荷电流达到规定值时。③机械操作次数达到规定值时。④存在有严重缺陷，影响安全运行时。

4-116 SF$_6$ 断路器交接或大修后试验项目有哪些？

变电站安装或大修后的 SF$_6$ 断路器，在带电投入运行前，需做如下试验：

（1）绝缘电阻的测量。

（2）耐压试验。只对 110kV 及以上罐式断路器和 500kV 定开距瓷柱式断路器的断口进行。

（3）SF$_6$ 气体的微量水含量。主要目的在于将断路器中的水分控制在一定范围内，减少对绝缘、灭弧性能的影响以及电弧分解物的产生。

(4) 测量每相导电回路电阻。主要检查断路器触头接触是否良好，在通过运行电流时，不导致触头异常温升。

(5) 断路器电容器的试验。可及时发现不合格的电容器，避免发生异常事故。

(6) 断路器合闸电阻的投入时间及电阻值测量。检查合闸电阻是否能正确无误地投切，从而达到限制操作过电压的目的。

(7) 断路器特性试验。包括分、合闸时间及同期性测量，操动机构的试验，分、合闸线圈绝缘电阻及直流电阻等。这一项是保证断路器能正确动作，开断额定电流及故障电流。

(8) 密封性试验。

4-117　SF_6 断路器主要预防性试验项目有哪些？

主要预防性试验项目，包括以下各项：

(1) 断路器内 SF_6 气体的含水量测量。一般每1~3年一次，对瓷柱式 SF_6 断路器，灭弧室与支柱、合闸电阻分开测量更为合理。

(2) SF_6 气体检漏试验。必要时进行，按每个气室的年漏气率不大于1％考核。

(3) 绝缘电阻的测量。包括一次回路、辅助回路及控制回路绝缘电阻，一般每年一次。

(4) 电容器试验。一般每1~3年一次，特别要注意环境温度对电容器测量值的影响。

(5) 测量每相导电回路电阻。一般每年一次，应采用大电流测压降方法进行。

(6) 测量合闸电阻值及投入时间。必要时进行。

(7) 分、合闸电磁铁动作电压值。一般一年一次。

(8) 防慢分功能的检查。一般每年一次，该项目是保证断路器不发生因慢分而引起爆炸的重要防范措施，必须严格进行。

(9) SF_6 气压及液压操动机构、空气操动机构各压力值校对。保证操动机构正确动作。

（10）各气压表、液压表、气体密度继电器校验。一般1～3年一次。

4-118 SF₆断路器实际位置与机械、电气位置指示不一致的原因是什么？

SF₆断路器实际位置与机械、电气位置指示不一致，其原因可能是断路器的操动机构与连杆机构脱节，或连杆机构与导电杆脱节，或机械指示器与连动机构脱节等，此时应将故障修好后再进行拉合闸。

4-119 SF₆断路器SF₆气体压力过低或过高的危害有哪些？

气压过低，将使断路器的灭弧能力降低。气压过高，将使断路器的机械寿命缩短，还可能造成SF₆气体液化。

4-120 SF₆断路器漏气的危害和原因各是什么？

SF₆断路器漏气会造成气体压力降低，影响断路器的安全运行。漏气的主要原因在于密封材料不好，户外密封材料随着气温变化的热疲劳效应和与金属膨胀系数不一致引起的密封弹性变差，两平面结合处接触不好，压变气室二次引出线端子密封不好，焊接质量不良，瓷件质量不良及安装工艺质量不好等。

4-121 简述单压式和双压式SF₆断路器的工作原理。

单压式SF₆断路器只有一种较低的压力系统，即只有0.3～0.6MPa压力（表压）的SF₆气体作为断路器的内绝缘。在断路器开断过程中，由动触头带动压气活塞或压气罩，利用压缩气流吹熄电弧。分闸完毕，压气作用停止，分离的动、静触头处在低压的SF₆气体中。双压式SF₆断路器内部有高压区和低压区，低压区0.3～0.6MPa的SF₆气体作为断路器的主绝缘。在分闸过程中，排气阀开启，利用高压区约1.5MPa的气体吹熄电弧。分闸完毕，动、静触头处于低压气体或高压气体中。高压区喷向低压区的气体，再经气体循环系统和压缩气体打回高压区。

4-122　SF_6断路器配用哪几种操动机构？

SF_6断路器主要配用弹簧储能操动机构、液压操动机构和气动操动机构。后两种主要用于220kV及以上电压等级的SF_6断路器。110kV及以下电压等级三类都有使用。

4-123　SF_6断路器灭弧室有哪些类型？

SF_6断路器灭弧室按灭弧介质的压力不同，分双压式和单压式两种，但双压式由于结构复杂、辅助设备多，目前一般不采用。按吹弧方向不同，可分为双吹式、单吹式、外吹式和内吹式。按触头运动方向不同，分为定熄弧距（也称为定开距）和变熄弧距（也称为变开距）。另外，代表最新发展和研究的还有自能式灭弧室。

4-124　变熄弧距灭弧室是怎样工作的？

这类灭弧室中的活塞固定不动。当分闸时，操动机构通过绝缘拉杆使带有动触头和绝缘喷口的工作缸运动，在活塞与压气缸之间产生压力，等到绝缘喷口脱离静触头后，触头间产生电弧。同时压气缸内气体在压力作用下吹向电弧，使电弧熄灭。在这种灭弧室结构中，电弧可能在触头运动的过程中熄灭，所以称为变熄弧距。变熄弧距灭弧室在目前国内运行的SF_6断路器中普遍应用。

4-125　定熄弧距灭弧室是怎样工作的？

定熄弧距灭弧室中有两个开距不变的喷嘴触头，动触头和压气缸可在操动机构的带动下一起沿喷嘴触头移动。当分闸时，操动机构带着动触头和压气缸运动，在固定不动的活塞与压气缸之间的SF_6气体被压缩，产生高气压。当动触头脱离一侧的喷嘴触头后，产生电弧，而且被压缩的SF_6气体产生向触头内吹弧作用，使电弧熄灭。这种灭弧室在国内外产品中应用也不少。

4-126 变熄弧距和定熄弧距灭弧室各有什么特点？

（1）气体利用率。变熄弧距的气吹时间比较长，压气缸内的气体利用率高。定熄弧距的吹弧时间短促，压气缸内的气体利用率稍差。

（2）断口情况。变熄弧距的开距大，断口间的电场稍差，绝缘喷嘴置于断口之间，经电弧多次烧伤后，可能影响触头绝缘。定熄弧距的开距短，断口间电场比较均匀，绝缘稳定。

（3）开断能力。变熄弧距的电弧拉得较长，弧压高，电弧能量大，不利于提高开断容量。定熄弧距的电弧开距一定，弧压低，电弧能量小，有利于开断电弧。

（4）喷嘴设计。变熄弧距的触头与喷嘴分开，有利于喷嘴最佳形状的设计，提高气吹效果。定熄弧距的气流经触头喷嘴内吹，形状、尺寸均有一定限制，不利于气吹。

（5）行程与金属短接时间。变熄弧距可动部分的行程较小，超行程与金属短接时间也较短。定熄弧距的行程较大，超行程与金属短接时间较长。

4-127 膨胀式（自能压气式）灭弧室是怎样工作的？

这种灭弧室内有大小两个喷嘴，小喷嘴作为动触头，更重要的是它与变熄弧距灭弧室相比，在压气缸上附加了热膨胀室。热膨胀室与压气缸用热膨胀室阀片相通，当热膨胀室压力增大到一定程度时，该阀片关闭。开断大电流时，在动触头离开静触头瞬间，大电流引起的电弧使热膨胀室内压力骤增，热膨胀室阀片关闭。当电弧电流过零时，热膨胀室储存的高压气流将电弧熄灭。而动触头在操动机构带动下，继续往下运动。当压气缸压力超过压气缸回气阀的反作用力时，回气阀片打开，使气缸内过高的压力释放，且回气阀片一旦打开，维持继续分闸的压力不是很大，故不需要分闸弹簧有太大的能量，因此操动机构的输出功较小。在小电流开断时，电弧能量不大，热膨胀室压力不是很高，压气缸压出的气体途经热膨胀室熄灭小电流电弧，不会发生截流与产生高的过电压。由于大喷嘴和热膨胀室的存在，使电弧熄灭后，在动静触头之间保持着较高的气压，有较好的绝缘强度，不会发生击穿而导致开断失败。

4-128　利用膨胀式灭弧室结构制成的断路器有哪些优点？

（1）具有较好的可靠性。由于需要的操作能量少，可采用故障率较低，不受气象、海拔高度、环境影响的弹簧机构。

（2）在正常的工作条件下几乎不需要维修。

（3）安装容易、体积小、耗材少、对绝缘子强度的要求低、轻巧、结构简单。

（4）由于需要的操作能量少，因此对架构、基础的冲击力小。

（5）具有比较低的噪声水平，因而可装设在居民住宅区。

（6）不仅适用于大变电站，也适用于边远山区、农村小变电站。

4-129　液压机构的断路器发出"跳闸闭锁"信号时应如何处理？

液压机构的断路器发出"跳闸闭锁"信号时，运行人员应迅速检查液压的压力值，如果压力值确实已降到低于跳闸闭锁值，应断开油泵的电源，再打开有关保护的连接片，向当值调度员报告，并做好倒负荷的准备。

4-130　运行中液压操动机构的断路器泄压应如何处理？

若断路器在运行中发生液压失压时，在远方操作的控制盘上将发出"跳合闸闭锁"信号，自动切除该断路器的跳合闸操作回路。运行人员应立即断开该断路器的控制电源、储能电机电源，采取措施防止断路器分闸，如采用机械闭锁装置（卡板）将断路器闭锁在合闸位置，断开上一级断路器，将故障断路器退出运行，然后对液压系统进行检查，排除故障后，启动油泵，建立正常油压，并进行静态跳合试验正常后，恢复断路器的运行。

4-131 断路器操动机构有何作用？

操动机构是完成断路器分、合闸操作的动力能源，是断路器的重要组成部分，操动机构的性能好坏，直接影响断路器的正常工作。

4-132 断路器操动机构应满足哪些基本要求？

(1) 应有足够的操作功率。

(2) 要求动作迅速。

(3) 要求操动机构工作可靠、结构简单、体积小、质量轻、操作方便。

4-133 液压操动机构如何分类？

液压操动机构按储能方式，可分为非储能式和储能式。前者一般用于隔离开关，后者多用于35kV及以上的高压少油断路器及110kV及以上单压式SF_6断路器。按液压作用方式，可分为单向液压传动和双向液压传动。按传动方式，分为间接（机械—液压混合）传动和直接（全液压）传动。按充压方式，分为瞬时充压式、常高压保持式、瞬时失压—常高压保持式。

4-134 液压操动机构有什么特点？

由于液压操动机构利用液体的不可压缩原理，以液压油为传递介质，将高压油送入工作缸两侧来实现断路器分合闸，因此其具有如下特性：输出功大，时延小，反应快，负荷特性配合较好，噪声小，速度易调变，可靠性高，维护简便。其主要不足是加工工艺要求高，如制造、装配不良易渗油等，速度特性易受环境影响。

4-135 常高压保持式液压操动机构是如何工作的？

工作缸分闸腔与蓄能器直接连通，因此处于常高压。合闸腔通过阀来控制。主要工作原理：合闸时蓄能器中的高压油进入合闸腔，由于合闸腔承压面积大于分闸腔，使活塞快速向合闸方向运动，实现合闸。分闸时合闸腔内高压油泄至低压油箱，在分闸腔高压油的作用下，活塞向分闸方向运动，实现快速分闸。

4-136 真空断路器主要包含哪几个部分？

真空断路器主要包含三大部分：真空灭弧室、电磁或弹簧操动机构、支架及其他部件。

4-137 真空断路器的正常检查项目有哪些？

（1）分、合位置指示正确，并和当时实际运行工况相符。

（2）支持绝缘子清洁，无裂痕及放电异声。

（3）真空灭弧室无异常。

（4）接地完好。

（5）引线接触部分无过热，弛度适中，试温蜡片有无熔化。

（6）断路器各电源及重合闸指示灯正确。

（7）高压柜前后的带电显示装置指示正常。

4-138 真空断路器的屏蔽罩的作用是什么？

（1）屏蔽罩在燃弧时，冷凝和吸附了触头上蒸发的金属蒸气和带电粒子，不使其凝结在外壳的内表面，增大了开断能力，提高了容器内的沿面绝缘强度，同时防止了带电粒子返回触头间隙，减小了发生重燃的可能性。

（2）屏蔽罩改善灭弧室内的电场和电容分布，以获得良好的绝缘性能。

4-139 真空断路器哪些情况下，应停电处理？

（1）支持绝缘子有裂痕及放电痕迹。

（2）断路器及母线各连接部位发热、烧红。

（3）断路器出现真空灭弧室破裂、真空损坏的噼啪声。

4-140　高压断路器的分、合闸缓冲器起什么作用？

分闸缓冲器的作用是防止因弹簧释放能量时产生的巨大冲击力损坏断路器的零部件。

合闸缓冲器的作用是防止合闸时的冲击力使合闸过深而损坏套管。

4-141　何谓断路器的弹簧操动机构？它有什么特点？

弹簧操动机构是利用弹簧预先储存的能量作为合闸动力，进行断路器的分、合闸操作的。只需要小容量的低压交流电源或直流电源。此种机构成套性强，不需配备附加设备，弹簧储能时耗费功率小，但结构复杂，加工工艺及材料性能要求高且机构本身质量随操作功率的增加而急骤增大。目前，只适用于所需操作能量少的真空断路器、少油断路器、110kV及以下电压等级的SF_6断路器和自能式灭弧室SF_6断路器。

4-142　什么叫断路器自由脱扣？

断路器在合闸过程中的任何时刻，若保护动作接通跳闸回路，断路器能可靠地断开，这就叫自由脱扣。带有自由脱扣的断路器，可以保证断路器合于短路故障时，能迅速断开，避免扩大事故范围。

4-143　为什么不允许断路器在带电的情况下用"千斤"慢合闸？

因为用"千斤"合闸速度缓慢，在高电压的作用下，动触头缓慢地接近静触头，到达一定的距离时，就会将油击穿放电，造成触头严重烧伤。特别是在线路有故障的情况下就更加严重，如遇自由脱扣失灵和断路器的跳闸辅助触点未接通，将导致断路器起火爆炸。所以，不允许断路器在带电情况下用"千斤"慢合闸。

4-144　断路器引线接头及各外露接头过热的危害及原因是什么？

接头是电路中最薄弱的地方,因为接头发热会造成电气设备和系统的停电事故。如发现接头有过热现象应及时处理。接头过热的原因:施工质量不合格,如压接不紧而使接触电阻过大;检修不当,如接触面太粗糙;安装位置错误等。

4-145 断路器出现哪些异常时应停电处理?

断路器出现以下异常应停电处理:
(1) 严重漏油,油表管中已无油位。
(2) 支持绝缘子断裂或套管炸裂。
(3) 连接处过热变红或烧红。
(4) 绝缘子严重放电。
(5) SF_6 断路器的气室严重漏气发出操作闭锁信号。
(6) 液压机构突然失压到零。
(7) 少油断路器的灭弧室冒烟或内部有异常声音。
(8) 真空断路器的真空损坏。

4-146 断路器停电操作后应检查哪些项目?

断路器停电操作后应进行以下检查:
(1) 红灯应熄灭,绿灯应亮。
(2) 操动机构的分合指示器应在分闸位置。
(3) 电流表指示应为零。

4-147 简述隔离开关及其作用。

隔离开关是在高压电气装置中保证工作安全的开关电器,结构简单,没有灭弧装置,不能用来接通和断开负荷电流电路。隔离开关的作用为隔离电源,倒闸操作,接通和切断小电流电路。

4-148 隔离开关如何分类?

(1) 按安装地点不同,可分为户内式和户外式两种类型。
(2) 按用途不同,可分为一般输配电用、发电机引出线用、变压器中性点接地用和快分用四种。

(3) 按断口两端是否安装接地开关的情况，可分为单接地、双接地和不接地三种。

(4) 按触头的运动方式不同，可分为水平回转式、垂直回转式、伸缩式和直线移动式四种。

4-149 隔离开关常见的故障有哪些？

(1) 接触部分过热。

(2) 绝缘子损坏。

(3) 隔离开关分、合不灵活。

4-150 操作隔离开关的要点有哪些？

(1) 合闸时。对准操作项目；操作迅速果断，但不要用力过猛；操作完毕，要检查合闸良好。

(2) 拉闸时。开始动作要慢而谨慎，闸刀离开静触头时应迅速拉开；拉闸完毕，要检查断开良好。

4-151 高压隔离开关的动触头一般用两个刀片有什么好处？

当隔离开关操作的电路发生故障时，刀片中流过很大的电流，使两个刀片紧紧地夹住固定触头，这样刀片就不会因振动而脱离原位造成事故扩大的危险。同时使刀片与固定触头之间接触得更紧密，电阻减小，不至于因故障电流流过而造成触头熔焊现象。

在正常操作时，因隔离开关刀片中只有较小的电流通过，二次电流的相位差较小。只需克服由于弹簧压力而造成的刀片与固定触头之间的摩擦力即可，拉、合隔离开关并不费力。

4-152 正常运行中，隔离开关的检查内容有哪些？

正常运行中，隔离开关的检查内容如下：隔离开关的刀片应正直、光洁、无锈蚀、烧伤等异常状态；消弧罩及消弧触头完整，位置正确；隔离开关的传动机构、联动杠杆以及辅助触点、闭锁销子应完整，无脱落、损坏现象；合闸状态的三相隔离开关每相接触紧密，无弯曲、变形、发热、变色等异常现象。

4-153 隔离开关配置操动机构有什么用途？

配置操动机构操作隔离开关，可使操作简化、省力，可实现远方操作或自动控制，即使采用手动操动机构，工作人员操作时，也可以站在离隔离开关远一点的位置，提高了工作的安全性。

4-154 禁止用隔离开关进行的操作有哪些？

（1）带负荷的情况下合上或拉开隔离开关。

（2）投入或切断变压器及送出线。

（3）切除接地故障点。

4-155 允许用隔离开关进行的操作有哪些？

（1）电压互感器的停、送电操作。

（2）在母联、专用旁路开关不能使用的情况下，允许用隔离开关向220、66kV空载母线充电或切除空载母线，但必须确认母线良好。

（3）在系统无接地状况下投入或切除消弧线圈。

（4）变压器中性点隔离开关的投入或切除。

4-156 隔离开关合不上闸如何处理？

隔离开关合不上闸，操作人员不可用力过猛，强行操作，应来回轻摇操作把手，检查故障原因。一般机构卡涩，轻摇把手几次即可以合闸。户外隔离开关冬季因冰冻不能合闸时，应想办法除掉冰冻。若主接触部分有阻力，不得强行合闸，以防损坏传动杆、绝缘子，造成接地短路。此时应配合检修人员，用绝缘棒进行辅助合闸或停电处理。若属于闭锁装置故障，值班人员不得任意拆除解除闭锁装置。

4-157 隔离开关拒绝拉闸如何处理？

当隔离开关拉不开时，不能硬拉，特别是母线侧隔离开关，应查明操作是否正确，再查设备是否存在机构锈蚀卡死，隔离开关动、静触头熔焊、变形、移位，瓷件破裂、断裂，电动操动机构、电动机失电，机构损坏，闭锁失灵等故障。在未查清原因前不能强行操作，否则可能引起严重事故，此时应汇报调度，改变运行方式来加以处理。

4-158　隔离开关合不到位如何处理？

隔离开关合不到位，多数是机构锈蚀、卡涩、检修调试未调好等原因引起的，发生这种情况，可拉开隔离开关再合闸。对220kV 隔离开关，可用绝缘棒推入，必要时应申请停电处理。

4-159　隔离开关有哪几项基本要求？

(1) 隔离开关应有明显的断开点。
(2) 隔离开关断开点间应具有可靠的措施。
(3) 应具有足够的短路稳定性。
(4) 要求结构简单，动作可靠。
(5) 主隔离开关与其接地开关应相互闭锁。

4-160　隔离开关有哪些注意事项？

(1) 当与断路器、接地开关配合使用，以及隔离开关本身带有接地开关时，必须安装机械或电气联锁装置，以保证正确的操作顺序，即只有在断路器切断电流之后，隔离开关才能分闸；只有在隔离开关合闸之后，断路器才能合闸。配有接地开关的隔离开关，在隔离开关未分断前，接地开关不得合闸；同样，在接地开关未分闸之前，隔离开关也不得合闸。

(2) 其接地线应使用不小于 $50mm^2$ 的铜绞线或接地螺栓连接，以保证可靠接地。

(3) 在隔离开关的摩擦部位上应涂电力脂加强润滑。

(4) 在运行前检查隔离开关的同步性和接触状况。

(5) 隔离开关的分闸指示信号，应在闸刀开度达到 80% 的断开距离后发出；而合闸指示信号则应在闸刀已可靠接触后才发出。

4-161 操作隔离开关时，发生带负荷误操作怎样办？

（1）如错拉隔离开关：当隔离开关未完全断开便发生电弧，应立即合上；若隔离开关已全部断开，则不许再合上。

（2）如错合隔离开关：即使错合，甚至在合闸时发生电弧，也不准再把隔离开关拉开；应尽快操作断路器切断负荷。

4-162 简述隔离开关运行中的故障处理。

运行中的隔离开关可能出现下列异常现象：

（1）接触部分过热。

（2）绝缘子外伤、硬伤。

（3）针式绝缘子胶合部因质量不良和自然老化而造成绝缘子掉盖。

（4）在污秽严重时产生放电、击穿放电，严重时产生短路、绝缘子爆炸、断路器跳闸。

针对以上情况，应分别进行如下处理：

（1）需立即设法减少或转移负荷，如通知用户限负荷或拉开部分变压器。

（2）与母线连接的隔离开关，应尽可能停止使用。

（3）发热剧烈时，应以适当的断路器，利用倒母线等方法，转移负荷。

（4）如停用发热的隔离开关，可能导致停电损失较大时，应采用带电作业的方法进行检修。如未消除，临时将隔离开关短接。

（5）不严重的放电痕迹，可暂不拉电，经过停电手续再行处理。

（6）绝缘子外伤严重，则应立即停电或带电作业处理。

4-163 隔离开关检修后的验收标准是什么？

(1) 绝缘子应清洁完整，无裂纹及破损。引线连接应牢固，螺栓无松动。

(2) 三相触头应同时接触，接触应良好。

(3) 传动机构应灵活，辅助触点位置应正确。

(4) 接地引线应连接良好。

(5) 试验应合格。

(6) 隔离开关的防误装置应良好。

4-164 绝缘子在什么情况下容易损坏？

(1) 安装使用不合理，如机械负荷超过规定、电压等级不符合，以及未按污秽等级选择等。

(2) 因天气骤冷、骤热及冰雹的外力破坏。

(3) 由于表面污秽，在雷雨、雾天引起闪络。

(4) 设备短路使电动机机械应力过大。

第六节 避 雷 器

4-165 什么是避雷器？其作用是什么？

避雷器是使雷电流流入大地，电气设备不产生高压的一种装置，主要类型有保护间隙、管型避雷器、阀型避雷器和氧化锌避雷器等。避雷器的作用是限制过电压以保护电气设备。

4-166 避雷器是怎样保护电气设备的？

避雷器是与被保护设备并联的放电器。正常工作电压作用时，避雷器的内部间隙不会击穿，若是过电压沿导线传来，当出现危及被保护设备绝缘的过电压时，避雷器的内部间隙便被击穿。击穿电压比被保护设备绝缘的击穿电压低，从而限制了绝缘上的过电压数值。

4-167 避雷器有哪些类型？

避雷器的类型主要有保护间隙、阀型避雷器和氧化锌避雷器。保护间隙主要用于限制大气过电压，一般用于配电系统、线路和变电站进线段保护。阀型避雷器与氧化锌避雷器用于变电站和发电厂的保护，在220kV及以下系统主要用于限制大气过电压，在超高压系统中还将用来限制内过电压或作内过电压的后备保护。

4-168 氧化锌避雷器的主要优点有哪些？

除有较理想的非线性伏安特性外，还具有如下优点：
（1）无间隙。
（2）无续流。
（3）电气设备所受过电压可以降低。
（4）通流容量大。

4-169 什么叫泄漏电流？

在电场的作用下，介质中会有微小的电流通过，这种电流即为泄漏电流。

4-170 避雷器泄漏电流过大如何处理？

避雷器泄漏电流过大主要是避雷器的老化造成的，建议定期测试避雷器的泄漏电流，一旦发现泄漏电流过大需立即更换，防止因避雷器性能下降，影响线路的正常运行。一般要求0.75倍参考电压下1mA的漏电流小于$50\mu A$。

4-171 什么叫雷电放电记录器？

雷电放电记录器是监视避雷器运行，记录避雷器动作次数的一种电器。它串接在避雷器与接地装置之间，避雷器每次动作，它都以数字形式累计显示出来，便于运行人员检查和记录。

4-172 避雷器有哪些巡视检查项目？

避雷器巡视检查项目包括：

（1）检查瓷质部分有无破损、裂纹及放电现象。
（2）检查放电记录器是否动作。
（3）检查引线接头是否牢固。
（4）检查避雷器内部有无异常音响。

4-173 什么叫污闪？

在绝缘子表面粘附的污秽物质均有一定的导电性和吸湿性，因此遇到不利的气象条件时，如雾、雨淞等潮湿气候，由于绝缘水平下降增加泄漏电流，在工频运行电压作用下发生放电闪络，这种闪络称为污闪。

4-174 引起污闪的原因是什么？

在脏污地区的瓷质表面落有很多工业污秽颗粒，这些污秽颗粒遇湿会在瓷质表面形成导电液膜，使瓷质绝缘的耐压能力下降，这是瓷质绝缘在污湿条件下极易闪络的原因，污和湿是污闪的必要条件，瓷绝缘只脏不湿，不会引起闪络。

第七节 电力电缆

4-175 运行中电力电缆的温度和工作电压有哪些规定？

电缆在运行中，由于电流在导体电阻中所产生的损耗、绝缘介质的损耗、铅皮及钢甲受磁感应作用产生的涡流损耗，使电缆发热温度升高。当超过一定数值后，破坏绝缘。一般以电缆外皮温度为准：6kV 电缆不得高于 50℃，380V 电缆不得高于 65℃。电缆线路的允许电压不应超过电缆额定电压的 15% 以上。

4-176 什么是分裂导线？

分裂导线是超高压输电线路为抑制电晕放电和减少线路电抗所采取的一种导线架设方式。即每相导线由几根直径较小的分导线组成，各分导线间隔一定距离并按对称多角形排列。超高压输电线路的分裂导线数一般取 3～4 根，分导线间相距 0.3～0.5m。

4-177　高压分裂导线有哪些优点？

（1）使用分裂导线可提高线路的输电能力。因为与单根导线相比，分裂导线能使输电线的电感减小、电容增大，使其对交流电的波阻抗减小，提高线路的输电能力。经研究表明：当每相导线的截面恒定时，从单根导线过渡到分裂导线，线路的输送能力随之增加，每相分裂为两根导线时增加 21%，分裂为三根时增加 33%。

（2）限制电晕的产生及其带来的相关危害。由于超高压输电线的周围会产生很强的电场，而架空导线的主要绝缘介质是空气。因此，当导线表面的电场强度达到一定数值时，该处的空气可能被电离成导体而发生放电现象。夜间有时可以看到高压线周围笼罩着一层绿色的光晕（电晕），其实质是在高压线路中的一种尖端放电现象。由于电晕的产生主要取决于导线表面的电场强度的大小，而在相同的工作电压下，导线表面的电场强度大小与其截面有关：当导线的截面越大，其表面的场强越小，反之则越大。可见增大导线的截面是一种解决思路。但对超高压线路来说，单纯依靠增大导线截面的办法来限制电晕的产生是不经济的，需另辟蹊径。若采用分裂导线，可显著地降低导线表面的场强。在减缓电场强度上，分裂导线可以达到和分裂导线一样粗细的单导线同样的效果。

（3）使用分裂导线能提高输电的经济效益。采用分裂导线技术不仅能有效地减小电晕损耗，而且在电晕条件相同的电场强度下，分裂导线可允许在超高压输电线上采用更小截面的导线，所以采用分裂导线会降低输电成本。

（4）提高超高压输电线路的可靠性。超高压输电线路的稳定性要求很高，而它所经过地区的地表条件和气候往往很复杂。如果采用单根导线，若其某处存在缺陷，引起问题的几率较大。相反，多根导线在同一位置都出现缺陷的可能性很小，所以应用分裂导线可以提高线路的稳定性。

4-178　什么是线路的充电功率？它对线路输送容量及系统运行有何影响？

线路太长时，会有对地电容。由线路的对地电容电流所产生的无功功率，称为线路的充电功率。因为导线间及对地存在电容，当线路带有电压时该电容会产生充电功率（容性），所以电力线路空载或者轻载的时候电压会高于电源电压。用并联电抗器进行感性无功补偿，即吸收充电功率，部分或全部补偿线路的电容，继而可以降低电压，电抗器安装于末端效果最好。对于重载线路，感性负荷较多时，充电功率会综合感性负荷，提高系统的功率因数，使输送容量增大。

4-179　选择线路导线和电缆的原则是什么？

（1）近距离和小负荷。按发热条件选择导线截面（安全载流量），用导线的发热条件控制电流，截面积越小，散热越好，单位面积内通过的电流越大。

（2）远距离和中等负荷。在安全载流量的基础上，按电压损失条件选择导线截面，远距离和中负荷仅仅不发热是不够的，还要考虑电压损失，要保证到负荷点的电压在合格范围内，电气设备才能正常工作。

（3）大负荷。在安全载流量和电压降合格的基础上，按经济电流密度选择，就是还要考虑电能损失，电能损失和资金投入要在最合理范围。

第八节　全封闭组合电器

4-180　什么是全封闭组合电器（GIS）？

全封闭组合电器（GIS）作为一种可靠的输变电设备，在电力系统中得到了广泛的应用。GIS同传统敞开式高压配电装置相比具有明显的优点：结构紧凑，整个装置的占地空间大为缩小；不受外界环境的影响，运行可靠性高；检修周期长。

4-181　GIS设备的特点有哪些？

（1）小型化。因采用绝缘性能卓越的SF_6气体做绝缘和灭弧介质，所以能大幅度缩小变电站的体积，实现小型化。

（2）可靠安全。由于带电部分全部密封于惰性SF_6气体中，不与外部接触，不受外部环境的影响，大大提高了可靠性。此外，由于所有元件组合成为一个整体，具有优良的抗地震性能。因带电部分密封于接地的金属壳体内，因而没有触电危险。SF_6气体为不燃烧气体，所以无火灾危险。又因带电部分以金属壳体封闭，对电磁和静电实现屏蔽，噪声小，抗无线电干扰能力强。

（3）安装与维护。安装周期短，由于实现小型化，可在工厂内进行整机装配和试验合格后，以单元或间隔的形式运达现场，因此可缩短现场安装工期，又能提高可靠性。因其结构布局合理，灭弧系统先进，大大提高了产品的使用寿命，因此检修周期长，维修工作量小；而且由于小型化，离地面低，因此日常维护方便。

第五章

低压电器

5-1　什么叫厂用电和厂用电系统？

发电厂需要许多机械（如给水泵、送风机、油泵等）为主要设备（锅炉、汽轮机及发电机等）和辅助设备服务，这些机械称为厂用机械，它们一般都是用电动机带动的。在发电厂内，照明、厂用机械用电及其他用电，称为厂用电。供给厂用电的配电系统叫厂用电系统。

5-2　什么是母线？有何作用？

在发电厂和变电站的各级电压配电装置中，将发动机、变压器与各种电器连接的导线称为母线。母线起汇集、分配和传送电能的作用。

5-3　什么是手车开关的运行状态？

手车开关本体在"工作"位置，开关处于合闸状态，二次插头插好，开关操作电源、合闸电源均已投入，相应保护投入运行。

5-4　机组运行中，一台 6kV 负荷开关单相断不开，如何处理？

（1）6kV 负荷开关在操作中确认一相断不开时，应降低机组负荷，投油保持锅炉稳定燃烧。

（2）将该负荷开关所在的 6kV 母线上的负荷，能转移的转到另一段母线上，不能转移的安排停运。在转移负荷时，不能使 6kV 另一工作段过负荷。

（3）机、炉均单侧运行，负荷不宜超过 50%。要调整好燃烧，保证机组安全运转。

（4）将故障负荷所在的 6kV 备用电源开关由热备用转为冷备用。

（5）将故障负荷所在的 6kV 工作电源开关由运行转为冷备用。

（6）通知检修人员设法将故障开关拉出柜外，由检修人员对

第五章 低压电器

开关故障进行处理。

（7）将停运的6kV母线恢复运行。

（8）逐步恢复正常运行方式，增加机组负荷，停油。

5-5 什么叫中性点直接接地电力网？它有何优缺点？

发生单相接地故障时，相地之间就会构成单相直接短路，这种电网称为中性点直接接地电力网。

优点：过电压数值小，绝缘水平要求低，因而投资少、经济。

缺点：单相接地电流大，接地保护动作于跳闸，降低供电可靠性。另外，接地时短路电流大，电压急剧下降，还可能导致电力系统动稳定的破坏，接地时产生零序电流还会造成对通信系统的干扰。

5-6 如何提高厂用电设备的自然功率因数？

（1）合理选择电动机的容量，使其接近满负荷运行。

（2）对于平均负荷小于40%的感应电动机，换用小容量电动机或改定子绕组三角形接线为星形接线。

（3）改善电气设备的运行方式，限制空载运行。

（4）正确选择变压器的容量，提高变压器的负荷率。

（5）提高感应电动机的检修质量。

5-7 中性点非直接接地的电力网的绝缘监察装置起什么作用？

中性点非直接接地的电力网发生单相接地故障时，会出现零序电压，故障相对地电压为零，非故障相对地电压升高为线电压，绝缘监察装置就是利用系统母线电压的变化，来判断该系统是否发生了接地故障。

5-8 为什么在三相四线制中无须绝缘监察装置？

在三相四线制系统中，低压馈变变压器的零位点都是直接接地的。如果三相中有一相接地，就会产生单相短路接地的大电流，这时在馈电线上比较靠近故障点的熔断器就会迅速熔断，使得单相接地的馈电线停电，而对其他馈电线和系统并无影响，因此在这种系统中，一般不需要因单相接地而装设绝缘监察装置。

5-9　为什么电气运行值班人员要清楚了解本厂的电气一次主接线与电力系统的连接？

电气设备运行方式的变化都是和电气一次主接线分不开的，而运行方式又是电气运行值班人员在正常运行时巡视检查设备、监盘调整、倒闸操作以及事故处理过程中用来分析、判断各种异常和事故的依据。

5-10　厂用电接线应满足哪些要求？

（1）正常运行时的安全性、可靠性、灵活性及经济性。

（2）发生事故时，能尽量减小对厂用电系统的影响，避免引起全厂停电事故，即各机组厂用电系统具有较高的独立性。

（3）保证启动电源有足够的容量和合格的电压质量。

（4）有可靠的备用电源，并且在工作电源发生故障时能自动地投入，保证供电的连续性。

（5）厂用电系统发生事故时，处理方便。

5-11　倒闸操作的基本原则是什么？

（1）不致引起非同期并列和供电中断，保证设备出力、满发满供、不过负荷。

（2）保证运行的经济性、系统功率潮流合理，机组能较经济地分配负荷。

（3）保证短路容量在电气设备的允许范围之内。

（4）保证继电保护及自动装置正确运行及配合。

（5）厂用电可靠。

（6）运行方式灵活，操作简单，事故处理方便、快捷，便于集中监视。

5-12 母线停送电的原则是什么？

(1) 母线停电时，应断开工作电源断路器，检查母线电压到零后，再对母线电压互感器进行停电。送电时顺序与此相反。

(2) 母线停电后，应将低电压保护熔断器取下；母线充电正常后，加入低电压保护熔断器。

5-13 什么叫电压不对称度？

中性点不接地系统在正常运行时，由于导线的不对称排列而使各相对地电容不相等，造成中性点具有一定的对地电位，这个对地电位叫中性点位移电压，也叫做不对称电压。不对称电压与额定电压的比值叫做电压不对称度。

5-14 在什么情况下禁止将设备投入运行？

(1) 开关拒绝跳闸的设备。
(2) 无保护设备。
(3) 绝缘不合格设备。
(4) 开关达到允许事故遮断次数且喷油严重者。
(5) 内部速断保护动作未查明原因者。
(6) 设备有重大缺陷或周围环境泄漏严重者。

5-15 电气设备绝缘电阻合格的标准是什么？

(1) 每千伏电压，绝缘电阻不应小于 $1M\Omega$。
(2) 出现以下情况之一时，应及时汇报，查明原因：
1) 绝缘电阻已降至前次测量结果的（或者出厂测试结果的）1/5～1/3。
2) 绝缘电阻三相不平衡系数大于 2。
3) 绝缘电阻的吸收比 $R''_{60}/R''_{15} < 1.3$（粉云母绝缘小于 1.6）。

5-16 厂用系统初次合环并列前如何定相？

新投入的变压器与运行的厂用系统并列，或厂用系统接线有可能变动时，在合环并列前必须做定相试验，其方法如下：

(1) 分别测量并列点两侧的相电压是否相同。

(2) 分别测量两侧同相端子之间的电位差。

若三相同相端子上的电位差都等于零，经定相试验相序正确即可合环并列。

5-17 如何判断运行中母线接头发热？

(1) 采用变色漆。

(2) 采用测温蜡片。

(3) 用半导体点温计带电测量。

(4) 用红外线测温仪测量。

(5) 下雪、下雨天观察接头处有无雪融化和冒热气现象。

5-18 电缆着火应如何处理？

(1) 立即切断电缆电源，及时通知消防人员；

(2) 有自动灭火装置的地方，自动灭火装置应动作，否则手动启动灭火装置。无自动灭火装置时，使用干式灭火器、二氧化碳灭火器或砂子进行灭火，禁止使用泡沫灭火器或水进行灭火。

(3) 在电缆沟、隧道或夹层内的灭火人员必须正确佩戴压缩空气防毒面罩、胶皮手套，穿绝缘鞋。

(4) 设法隔离火源，防止火蔓延至正常运行的设备，扩大事故。

(5) 灭火人员禁止用手摸不接地的金属部件，禁止触动电缆托架和移动电缆。

5-19 何为电厂一类负荷？

凡短时停电（包括手动操作恢复电源，也认为是短时停电）会导致设备损坏，危及人身安全，造成主机停运，大量影响出力的厂用电负荷，如给水泵、凝结水泵、循环水泵、吸风机、送风机等都属于一类负荷。这类负荷都设有备用，且在短时停电时（0.5s内）都不会自动断开，以便在电压恢复时实现自启动。

5-20 何为电厂二类负荷？

有些厂用机械允许短时（如几秒至几分钟）停电，经人工操作恢复电源后，不会造成生产紊乱，如工业水泵、疏水泵、灰浆泵、输煤系统等，这些都属二类负荷。

5-21 何为电厂三类负荷？

凡几小时或较长时间停电不致直接影响生产的厂用电负荷，如修理间、试验室、油处理室等的负荷，都属三类负荷。

5-22 简述封闭母线的类型及其优缺点。

封闭母线是将母线装在密闭的金属外壳中。按母线与外壳的结构可分为如下三种：

（1）三相封闭母线。三相母线装在一个共同的金属外壳中，相间不隔开。

（2）隔相封闭母线。结构上基本同三相封闭母线，但邻相之间有隔板，将各相分隔起来。

（3）离相封闭母线。三相母线分别有各自的外壳，三个外壳互相分开，即各相分离开。按外壳结构，离相封闭母线又可分为全连式（整相外壳电气上互相连接）和分段绝缘式（一相分作多段，各段之间无电气连接）。

前两种封闭母线适用于工作电流不大的情况，如用作容量不大的发电机或变压器的引出线，母线导体一般用铝板或铜板做成。国内很少使用此两种母线，我国一般使用槽形母线，外面用金属网围护。

离相封闭母线适用于工作电流大的情况，如用作大容量发电机与升压变压器之间的连线。大电流的磁场会在邻近钢结构或混凝土钢筋中产生感应电流,造成过度发热。此外,大短路电流的电动力又会在回路中造成破坏。而离相封闭母线外壳上感应电流产生的磁场与母线电流的磁场互相抵消,因而可以解决上面的问题。离相封闭母线导体一般用铝管或多角形截面铝材,外壳则用铝管以降低损耗。

封闭母线不会发生触电事故,不受大气条件(灰尘、潮气等)的影响,因此可靠性高。离相封闭母线在发生故障时,不会发展成为相间或三相故障。封闭母线的现场安装和运行维护的工作量大为减少,但其缺点是有色金属消耗量较大。

5-23 对事故处理的基本要求是什么?

事故处理的基本要求:

(1) 事故发生时,应按"保人身、保电网、保设备"的原则进行处理。

(2) 事故发生时的处理要点:

1) 根据仪表显示及设备异常象征判断事故。

2) 迅速处理事故,首先解除对人身、电网及设备的威胁,防止事故蔓延。

3) 应设法保证厂用电的电源。

4) 必要时应立即停用发生事故的设备,确保非事故设备的运行。

5) 迅速查清原因,消除事故。

(3) 将所观察到的现象、事故发展的过程和时间及采取的消除措施等进行详细的记录。

(4) 事故发生及处理过程中的有关数据资料等应保存完整。

5-24 机组正常运行时,若380V高阻接地系统发生单相接地故障后,应如何处理?

(1) 先判断是真接地还是误报警,检查有无支路接地报警。

(2) 当有电动机接地信号发出时,应开启备用设备,并将接地设备停运处理。

(3) 若为 380V 厂用动力中心 (PC)、380V 厂用电动机控制中心 (MCC) 母线接地，应与机炉人员联系，转移负荷，停用母线，由检修人员处理。

(4) 若为变压器低压侧接地，可停用变压器，将母线改由 PC 母联断路器供电。

(5) 若查找接地有困难，可采用负荷转移试拉法，但必须汇报集控长并与相关专业充分协商，保证机组安全。

5-25 什么是保护接地和保护接零？

将电气设备正常情况下不带电的金属部分，如外壳、构架等，直接与接地装置相连称为保护接地。保护接零是指在 380V/220V 系统中，将电气设备不带电的外壳用导线直接与中性线相接。

5-26 低压电气设备应该采用保护接地还是保护接零？为什么？

低压电气设备采用保护接零的方式比采用保护接地好。因为采用保护接地时，如果设备发生碰壳事故，由于供电变压器中性点接地电阻和保护接地电阻的共同影响，电路保护装置可能不会动作，导致设备外壳长期带电，仍有触电危险。采用保护接零后，如果设备发生碰壳事故，短路电流经中性线形成回路，电流很大时能使保护装置迅速跳闸而断开电源。

5-27 高压厂用母线电压互感器停、送电操作应注意什么？

高压厂用母线电压互感器停电时应注意下列事项：

(1) 停用电压互感器时，应首先考虑该电压互感器所带继电保护及自动装置，为防止误动可将有关继电保护及自动装置退出。

(2) 当电压互感器停电时，应先将二次侧熔断器取下（先取直流，后取交流）。

（3）拉开隔离开关（或拉出手车式、抽匣式电压互感器，拔下二次插件），然后将一次熔断器取下。

高压厂用母线电压互感器送电时应注意下列事项：

（1）应首先检查该电压互感器在冷备用状态，回路完好，符合送电条件。

（2）电压互感器所带的继电保护及自动装置确在停用状态。

（3）检查电压互感器本体及击穿熔断器正常完好。

（4）装上电压等级合适且合格的一次侧熔断器。

（5）合上隔离开关（手车式或抽匣式电压互感器推至试验位置）。

（6）装上手车式或抽匣式电压互感器的二次插件。

（7）手车式或抽匣式电压互感器推至工作位置。

（8）装上电压互感器的二次侧熔断器（先交流、后直流）。

（9）检查无异常信号。

（10）投入停用的继电保护及自动装置。

（11）电压互感器本身检修后，在送电前还应按规定测高、低压绕组的绝缘状况。

（12）电压互感器停电期间，可能使该电压互感器所带负荷的电能表转速变慢，但由于厂用电还都装有总负荷电能表，因此电压互感器停电期间，各分路负荷所少用的电量不必追计。

5-28 厂用电系统的倒闸操作一般有哪些规定？

厂用电系统的倒闸操作应遵循下列规定：

（1）厂用电系统的倒闸操作和运行方式的改变，应由值长发令，并通知有关人员。

（2）除紧急操作和事故处理外，一切正常操作应按规定填写操作票，并严格执行操作监护及复诵制度。

（3）厂用电系统倒闸操作，一般应避免在高峰负荷或交接班时进行。操作当中不应进行交接班，只有当操作全部终结或告一段落时，方可进行交接班。

（4）新安装或有可能进行过变换相位作业的厂用电系统，在受电与并列切换前，应检查相序、相位的正确性。

（5）厂用电系统电源切换前，必须了解电源系统的连接方式。若环网运行，应并列切换；若开环运行及事故情况下对系统接线方式不清时，不得并列切换。

（6）倒闸操作应考虑环并回路与变压器有无过负荷的可能，运行系统是否可靠及事故处理是否方便等。

（7）厂用电系统送电操作时，应先合电源侧隔离开关、后合负荷侧隔离开关。停电操作与此相反。

5-29 什么叫备用电源自动投入装置，其作用和要求是什么？

备用电源自动投入装置就是当工作电源因故障被断开后，当备用电源正常时，能自动而且迅速地将备用电源投入工作或将用户切换到备用电源上去，使用户不至于停电的一种装置。

对备用电源自动投入装置的基本要求有以下几点：

（1）装置的启动部分应能反映工作母线失去电压的状态。在工作母线失去电压的情况下，备用电源均应自动投入，以保证不间断供电。

（2）工作电源断开后，备用电源才能投入。为防止把备用电源投入到故障元件上，以致扩大事故，扩大设备损坏程度，而且达不到备用电源自动投入装置的预期效果，因此要求只有当工作电源断开后，备用电源方可投入，这一点是不容忽视的。

（3）备用电源自动投入装置只能动作一次，以免在母线上或引出线上发生持续性故障时，备用电源被多次投入到故障元件上，造成更严重的事故。

（4）备用电源自动投入装置应该保证停电时间最短，使电动机容易自启动。

(5) 当电压互感器的熔断器熔断时备用电源自动投入装置不应动作。

(6) 当备用电源无电压时，备用电源自动投入装置不应动作。

为满足上述基本要求，备用电源自动投入由低电压启动和自动合闸两部分组成，其作用如下：

(1) 低电压启动部分。当母线因各种原因失去电压时，断开工作电源。

(2) 自动合闸部分。在工作电源的断路器断开后，将备用电源的断路器投入。

5-30 断路器为什么要进行三相同时接触差（同期）的确定？

(1) 如果断路器三相分、合闸不同期，会引起系统异常运行。

(2) 中性点接地系统中，如断路器分、合闸不同期，会产生零序电流，可能使线路的零序保护误动作。

(3) 中性点不接地系统中，两相运行会产生负序电流，使三相电流不平衡，个别相的电流超过额定电流值时会引起电气设备的绕组发热。

(4) 消弧线圈接地的系统中，断路器分、合闸不同期时所产生的零序电压、电流和负序电压、电流会引起中性点位移，使各相对地电压不平衡，个别相对地电压很高，易产生绝缘击穿事故。同时零序电流在系统中产生电磁干扰，影响通信和系统的安全，所以断路器必须进行三相同期测定。

5-31 试述小接地电流系统单相接地与 TV 一次熔断器单相熔断有什么共同点和不同点？

共同点：

(1) 由于系统接地或一次熔断器熔断，使得故障相的一次绕组电压降低或为零，因此故障相二次电压表显示的电压降低。

(2) 由于一次绕组三相电压不平衡，在二次绕组中感应出不平衡电压，使得接地信号动作，发出接地告警。

不同点：

(1) 非故障相及开口三角电压值不同。接地时，故障相电压降低或为零；非故障相电压升高，最高可达线电压；开口三角电压最高可达 100V。TV 一次断线时，故障相电压可以从二次侧串回一部分，电压值大小由二次负荷的分压决定；非故障相电压不升高；开口三角电压为 33V。

(2) 接地时，系统不失去平衡，三个线电压表数值不变；熔断器熔断时，与熔断相有关的线电压表指示降低，与熔断相无关的线电压表不变。

(3) 一次熔断器熔断时，相应系统"接地"和"TV 断线"信号将同时发出；系统接地时，仅发"接地"信号。

5-32 如何判断电磁式电压互感器发生了铁磁谐振？如果是谐振如何处理？

发生下列情况，可判断为铁磁谐振（基频、高频、分频）：

(1) 基频谐振时，三相电压中一相降低（但不为零）两相升高，或两相降低一相升高，升高相的电压值大于线电压（一般不超过 3 倍相电压）；开口三角绕组电压不超过 100V。

(2) 高频谐振时，三相电压同时升高，或其中一相电压升高，另两相电压降低，升高相的电压值大于线电压（一般不超过 3~3.5 倍相电压）；开口三角绕组电压超过 100V。

(3) 分频谐振时，三相电压依次轮流升高，三相电压表指针在相同范围内出现低频摆动（一般不超过 2 倍相电压）；开口三角绕组电压一般在 85~95V 以下，也有等于或大于 100V 的情况。

谐振将造成危险的过电压，确认为谐振时应迅速进行以下处理：破坏谐振条件，防止谐振过电压对系统和设备造成危害（如改变系统运行方式、倒换备用辅机、投入或停役部分备用设备等）。

如果谐振时间长，消谐装置未动作，处理不及时，电压互感器一次熔丝将被烧断。当断两相或三相时将会导致备用电源自动投入装置、厂用电快切装置和低电压保护误动作，还有可能将电压互感器烧毁。

5-33 小电流接地系统中，为什么采用中性点经消弧线圈接地？

中性点非直接接地系统发生单相接地故障时，接地点将通过与接地线路对应电压等级电网的全部对地电容电流。如果此电容电流相当大，就会在接地点产生间歇性电弧，引起过电压，从而使非故障相对地电压极大增加。在电弧接地过电压的作用下，可能导致绝缘损坏，造成电流两点或多点的接地短路，使事故扩大。为此，我国采取的措施是当各级电压电网发生单相接地故障时，如果接地电容电流超过一定范围，就在中性点装设消弧线圈，其目的是利用消弧线圈的感性电流补偿接地故障时的容性电流，使接地故障电流减少，以至自动熄灭，保证继续供电。

5-34 发电机解列后，6kV 工作电源开关为什么要及时退出备用？

（1）防止万一有人误合该开关后，发电机将经高压厂用变压器，通过 6kV 工作电源开关、启动变压器与系统连接，发电机很显然不符合启动并列运行条件，故将造成发电机非同期合闸，对发电机造成很大的电流冲击，同时会影响系统。

（2）防止万一有人误合该开关后，6kV 厂用电经高压厂用变压器升压到发电机的额定电压，发电机将变成异步电动机全电压启动，巨大的启动电流无异于短路，高压厂用变压器、启动变压器将承受短路电流的冲击，甚至造成其损坏。

(3) 防止万一有人误合该开关后，将造成主变压器低压侧反送电，全电压的冲击，对主变压器来说也是极为不利的。

(4) 防止万一有人误合该开关后，巨大的电流将有可能使6kV工作电源开关开遮断不了而发生爆炸（故障情况下后果更为严重），损坏设备的同时将危及人身安全。

5-35 何谓电气设备的倒闸操作？发电厂及电力系统倒闸操作的主要内容有哪些？

当电气设备由一种状态转换到另一种状态或改变系统的运行方式时，需要进行一系列操作，这种操作叫做电气设备的倒闸操作。倒闸操作主要包括：

(1) 电力变压器的停、送电操作。

(2) 电力线路停、送电操作。

(3) 发电机的启动、并列和解列操作。

(4) 网络的合环与解环。

(5) 母线接线方式的改变（即倒母线操作）。

(6) 中性点接地方式的改变和消弧线圈的调整。

(7) 继电保护和自动装置使用状态的改变。

(8) 接地线的安装与拆除等。

5-36 布置公用系统检修隔离措施的注意事项有哪些？

布置公用系统检修隔离措施时应注意：

(1) 尽量减小对非检修设备的影响。公用系统一般应有两路或更多的独立电源，在布置隔离措施时，应保证未进行检修的设备的正常供电。装有同期装置时，应鉴定符合条件后，再进行电源的切换和系统的隔离。因隔离受到影响的设备必要时应倒换临时电源以保证其供电，并做好记录以便在隔离措施拆除后恢复。在隔离点应有明显、醒目的标记和完善的安全防护措施。

(2) 不能失去参数监视。设备及系统的运行状态正常与否通常是通过表计、信号指示和其他象征反映出来的,是正确判断、分析运行工况的依据,应使设备始终处于受控状态,不能失去控制电源。现场二次线的引接一般都是利用端子排、万能转换开关来完成的,因此在对控制回路布置隔离措施时,应注意控制范围,必要时采用临时解开连接点的方法,使无检修作业的设备不致失去控制电源,待检修工作结束及时予以恢复。

(3) 不能无保护运行或引起保护或自动装置的误动、拒动和不配合。保护装置能反映系统中的故障或不正常运行状态,并作用于断路器跳闸或发出信号,能自动、迅速、有选择地切除故障,保证完好设备的运行安全,公用系统检修隔离时可能会同时停用一些保护装置,但不能将保护装置全部停运,使设备无保护运行。此外,还应根据运行方式的变化,对保护或自动装置进行相应的改变,使其满足当前设备运行安全、稳定的要求。

(4) 潮流分布合理。各元件设备不应过负荷,各参数不超过规定值,能维持系统及设备稳定运行。

5-37 在什么情况下快速切换装置应退出?

满足快速切换退出的条件:

(1) 机组已停运 6kV 厂用电源由备用电源带。

(2) 快速切换装置故障并闭锁。

(3) 正常运行时,快速切换装置的二次回路进行检修、消缺工作。

(4) 机组正常运行时,检修、维护断路器的辅助触点,进行会造成快速切换装置误动作的工作。

(5) 机组正常运行时,检修人员在发电机—变压器组保护启动快速切换回路的工作。

(6) 6kV 电压互感器停运前。

(7) 在 6kV 电压互感器回路进行有可能造成快速切换装置不能正常切换的工作。

(8) 机组运行中，6kV 备用电源断路器检修时。

5-38 按厂用电系统的运行状态，厂用电源的切换分为哪两种？

（1）正常切换。指厂用电系统处于正常运行状态时，由于运行的需要（机组开停机等），厂用母线从一个电源切换至另一个电源。此类切换对速度没有特殊要求。

（2）事故切换。指由于发生事故（厂用工作变压器和机炉电主机事故等），厂用母线工作电源被切除时，要求备用电源自动投入，实现尽快安全切换。

5-39 按厂用电源的切换启动方式，厂用电源的切换分为哪几种？

（1）手动启动。指将操作人员手动控制信号以开关量方式接入厂用电源切换装置，可就地操作，或者分散控制系统（DCS）远方操作。

（2）保护启动。指反映工作电源侧故障的发电机—变压器组保护或厂用高压变压器保护动作时，跳开工作电源断路器，同时启动厂用电源切换装置。

（3）低电压启动。指厂用母线三相电压持续低于定值时，启动厂用电源切换装置。

（4）工作断路器误跳启动。厂用母线由工作电源供电时，工作断路器误跳闸启动厂用电源切换装置。

5-40 6kV 开关投入运行前应进行哪些检查？

（1）全部终结开关检修有关工作票，拆除临时安全措施，恢复固定常设遮栏和标示牌。

（2）检查开关各部位清洁、完整，周围无影响送电的杂物。

（3）开关和引线上无接地线和短路线，各接头紧固。

（4）真空灭弧室外壳无破损、裂纹、损伤、变色。

（5）支持绝缘子、绝缘拉杆应清洁无裂纹，操动机构应正常。

（6）位置指示器指示及开关拐臂位置应正确，且与开关位置相符。

（7）开关远、近控合拉闸试验，保护跳闸试验及机械闭锁跳闸试验，均应正确。

（8）开关的保护装置应正常。

5-41 6kV开关合不上有哪些原因？

（1）检查开关所属负荷的热工联锁条件是否满足。

（2）检查开关保护装置的动作信号是否复归。

（3）检查开关合闸回路是否正常（如检查控制电源小开关、控制电源、弹簧储能、二次插头连接、防跳继电器等是否正常）。

（4）检查开关传动机构是否动作良好。

（5）开关弹簧不储能的原因。

（6）检查控制和储能电源是否良好。

（7）检查二次插头是否接触良好。

（8）检查储能电机是否损坏。

（9）检查开关辅助触点是否接触良好。

5-42 6kV开关事故跳闸后应进行哪些外部检查？

（1）开关有无冒烟、异味、异常声响。

（2）开关有无保护装置动作信号。

（3）开关处于电气分闸状态，绿灯亮。

（4）开关机械分合闸状态指示器应在分闸位置。

（5）电流表数值应为零。

（6）检查F-C型真空接触器的三相熔断器是否熔断。

（7）开关机构有无松动、移位现象。

（8）真空灭弧室有无裂纹及其他异常现象。

5-43　什么叫设备的内绝缘、外绝缘?

设备绝缘中与空气接触的部分叫外绝缘，而不与空气接触的部分叫内绝缘。在设计绝缘时，都使外绝缘强度低于内绝缘强度，这是因为外绝缘有一定的自然恢复能力，而内绝缘水平不受空气湿度与表面脏污的影响，相对比较稳定，但自然恢复能力较差，一旦绝缘水平下降，势必影响安全运行。

5-44　设备绝缘老化是什么原因造成的?

在运行中，设备的绝缘因受到电场、磁场、温度和化学物质的作用而使其变硬、变脆，失去弹性，使绝缘强度和性能减弱，这是正常的老化，但不合理的运行，如过负荷、电晕的过电压等都可加速老化。

5-45　怎样延缓绝缘老化?

选择合理的运行方式，加强冷却通风，降低设备的温升，以及使绝缘与空气或化学物质隔离。

5-46　为什么室外母线接头易发热?

室外母线经常受到风、雨、雪、日晒、冰冻等侵蚀，这些都可促使母线接头加速氧化、腐蚀，使得接头的接触电阻增大，温度升高。

5-47　当母线上电压消失后，为什么要立即拉开失压母线上未跳闸的断路器?

这主要是为了防止事故扩大，便于事故处理，有利于恢复送电。具体说：

（1）可以避免值班人员在处理停电事故或切换系统进行倒闸操作时，误向发电厂的故障线路再次送电，使母线再次短路或发生非同期并列。

（2）为母线恢复送电作准备，可以避免母线恢复带电后设备同时自启动，拖垮电源。此外，一路一路试送电，可以判断是哪条线路越级跳闸。

(3) 可以迅速发现拒绝跳闸的断路器，为及时找到故障点提供线索。

5-48 厂用电系统的事故处理原则是什么？

(1) 厂用电系统出现故障后，应根据事故信号和现象判断故障性质和故障范围，以便有重点地检查。

(2) 发电机与系统解列单带厂用电源时，如果厂用电源系统的电源倒换操作，必须采用断电方法进行。

(3) 母线故障后，不能确认母线无故障点时，不能给母线送电。

(4) 母线失电后，用备用电源开关或联络断路器恢复母线送电前，应检查母线工作电源开关及所有负荷开关断开，防止向发电机反送电，引起事故扩大。

(5) 事故处理时，在电源倒换时注意系统间的同期性，防止发生非同期并列。

(6) 事故处理时，各单位应加强联系。当发生故障后，运行人员必须到现场检查，能处理的尽快处理，不能处理的立即通知检修到现场处理。

5-49 自动空气开关的原理是什么？

自动空气开关的种类很多，构造各异，但其工作原理是一样的。它们由触头系统、灭弧系统、保护装置及传动机构等几部分组成。触头系统由传动机构的搭钩闭合而接通电源与负荷，使电气设备正常运行。过流线圈和负荷电路串联，欠压线圈和负荷电路并联。正常运行时，过流线圈的磁力不足以吸合其衔铁，欠压线圈的磁力反而吸合其衔铁。当因故障超过额定负荷或短路使电流增大至某一数值时，过流线圈立即吸合其衔铁，衔铁带动杠杆把搭钩顶开，使触头打开、电路分断。如由于某种原因使电压降低，欠压线圈吸力减小，衔铁被弹簧拉开，同样带动杠杆把搭钩顶开，使电路分断。除此以外，还装有热继电器作为过负荷保护，当过负荷时，由于双金属片弯曲，同样将搭钩顶开，使触头分断起过负荷保护作用。

5-50　交流接触器每小时的操作次数为什么要加以限制？

交流接触器（或其他交流电磁铁）的线圈在衔铁吸合前和吸合后外加电压是不变的。但是在衔铁吸合前后的磁阻变化是很大的，在线圈通电的瞬间衔铁和铁芯的空气隙最大，磁阻也最大，线圈通电衔铁和铁芯闭合后，磁阻迅速减小。因为励磁电流是随着磁阻变化而相应变化的，所以衔铁吸合前的电流将比吸合后的电流大几倍甚至十几倍。如果每小时的操作次数太多，线圈则将因频繁流过很大的电流而发热，温度升高，这样就降低了线圈的寿命，甚至使绝缘老化而烧毁。所以，交流接触器（或其他交流电磁铁）每小时的操作次数要有一定限制。在额定电流下每小时的开、合次数一般带有灭弧室的约为120~130次，不带灭弧室的为600次。

5-51　交流接触器的工作原理是什么？有哪些用途？

交流接触器的工作原理：吸引线圈和静铁芯在绝缘外壳内固定不动，当线圈通电时，铁芯线圈产生电磁吸力，将动铁芯吸合，由于触头系统是与动铁芯联动的，因此动铁芯带动三条动触片同时运动，触点闭合，从而接通电源，使电动机启动运转。当线圈断电时，吸力消失，动铁芯联动部分依靠弹簧的反作用力而分离，使主触头断开，切断电源，电动机即停止运行。

交流接触器不能切断短路电流和过负荷电流，即不能用来保护电气设备，只适用于电压为1kV及以下的电动机或其他操作频繁的电路中，作为远距离操作和自动控制，使电路通路或断路。并且不宜装于有导电性灰尘、腐蚀性和爆炸性气体的场所。

5-52 交流接触器由哪几部分组成？

交流接触器由以下几部分组成：

（1）电磁系统。包括吸引线圈、上铁芯（动铁芯）和下铁芯（静铁芯）。

（2）触头系统。包括三副主触头和两个动合、两个动断辅助触头，它和动铁芯是连在一起互相联动的。主触头的作用是接通和切断主回路；而辅助触头则接在控制回路中，以满足各种控制方式的要求。

（3）灭弧装置。接触器在接通和切断负荷电流时，主触头会产生较大的电弧，容易烧坏触头，为了迅速切断开断时的电弧，一般容量较大的交流接触器装置有灭弧装置。

（4）其他。还有支撑各导体部分的绝缘外壳，各种弹簧、传动机构、短路环、接线柱等。

5-53 接触器在运行中有时产生很大的噪声，是什么原因？

产生噪声的主要原因是衔铁吸合不好所致，造成衔铁吸合不好的原因：

（1）铁芯端面吸合不好、接触不良的原因是有灰尘、油垢或生锈。

（2）短路环损坏、断裂，使铁芯产生振动。

（3）电压太低，电磁吸力不够。

（4）弹簧太硬，活动部分发生卡阻。

5-54 为什么有些低压线路中用了自动空气开关后，还要串联交流接触器？

这要从自动空气开关和接触器的性能说起。自动空气开关有过负荷、短路和失压保护功能，但在结构上它着重提高了灭弧性能，不适宜频繁操作。而交流接触器没有过负荷、短路的保护功能，只适用于频繁操作。因此，有些需要在正常工作电流下进行频繁操作的场所，常采用自动空气开关串接触器的接线方式。这样既能由交流接触器承担工作电流的频繁接通和断开，又能由自动空气开关承担过负荷、短路和失压保护。

5-55　试述常用磁力启动器的用途。

磁力启动器是由接触器和热继电器组合起来的一种全压启动设备。接触器担任主电路的分断和闭合，同时接触器的吸合线圈兼有欠压保护。热继电器起过负荷保护作用，并能允许频繁的操作，所以这种组合起来的磁力启动器是一种性能良好的全压启动设备。

5-56　接触器或其他电器的触头为什么采用银合金？

控制保护电器的触头，一般常用银合金制成。如果采用其他金属，在电弧高温下容易氧化，从而增大接触电阻，流过电流时使触头温度升高，温度升高又促使触头更加氧化，这样恶性循环作用最终将导致触头烧坏。如果触头采用银合金，由于银不易氧化，即使有氧化层也能保持很好的导电性，不致使触头烧坏，能延长触头寿命。所以，接触器和其他电器的触头多采用银合金制成。

5-57　高压厂用系统发生单相接地时有没有什么危害？为什么规定接地时间不允许超过 2h？

当发生单相接地时，接地点的电流是两个非故障相对地电容电流的相量和，而且这个接地电流在设计时是不准超过规定的。因此，发生单相接地时的接地电流对系统的正常运行基本上不会有任何影响。

当发生单相接地时，系统线电压的大小和相位差仍维持不变，从而接在线电压上的电气设备的工作，并不会因为某一相接地而受到破坏，同时，这种系统中相对地的绝缘水平是根据线电压设计的，虽然无故障相的对地电压升高到线电压，但对设备的绝缘并不构成危险。

规定接地时间不允许超过 2h，应从以下两点考虑：

（1）电压互感器不符合制造标准不允许长期接地运行。

（2）同时发生两相接地将造成相间短路。

鉴于以上两种原因，必须对单相接地运行时间有个限制，规定不超过 2h。

5-58 6kV 厂用电源备用分支联锁开关有什么作用？

在备用分支联锁开关投入时：

（1）工作电源断开，备用分支联投。

（2）保证工作电源在低电压时跳闸。

（3）保证工作电源跳开后，备用分支电源联投到故障母线时将过电流保护时限短接，实现零秒跳闸起到后加速的作用。

（4）能够保证 6kV 厂用电机低电压跳闸。

5-59 高压厂用母线低电压保护的基本要求是什么？

（1）当电压互感器一次侧或二次侧断线时，保护装置不应误动，只发信号，但在电压回路断线期间，若母线真正失去电压（或电压下降至规定值），保护装置应能正确动作。

（2）当电压互感器一次侧隔离开关因操作被断开时，保护装置不应误动。

（3）0.5s 和 9s 的低电压保护的动作电压应分别整定。

（4）接线中应采用能长期承受电压的时间继电器。

5-60 快速熔断器熔断后怎样处理？

快速熔断器熔断后应作以下处理：

（1）快速熔断器熔断后，首先检查有关的直流回路有无短路现象。无故障或排除故障后，更换熔断器试投硅整流器。

（2）若熔断器熔断的同时硅元件也有击穿，应检查熔丝的电流规格是否符合规定，装配合适的熔断器后试投硅整流器。

（3）设备与回路均正常时，熔断器的熔断一般是因为多次的合闸电流冲击而造成的，此时，只要更换同容量的熔断器即可。

5-61　熔断器选用的原则是什么？

（1）熔断器的保护特性必须与被保护对象的过载特性有良好的配合，使其在整个曲线范围内获得可靠的保护。

（2）熔断器的极限分断电流应大于或等于所保护回路可能出现的短路冲击电流的有效值，否则就不能获得可靠的保护。

（3）在配电系统中，各级熔断器必须相互配合以实现选择性，一般要求前一级熔体比后一级熔体的额定电流大 2～3 倍，这样才能避免因发生越级动作而扩大停电范围。

（4）对要求不高的电动机才采用熔断器作过负荷和短路保护，一般过负荷保护最宜用热继电器，而熔断器只作短路保护。

5-62　高压厂用工作电源跳闸有何现象？怎样处理？

现象：①警报响，工作电源开关跳闸。②工作电源的电流和电压表指示可能有冲击，开关跳闸后降为零。③0.5s 和 9s 低压保护可能动作。④低压厂用工作电源和保安电源可能跳闸。

处理：①如备用电源未联动，应立即手动投入。②若低压厂用工作电源跳闸，备用电源未联动，应立即手动投入备用电源开关。③若保安电源已跳闸，无论联动与否，均应迅速恢复正常运行，确保主机润滑油泵、密封油泵工作正常，如直流油泵不联动，应强行启动直流油泵。④检查保护动作情况，作好记录，复归信号掉牌。⑤如高压厂用备用电源联动（或手投）后又跳闸，应查明原因并消除故障后，可再投一次备用电源开关。⑥高压厂用母线电压不能恢复时，拉开本段各变压器和电动机开关，调整各负荷运行方式，保障供电。⑦将本段全部小车拉出，进行检查和测定母线绝缘电阻，消除故障点后恢复送电。⑧恢复低压厂用电源的正常运行方式。

5-63　电气事故处理的一般程序是什么？

（1）根据信号、表计指示，继电保护动作情况及现场的外部象征，正确判断事故的性质。

（2）当事故对人身和设备造成严重威胁时，迅速解除；当发生火灾事故时，应通知消防人员，并进行必要的现场配合。

（3）迅速切除故障点（包括继电保护未动作者应手动执行）。

（4）优先调整和处理厂用电源的正常供电，同时对未直接受到事故影响的系统和机组及时调节，如锅炉气压的调节、保护的切换、小系统频率及电压的调整等。

（5）对继电保护的动作情况和其他信号进行详细检查和分析，并对事故现场进行检查，以便进一步判断故障的性质和确定处理程序。

（6）进行针对性处理，逐步恢复设备运行。但应优先考虑对重要用户供电的恢复，对故障设备应进行隔绝操作，并通知检修人员。

（7）恢复正常运行方式和设备的正常运行工况。

（8）进行妥善处理，包括事故情况及处理过程的记录、断路器故障跳闸的记录、继电保护动作情况的记录、低电压释放、设备的复置及直流系统电压的调节等。

5-64 处理电气事故时哪些情况可自行处理？

下列情况可以自行处理：

（1）将直接对人员生命有威胁的设备停电。

（2）将已损坏的设备隔离。

（3）母线停电事故时，将该母线上的断路器拉开。

（4）当发电厂的厂用电系统部分或全部停电时，恢复其电源。

（5）整个发电厂或部分机组与系统解列，在具备同期并列条件时与系统同期并列。

（6）低频率或低电压事故时解列厂用电，紧急拉路等。

处理后应将采取的措施和处理结果向调度详细汇报。

5-65 高压厂用系统一般采用何种接地方式？有何特点？

高压厂用系统一般采用中性点不接地方式，其主要特点：

①发生单相接地故障时，流过故障点的电流为电容性电流。②当厂用电（具有电气联系的）系统的单相接地电容电流小于10A时，允许继续运行2h，为处理故障赢得了时间。③当厂用电系统的单相接地电容电流大于10A时，接地电弧不能自动消除，将产生较高的电弧接地过电压（可达额定相电压的3~3.5倍），并易发展为多相短路。接地保护应动作于跳闸，中断对厂用设备的供电。④实现有选择性的接地保护比较困难，需要采用灵敏的零序方向保护。⑤无须中性点接地装置。

5-66 低压厂用系统一般采用何种接地方式？有何特点？

低压厂用系统一般采用直接接地方式，其主要特点是单相接地时：①中性点不发生位移，防止相电压出现不对称和超过380V。②保护装置应立即动作于跳闸。③对于采用熔断器保护的电动机，若熔断器一相熔断，电动机会因两相运行而烧毁。④为了获得足够的灵敏度，又要躲开电动机的启动电流，往往不能利用自动开关的过流瞬动脱扣器，必须加装零序电流互感器组成的单相接地保护。⑤对于熔断器保护的电动机，为了满足馈线电缆末端单相接地短路电流大于熔断器额定电流的4倍，常需要加大电缆截面或改用四芯电缆，甚至采用自动开关作保护电器。⑥正常运行时动力、照明、检修网络可以共用。

5-67 如何检查6kV开关柜防止误操作的机械联锁？

（1）接地开关及断路器均在分闸位置时，手车才能从试验/隔离位置移至工作位置。

（2）接地开关在合闸位置时，手车不能从试验/隔离位置移至工作位置。

（3）只有断路器在分闸位置时，手车才能从工作位置移至试验/隔离位置。

（4）只有手车处于试验/隔离位置或移开时，接地开关才能操作。

（5）只有手车已正确处于试验/隔离位置或工作位置时，断路器才能进行合闸操作。

（6）手车在试验/隔离位置或工作位置而没有控制电压时，断路器不能合闸，仅能手动分闸。

（7）手车在工作位置，二次插头被锁定，不能被拔出。

（8）断路器、手车在向隔离位置摇出时活门自动关闭，向工作位置摇进时活门自动打开。

5-68 操作跌落式熔断器时应注意哪些现象？

（1）拉开熔断器时，一般先拉中相，次拉背风的边相，最后拉迎风的边相；合熔断器时顺序相反。

（2）合熔断器时，不可用力过猛，当保险管与鸭嘴对正且距离鸭嘴 80～100mm 时，再适当用力合上。

（3）合上熔断器后，要用拉闸杆钩住保险鸭嘴上盖向下压两下，再轻轻试拉看是否合好。

5-69 更换熔断器时应注意什么？

（1）更换熔断器，应核查熔断器的额定电流后进行。

（2）对快速一次性熔断器更换时，必须采用同一型号的熔断器。

（3）更换熔件时，应使用相同额定电流、相同保护特性的熔件，以免引起非选择性熔断，且熔件的额定电流应小于熔管的额定电流。

（4）熔件更换时不得拉、砸、扭折，应进行必要的打磨，检查接触面要严密，连接牢固，以免影响熔断器的选择性。

5-70 厂用事故保安电源有哪些？

（1）蓄电池组。

（2）柴油发电机。

（3）外接电源。

(4) 交流不停电电源（UPS）。

5-71 低压交直流回路能否共用一条电缆，为什么？

不能。因为：

(1) 共用一条电缆会降低直流系统的绝缘水平。

(2) 如果直流绝缘破坏，则直流混线会造成短路或继电保护误动等。

5-72 PC进线断路器与联络断路器之间的闭锁逻辑如何？如何防止非同期并列？

闭锁逻辑由软件完成，逻辑保证先合后断，且不能长时间并列运行。

为了防止出现非同期并列，应采取以下措施：

(1) 并列倒换前，必须和集控室联系，确保两侧电源处于同一系统。

(2) 必须用万用表测并列两侧电压符合并列条件（各相两侧电压差均不大于20V）。

(3) 禁止变压器长期并列运行。

5-73 什么是中性点位移？位移后将会出现什么后果？

在大多数情况下，电源的线电压和相电压都可以认为是近似对称的。不对称的星形负荷若无中性线或中性线上阻抗较大，则其中性点电位是与电源中性点电位有差别的，即电源的中性点和负荷中性点之间出现电压，此种现象称为中性点的位移。出现中性点位移的后果是负荷各相电压不一致，将影响设备的正常工作。

5-74 为什么电缆线路停电后用验电笔验电时，短时间内还有电？

电缆线路相当于一个电容器，停电后线路还存有剩余电荷，对地仍然有电位差。若停电立即验电，验电笔会显示出线路有电。因此，必须经过充分放电，验电无电后，方可装设接地线。

5-75 中性点与零点、零线有何区别？

凡三相绕组的首端（或尾端）连接在一起的共同连接点，称电源的中性点。当电源的中性点与接地装置有良好的连接时，该中性点便称为零点。由零点引出的导线，则称为零线。

5-76 电气设备有哪四种状态？

运行状态、热备用状态、冷备用状态、检修状态。

5-77 手车开关有哪几种状态？

手车开关有五种状态，即运行状态、热备用状态、冷备用状态、试验状态、检修状态。

5-78 PC段厂用电源有什么规定？

（1）380V系统正常方式运行时，其各段的母联断路器在工作位置且开位，储能良好，"远方/就地"切换开关在"远方"位。

（2）PCⅠ、Ⅱ段，当其中一段电源因故障跳闸时，查明原因后方可恢复本段工作电源，如本段工作电源不能恢复，检查故障段进线开关在开位、母线无故障且所有负荷开关全部在开位后方可手合母联断路器。

（3）PCⅠ、Ⅱ段不能并列运行。

（4）各低压厂用变压器380V工作段的联络开关均为同期点，在上述同期点装设有闭锁的联锁回路，功能如下：两电源进线开关处于同一状态时闭锁联络开关合闸，只有当两电源进线开关处于不同状态时，联络开关才能合闸；联络开关处于合闸状态时，闭锁两电源进线开关同时合闸，只有联络开关断开后，两电源进线开关才能同时合闸。

5-79 MCC段正常运行有何规定？

（1）各MCC段有双回路电源者，正常由单回路供电，另一回路在 MCC 段处的隔离开关在合位，在 PC 段处解环。

（2）同一母线供电的双电源 MCC 段不允许长期环并运行。

（3）MCC 段进线隔离车在送到工作位后将其控制把手打至工作位，正常检查时也检查其控制把手在工作位，以防止由于振动或其他原因造成 MCC 段进线隔离车动、静触头接触不良，造成缺相及触头过热等事故。

（4）非同一段母线供电的双电源 MCC 段必须采用瞬停方式切换电源。

5-80 厂用母线及配电室运行中有哪些检查项目？

（1）检查配电室门应关闭，如开启，应确认配电室内有无人员工作，并核实其工作是否与所持工作票内容相符，核实有无与工作班成员无关人员。

（2）检查各母线电压正常，各电缆无异味，各变压器声音正常。

（3）6kV 各段母线开关状态正确，开关柜保护装置没有异常报警，开关各保护装置投入，保护连接片状态正确，各表计指示正常，无大幅度摆动现象。

（4）按照开关及变压器的正常运行检查标准进行检查。

（5）对于悬挂"禁止合闸，有人工作"标志牌的开关，应知道对应的检修工作内容，并在后面的巡回检查时注意检修情况，如开关间隔有工作，两侧开关应挂"止步，高压危险"标志牌。

（6）对于电子配电间、励磁小间、一次风机和凝结水泵变频室，应检查空调运行正常，室内温度不超过 40℃，不低于 0℃。

（7）检查 6kV 母线室接地电缆悬挂合要求，接地线标号完整，数目齐全，如有外接或布置其他检修工作，应知道接地线悬挂于何处。

（8）各配电室相应的操作工具齐全、完整。

（9）各配电室巡检记录本完整，各班巡回检查签字完整，发现记录本损坏或记录本已用完，汇报更换新记录本。

（10）检查各配电室和各母线配电柜无漏水、积水现象，如有，必须立即汇报，对配电母线造成接地危险的，必须采取措施，如对水进行隔离、加塑料布等，并认真核实漏水、积水的来源。

（11）检查配电室内通风正常，夏季室内轴流风机运行正常、转向正确，冬季防冻期间，配电室内各通风口封堵完整，没明显漏风现象。

（12）检查室内卫生合格，必须定期联系人员打扫，室内照明充足。

（13）高负荷或夏季高温运行期间，应定期测量各电缆接头温度，无明显过热现象。

（14）检查期间，作好巡检记录，离开配电室，必须将门锁好，发现任一异常，汇报机组长。

（15）各带电部分的接头温度在运行中不超过 70℃，封闭母线在运行中不超过 60℃，电缆的外壳温度不超过 65℃。

5-81　简述厂用电系统操作的一般原则。

（1）设备检修完毕后，应押回或终结工作票，检修人员书面交代可以投入运行，人员离开工作现场；恢复送电时，应对准备恢复送电的设备所属回路进行认真详细的检查，检查一、二次设备完好、整洁、无杂物；拆除接地线、遮栏、标志牌等临时安全措施。

（2）正常运行中，凡改变电气设备状态的操作，必须要有操作票，并得到值长或单元长的同意，填写操作票，逐级审核后，将操作票打印，手持操作票，带好相应操作工具及电气安全用具，才能进行操作。

（3）设备送电前，应将操作电源熔丝、报警监视电源熔丝、仪表的保护用的二次电压回路熔丝或小开关以及变送器的辅助电源熔丝放上。

(4) 设备送电前，应根据保护定值或现场有关规定投入有关保护装置，设备禁止无保护运行。运行中调度管辖设备的保护停用，必须取得所属调度员的命令或同意，所有保护的投退都应汇报调度；厂管辖设备的主保护停用，必须由总工程师批准，后备保护短时停用，则应有当班值长的批准。

(5) 带同期装置闭锁的开关，应在投入同期开关后方可进行合闸。

(6) 变压器投入运行时，应先合电源侧开关，后合负荷侧开关；停运次序相反。禁止由低压侧向厂用变压器充电，不准用隔离开关对变压器进行冲击。

(7) 厂用母线送电时，各馈线的断路器和隔离开关均应在断开位置，母线 TV 应先转为运行状态，厂用母线送电后，需先检查母线三相电压正常后，方可对各供电回路送电。

(8) 厂用母线停电之前，应先检查母线上各负荷开关已在断开位置，对带备自投的母线还应退掉自投装置连接片。在断开所有电源进线开关后，检查母线电压表三相无电压，带电指示灯灭，才能退出母线 TV。

(9) 发生 TV 熔丝熔断或回路故障时，应先退出对应低电压保护，再做检查或检修。

(10) 禁止使用 MCC 进线隔离开关或插车切断负荷，拉开或切换进线隔离开关前应先将该 MCC 母线上所有负荷开关断开。

(11) 对带有隔离闸刀的设备，在拉合闸刀前，必须检查开关在断开位置；拉合闸刀后，应检查闸刀的位置是否正确；正常情况下，禁止用 400V 配电装置闸刀切断负荷。

(12) 公用系统设备停、送电时，必须得到值长同意，涉及外围设备，必须联系好外围班长，并严格执行电气操作联络单制度，严禁约时停送电，如为电话联系，应使用生产调度电话，并执行操作复诵制。

（13）重大操作尽可能安排在负荷较低和非交接班时进行，并做好监护。雷电、暴雨时，应禁止在室外进行高压隔离开关操作。

5-82　6kV厂用母线短路现象有哪些？如何处理？

现象：

（1）工作电源的电流和电压表有冲击，开关跳闸后指示为零。

（2）工作电源开关跳闸。

（3）备用电源开关可能联动后又跳闸。

（4）警报响，分支过流保护动作。

（5）跳闸开关指示跳闸。

（6）母线室内有爆炸声及烟火。

处理：

（1）检查保护动作情况。

（2）备用电源联投后又跳闸时，首先将本段所带低压厂用变压器380V电源倒为备用电源带。

（3）启动备用设备，影响出力时，适当减负荷。

（4）对故障母线进行停电检查，测定母线绝缘。

（5）查出故障点，设法消除后，恢复运行。

5-83　6kV接地如何处理？

（1）复归音响。

（2）检查6kV系统接地微机选线装置，查明故障线路号、接地起始时间、接地累计时间。

（3）按下重判按键进行重判。如两次判断结果一致，则可确定故障线路。

（4）根据故障线路号确定故障设备。

（5）汇报值长，调节运行方式，将故障设备停运。

（6）若为母线接地时，应先倒换高压厂用变压器，看是否为高压厂用变压器低压侧接地。

（7）到 6kV 配电室检查接地情况，看有无明显接地点，是否消除。

（8）若接地点在 TV 小车、避雷器或小车开关上部，严禁直接拉出小车消除接地，应采用人工接地点法消除接地。

（9）若确定母线接地，无法消除，应立即申请停电处理。

（10）接地运行时间不得超过 2h。

（11）寻找接地时应严格遵守《电业安全工作规程》有关规定，穿绝缘靴，戴绝缘手套。

（12）若设备发生瞬间接地，装置可将故障线路号记录下来，按"追忆"键可查出哪条线路曾发生接地，对此设备应重点检查。

5-84　380V 母线短路的现象有哪些？如何处理？

现象：

（1）工作电源的电流和电压表有冲击，开关跳闸后指示回零。

（2）工作电源开关跳闸。

（3）警报响，保护动作。

（4）母线室有爆炸声及烟火。

处理：

（1）将故障段负荷倒至另一段，故障段停电，拉开故障段所有开关，拉开母联断路器，做好隔离措施。

（2）通知检修人员处理故障点。

5-85　低压厂用母线失压如何处理？

（1）运行中的 380V 母线失压（工作变压器跳闸），备用变压器应自动投入；如备用变压器未自动投入，应立即手动投入一次；备用变压器已联动一次不成功，并伴有"备用分支过流"光字牌时，不得再抢送。若备用变压器开关拒绝合闸，而工作变压器是因过流保护动作,可用跳闸的工作变压器抢送一次;如跳闸的变压器是因差动或瓦斯保护动作时,不得再抢送。

(2) 当备用变压器检修,工作变压器因速断、瓦斯保护动作而跳闸,可投入备用分支开关,暂由运行工作变压器代两段运行,并严格按照变压器事故过负荷规定执行。

(3) 备用电源投不上,而跳闸的工作变压器又不能抢送,应尽快消除备用电源缺陷,用备用电源送电。

(4) 若厂用 6kV 母线失压不能马上恢复,应尽快使受影响的 380V 母线受电。

(5) 经以上处理,380V 厂用母线电压仍不能恢复,应立即到现场检查故障点,并消除故障点,断开失压母线所有断路器和隔离开关,向母线试送电。

(6) 若为负荷开关拒动越级跳闸,应强行断开拒动开关并停电,即对失压母线试送电。

(7) 若未发现明显的故障点,应对母线及各分路逐一测绝缘,合格后方能送电。

(8) 若 380V 母线故障暂时不能恢复,应断开分段隔离开关对非故障半段送电。

5-86 6kV 母线 TV 高压侧一相熔丝故障其现象有哪些?如何处理?

现象:

(1) DCS 发"××母线电压低"及"同期切换闭锁"保护动作报警,相关光字牌亮。

(2) TV 熔丝故障相所属母线电压偏低。

(3) 母线可能发接地报警。

处理:

(1) 确认 TV 熔丝故障相所属母线所带电动机开关无跳闸报警。

(2) 检查母线上运行的所有开关均正常。
(3) 断开母线低电压保护电源小开关。
(4) 断开母线 TV 二次测量和同期回路熔丝。
(5) 拉出母线 TV 小车，通知检修人员检查处理。

注意：在母线 TV 隔离过程中，应做好事故预想。TV 隔离前，做好跳机后该段母线快速切换失败的事故预想；TV 隔离后，因低电压保护电源停运，母线三相电压低跳电动机电源开关和备用电源快切功能均失去，机组跳机后，应先断开该母线上所有运行的电动机，手动合上备用电源开关。

5-87 6kV 开关弹簧无法储能的原因是什么？如何处理？

发现开关弹簧无法储能时，可能由下述原因引起，应予以消除：
(1) 储能电压低或储能电机损坏。
(2) 储能电机行程开关损坏。
(3) 操作及控制回路有故障。

处理：运行人员碰到开关弹簧无法储能时，将直流控制电源开关再分合几次；将开关控制回路插头再检查插拔一次；将开关再摇一次，确认开关到位；上述几项操作后，开关弹簧仍无法储能，通知检修处理。

5-88 负荷开关的作用和特点是什么？

负荷开关具有简单的灭弧装置，其灭弧能力有限，在电路正常工作时，用来接通或切断负荷电流，但在电路断路时，不能用来切断巨大的短路电流。其特点是负荷开关断开后，有可见的断开点。

5-89 母线着色的意义是什么？

可以增加辐射能力，利于散热，着色后允许负荷电流提高 12%～15%。

5-90 母线的相序排列是怎样规定的？

（1）从左到右排列时，左侧为 A 相，中间为 B 相，右侧为 C 相。

（2）从上到下排列时，上侧为 A 相，中间为 B 相，下侧为 C 相。

（3）从远至近排列时，远为 A 相，中间为 B 相，近为 C 相。

5-91 简述 6kV 母线 TV 投入操作。

（1）放上相应段母线 TV 一次熔断器。

（2）合入相应段母线 TV 隔离开关。

（3）放上相应段母线 TV 二次交流熔断器。

（4）放上相应段母线 TV 二次直流熔断器。

（5）投入相应段母线低电压保护。

（6）检查相应母线备用电源在热备用状态。

5-92 简述 6kV 母线 TV 退出操作。

（1）6kV 母线 TV 退出运行前，要周密考虑对继电保护及自动装置的影响，以免发生误动和拒动，并退出有关保护及自动装置。

（2）断开 6kV 母线 TV 低电压保护电源开关。

（3）断开 6kV 母线 TV 二次开关。

（4）断开 6kV 母线 TV 变送器电源开关。

（5）拔下 6kV 母线 TV 二次插件。

（6）将 6kV 母线 TV 拉至试验或检修位置。

（7）按检修工作要求布置安全措施。

5-93 厂用快切装置具备什么功能？

（1）当工作母线因各种原因失去电压时，断开工作电源。

（2）在工作电源的断路器断开后，经过一定的延时将备用电源的断路器自动投入。

（3）实现备用分支后加速。

(4) 切换功能，包括正常切换和事故切换。

(5) 低压减载功能。

(6) 闭锁和报警、故障处理功能。

5-94　柴油发电机有哪些报警信号？

(1) 超速。

(2) 润滑油油压低。

(3) 发电机冷却水位低。

(4) 油箱油位低。

(5) 发电机冷却水温高。

(6) 单相接地。

(7) 过负荷保护。

(8) 紧急跳闸。

(9) 电池电压低。

(10) 检修状态。

(11) 自动启动失败。

5-95　柴油发电机为什么要定期进行启动试验？

加强柴油机组的定期启动试验，能够及时发现和消除设备缺陷，确保随时都有良好的工况，以保证发生全厂停电时柴油机组能够可靠地投入，确保机组安全停机。

5-96　为什么柴油发电机即使联启，保安电源也会有瞬间失电？

柴油发电机组作为厂用电源失去情况下的保安电源，为事故保安母线供电。机炉保安任一段母线低电压延时 1.5s 联启柴油机，柴油机运行正常并发成功信号（D/G OPERATING）后（期间大约 10s 左右）再延时 0.5s 合出口开关，事故保安母线电压正常后且从 PC 来的两路电源开关均在开位，机炉保安段的事故电源允许合闸。所以在柴油机启动后，保安电源切换为事故保安MCC母线带之前，机炉保安MCC会发生瞬间失电。

5-97 柴油发电机启动前的检查项目有哪些？

（1）机组的运行方式选择开关在自动位置。

（2）检查柴油充足（至少有6h的燃油量）。

（3）检查柴油机机油和冷却液已加至高位。

（4）检查所有软管无损坏和脱松现象。

（5）检查系统无跑、冒、滴、漏现象。

（6）检查附属系统在正常热备用状态。

（7）检查冷却水预热投停正常。

（8）检查启动和控制用蓄电池电压正常，自动充电正常。

5-98 柴油发电机运行中的检查项目有哪些？

（1）机组的运行声音和振动正常、排烟烟色正常。

（2）发电机的出口电压、电流、频率、有功功率、无功功率、励磁电压、励磁电流不超额定值。

（3）发动机的温度、各轴承温度、各处润滑油温度及冷却水温度均正常。

（4）燃油箱的油位、冷却水的水位不低。

（5）机油压力不低。

（6）无异味、异常报警。

5-99 事故照明保安电源有何意义？

当出现全厂停电时，事故照明保安电源可以提供照明，使现场及主控室不会失去全部光线，为事故处理提供方便。

5-100 较大容量熔断器的熔丝，为什么都装在纤维管内？

当熔丝发热熔断时产生很大的电弧，可能引起相间短路与灼伤维护人员。如果将熔丝放在纤维管内，在熔断发生电弧时，管壁析出气体，在管内造成很高的气压，使电弧熄灭，对人体和设备比较安全。

5-101 为什么一些熔断器的熔管内要充石英砂?

熔断器的熔管内充石英砂作填料是为了利用石英砂构成的狭沟灭弧。电弧在石英砂中燃烧时,电弧与周围的石英砂紧密接触,冷却较好,增强了去游离;熔件蒸发形成的炽热蒸气渗入石英砂的粒隙中凝结,在石英砂的狭沟里金属蒸气减少,使电弧在短路电流未达到最大值之前就可熄弧。

5-102 铁壳开关的结构和用途如何?

铁壳开关的结构主要由四部分组成:
(1) 装在同一转轴上的三相隔离开关。
(2) 操纵手柄。
(3) 速断弹簧。
(4) 熔断器。

其用途为开合一定量的用电负荷,并通过熔断器起到短路和过负荷保护作用。为了保证安全用电,铁壳开关装有机械联锁装置,在铁壳开关箱盖打开时,手柄不能操作开关合闸。

5-103 发生弧光接地有何危害?

在单相接地中最危险的是间歇性的弧光接地,因为网络是一个具有电容、电感的振荡回路,随着交流周期的变化而产生电弧的熄灭与重燃,就可能产生 4 倍左右相电压的过电压现象,这对电器是很危险的,特别是 35kV 以上的系统,过电压可以超过设备的绝缘能力而造成事故。

5-104 为什么在三相四线制系统电路中中性线不能装熔丝?

当发电机三相电势平衡而每相负荷不等时(发电机的每相负荷常不相等),此时中性线内有电流,若中性线装了熔丝而熔断时,中性线电流为零,这样各相电流引起变动,因此又引起相电压变动,使三相电压相差很大,某相电压可能超过其额定值而使电灯泡烧毁。

第六章

过电压保护及接地技术

第六章 过电压保护及接地技术

6-1 什么叫绝缘的击穿？

一定距离的气体间隙都能承受一定的电压而保证其不导电性能。但当电压超过某一临界数值时，气体介质会突然失去绝缘能力而发生放电的现象称为电介质的击穿。

6-2 电力系统过电压分哪几类？其产生原因及特点是什么？

电力系统过电压主要分以下几种类型：大气过电压、工频过电压、操作过电压、谐振过电压。

产生的原因及特点：

（1）大气过电压。由直击雷引起，特点是持续时间短暂，冲击性强，与雷击活动强度有直接关系，与设备电压等级无关。因此，220kV 以下系统的绝缘水平往往由防止大气过电压决定。

（2）工频过电压。由长线路的电容效应及电网运行方式的突然改变引起，特点是持续时间长，过电压倍数不高，一般对设备绝缘危险性不大，但在超高压、远距离输电确定绝缘水平时起重要作用。

（3）操作过电压。由电网内开关操作引起，特点是具有随机性，但最不利情况下过电压倍数较高。因此，30kV 及以上超高压系统的绝缘水平往往由防止操作过电压决定。

（4）谐振过电压。由系统电容及电感组成谐振回路时引起，特点是过电压倍数高、持续时间长。

6-3 什么是反击过电压？

在发电厂和变电站中，如果雷击到避雷针上，雷电流通过构架接地引下线流散到地中，由于构架电感和接地电阻的存在，在构架上会产生很高的对地电位，高电位对附近的电气设备或带电的导线会产生很大的电位差。如果两者间距小，就会导致避雷针构架对其他设备或导线放电，引起反击闪络而造成事故。

6-4 什么是跨步电压？

通过接地网或接地体流到地中的电流，会在地表及地下深处形成一个空间分布的电流场，并在离接地体不同距离的位置产生一个电位差，这个电位差叫做跨步电压。跨步电压与入地电流强度成正比，与接地体的距离的平方成反比。因此，在靠近接地体的区域内，如果遇到强大的雷电流，跨步电压较高时，易造成对人、畜的伤害。

6-5 电力系统产生工频过电压的原因主要有哪些？
（1）空载长线路的电容效应。
（2）不对称短路引起的非故障相电压升高。
（3）甩负荷引起的工频电压升高。

6-6 外部过电压有什么危害？运行中防止外部过电压都采取了什么手段？

外部过电压包括两种：一种是对设备的直击雷过电压；另一种是雷击于设备附近时，在设备上产生的感应过电压。由于过电压数值较高，可能引起绝缘薄弱点的闪络，也可能引起电气设备绝缘损坏，甚至烧毁电气设备。

电力系统的防雷设施有避雷器、避雷针、进出线架设架空地线及装设管型避雷器、放电间隙和接地装置。

（1）避雷器。防止雷电过电压，即雷电感应过电压和雷电波沿线侵入发电厂、变电站的大气过电压，保护高压设备绝缘不受损。

（2）避雷针。防止直击雷。

（3）进出线架设架空地线及装设管型避雷器。防止雷电直击近区线路，避免雷电波直接入侵、损坏设备。

（4）放电间隙。根据变压器的不同电压等级，选择适当距离的放电间隙与阀型避雷器并联（也有单独用放电间隙的），来保护中性点为分级绝缘的变压器中性点。

(5) 接地装置。是防雷保护的重要组成部分，要求它不仅能够安全地引导雷电流入地，并应使雷电流流入大地时能均匀地分布出去。

6-7 什么叫操作过电压？主要有哪些？

操作过电压是由于电网内开关操作或故障跳闸引起的过电压。主要包括：

(1) 切除空载线路引起的过电压。
(2) 空载线路合闸时引起的过电压。
(3) 切除空载变压器引起的过电压。
(4) 间隙性电弧接地引起的过电压。
(5) 解合大环路引起的过电压。

6-8 电网中限制操作过电压的措施有哪些？

电网中限制操作过电压的措施有：

(1) 选用灭弧能力强的高压开关。
(2) 提高开关动作的同期性。
(3) 开关断口加装并联电阻。
(4) 采用性能良好的避雷器，如氧化锌避雷器。
(5) 使电网的中性点直接接地运行。

6-9 什么叫电力系统谐振过电压？分几种类型？限制谐振过电压的主要措施是什么？

电力系统中一些电感、电容元件在系统进行操作或发生故障时可形成各种振荡回路，在一定的能源作用下，会产生串联谐振现象，导致系统某些元件出现严重的过电压，这一现象叫电力系统谐振过电压。谐振过电压分为以下几种：

(1) 线性谐振过电压。谐振回路由不带铁芯的电感元件（如输电线路的电感、变压器的漏感）或励磁特性接近线性的带铁芯的电感元件（如消弧线圈）和系统中的电容元件所组成。

(2) 铁磁谐振过电压。谐振回路由带铁芯的电感元件（如空载变压器、电压互感器）和系统的电容元件组成。因铁芯电感元件的饱和现象，使回路的电感参数是非线性的，这种含有非线性电感元件的回路在满足一定的谐振条件时，会产生铁磁谐振。

(3) 参数谐振过电压。由电感参数作周期性变化的电感元件（如凸极发电机的同步电抗在 $K_D \sim K_Q$ 间周期变化）和系统电容元件（如空载线路）组成回路，当参数配合时，通过电感的周期性变化，不断向谐振系统输送能量，造成参数谐振过电压。

限制谐振过电压的主要措施有：①提高开关动作的同期性。由于许多谐振过电压是在非全相运行条件下引起的，因此提高开关动作的同期性，防止非全相运行，可以有效防止谐振过电压的发生。②在并联高压电抗器中性点加装小电抗。用这个措施可以阻断非全相运行时工频电压的传递及串联谐振。③破坏发电机产生自励磁的条件，防止参数谐振过电压。

6-10　避雷线和避雷针的作用是什么？避雷器的作用是什么？

避雷线和避雷针的作用是防止直击雷，使在它们保护范围内的电气设备（架空输电线路及变电站设备）遭直击雷绕击的几率减小。避雷器的作用是通过并联放电间隙或非线性电阻的作用，对入侵流动波进行削幅，降低被保护设备所受过电压幅值。避雷器既可用来防止大气过电压，也可用来防止操作过电压。

6-11　接地网的电阻不合规定有何危害？

接地网起着工作接地和保护接地的作用，当接地电阻过大则：

(1) 发生接地故障时，使中性点电压偏移增大，可能使健全相和中性点电压过高，超过绝缘要求的水平而造成设备损坏。

（2）在雷击或雷电波袭击时，由于电流很大，会产生很高的残压，使附近的设备遭受反击的威胁，并降低接地网本身保护设备（架空输电线路及变电站电气设备）带电导体的耐雷水平，达不到设计的要求而损坏设备。

第七章

继电保护

第七章 继电保护

7-1 电力系统对继电保护装置的基本要求是什么？

（1）快速性。要求继电保护装置的动作尽量快，以提高系统并列运行的稳定性，减轻故障设备的损坏，加速非故障设备恢复正常运行。

（2）可靠性。要求继电保护装置随时保持完整、灵活状态，不应发生误动或拒动。

（3）选择性。要求继电保护装置动作时，跳开距故障点最近的断路器，使停电范围尽可能缩小。

（4）灵敏性。要求继电保护装置在其保护范围内发生故障时，应灵敏地动作。

7-2 二次设备常见的异常和事故有哪些？

（1）直流系统异常、故障。

（2）二次接线异常、故障。

（3）电流互感器、电压互感器等异常、故障。

（4）继电保护及安全自动装置异常、故障。

7-3 什么叫主保护、后备保护、辅助保护？

主保护是指发生短路故障时，能满足系统稳定及设备安全的基本要求，首先动作于跳闸，有选择地切除被保护设备和全线路故障的保护。

后备保护是指主保护或断路器拒动时，用以切除故障的保护。

辅助保护是为补充主保护和后备保护的不足而增设的简单保护。

7-4 保证保护装置正确动作的条件有哪些？

（1）接线合理。

（2）整定值与计算值相符。

（3）绝缘符合要求。

（4）直流电压不低于额定值的80%。

（5）保护装置整洁，连接片使用正确。

7-5 继电保护及自动装置的基本作用是什么？

（1）自动、迅速、有选择性地将故障元件从电力系统中切除，使故障元件免于继续遭到破坏，保证其他无故障部分迅速恢复正常运行。

（2）反映电气元件的不正常运行状态，并根据运行维护的条件（如有无经常值班人员），而动作于发出信号、减负荷或跳闸。此时一般不要求保护迅速动作，而是根据电力系统及其元件的危害程度规定一定的延时，以免不必要的动作和由于干扰而引起的误动作。

7-6 何谓近后备保护？近后备保护的优点是什么？

近后备保护就是在同一电气元件上装设A、B两套保护，当保护A拒绝动作时，由保护B动作于跳闸。当断路器拒绝动作时，保护动作后带一定时限作用于该母线上所连接的各路电源的断路器跳闸。近后备保护的优点是能可靠地起到后备作用，动作迅速，在结构复杂的电网中能够实现选择性的后备作用。

7-7 发电厂中设置同期点的原则是什么？

发电厂同期点的设置原则如下：

（1）直接与母线连接的发电机引出端的断路器、发电机—双绕组变压器单元接线的高压侧断路器、发电机—三绕组变压器单元接线的各电源侧断路器，应设为同期点。

（2）双侧有电源的双绕组变压器的低压侧或高压侧断路器（一般设在低压侧）、三绕组变压器有电源的各侧断路器，应设为同期点。

（3）母线分段断路器、母线联络断路器、旁路断路器，应设为同期点。

（4）接在母线上且对侧有电源的线路断路器，应设为同期点。

(5) 多角形接线和外桥接线中,与线路相关的两个断路器,均设为同期点;3/2 断路器接线的运行方式变化较多,一般所有断路器均设为同期点。

7-8 零序电流互感器是如何工作的?

由于零序电流互感器的一次绕组就是三相星形接线的中性线。在正常情况下,三相电流之和等于零,中性线(一次绕组)无电流,互感器的铁芯中不产生磁通,二次绕组中没有感应电流。当被保护设备或系统上发生单相接地故障时,三相电流之和不再等于零,一次绕组将流过电流,此电流等于每相零序电流的 3 倍,此时铁芯中产生磁通,二次绕组将感应出电流。

7-9 零序功率方向继电器如何区分故障线路与非故障线路?

在中性点不接地系统中发生单相接地故障时,故障线路的零序电流滞后于零序电压 90°,非故障线路的零序电流超前于零序电压 90°,即故障线路与非故障线路的零序电流相差 180°。因此,零序功率方向继电器可以区分故障线路与非故障线路。

7-10 为什么有的过流保护要加装低电压闭锁?

过流保护的启动电流是按躲过最大负荷电流来整定的,为防止保护误动,过流保护的整定值应大于允许的过负荷电流,当保护动作电流值较大而外部故障稳态短路电流值较小时,过流保护满足不了灵敏度的要求,为了提高该保护的灵敏度,则利用短路时母线电压显著下降,而过负荷时,母线电压降低甚少的特点,采用低电压闭锁装置,可避免过负荷时引起保护误动作,从而提高了过流保护的灵敏度。

7-11 为什么大型发电机—变压器组应装设非全相运行保护?

发电机—变压器组高压侧的断路器多为分相操作的断路器,

常由于误操作或机械方面的原因使三相不能同时合闸或跳闸，或在运行中突然一相跳闸，这种异常工作将在发电机—变压器组的发电机中流过负序电流，如果靠反映负序电流的反时限保护动作（对于联络变压器，要靠反映短路故障的后备保护动作），则会由于动作时间较长，而导致相邻线路对侧的保护动作，使故障范围扩大，甚至造成系统瓦解事故。因此，对于大型发电机—变压器组，在220kV及以上电压侧为分相操作的断路器，要求装设非全相运行保护。

7-12 中性点可能接地或不接地的分级绝缘变压器（中性点装有放电间隙），其接地保护如何构成？

（1）中性点接地。装设零序电流保护，一般设置两段，零序Ⅰ段作为变压器及母线的接地后备保护，零序Ⅱ段作为引出线的后备保护。

（2）中性点不接地。装设瞬时动作于跳开变压器的间隙零序过流保护及零序电压保护。

7-13 在大电流接地系统中发生单相接地故障时零序参数有什么特点？

（1）产生零序电压，在数值上故障点处最高，从故障点至变压器接地中性点处逐渐减小，接地中性点处为零。

（2）产生零序电流，其大小取决于零序阻抗和零序电压，其分布决定于电网的接线和中性点接地变压器的分布。

（3）产生零序功率，其大小为零序电压与零序电流的乘积，其方向为从故障点指向变压器中性点。

7-14 为什么变压器差动保护不能代替瓦斯保护？

变压器瓦斯保护能反映变压器油箱内的任何故障，如铁芯过热烧灼、油面降低等，而差动保护对此无反应。又如变压器绕组发生少数线匝的匝间短路，虽然匝内短路电流很大会造成局部绕组严重过热，产生强烈的油流向储油柜方向冲击，但表现在相电流上其量值却不大，所以差动保护反映不出，但瓦斯保护对此却能灵敏地加以反应。因此，差动保护不能代替瓦斯保护。

7-15　变压器零序保护的保护范围是什么？

变压器零序保护用来反映变压器中性点直接接地系统侧绕组的内部及其引出线上的接地短路，也可作为相应母线和线路接地的后备保护。

7-16　什么叫断路器失灵保护？

失灵保护又称后备接线保护。该保护装置主要考虑由于各种因素使故障元件的保护装置动作，而断路器拒绝动作（上一级保护灵敏度又不够），将有选择地使失灵断路器所连接母线的断路器同时断开，防止因事故范围扩大使系统的稳定运行遭到破坏，保证电网安全。这种保护装置叫断路器失灵保护。

7-17　厂用电动机低电压保护起什么作用？

（1）当电动机供电母线电压短时降低或短时中断时，为了防止多台电动机自启动使电源电压严重降低，通常在次要电动机上装设低电压保护。

（2）当供电母线电压低到一定值时，低电压保护动作将次要电动机切除，使供电母线电压迅速恢复到足够的电压，以保证重要电动机的自启动。

7-18　大容量的电动机为什么应装设纵联差动保护？

电动机电流速断保护的动作电流是按躲过电动机的启动电流来整定的，而电动机的启动电流比额定电流大得多，这就必然降低了保护的灵敏度，因而对电动机定子绕组的保护范围很小。因此，大容量的电动机应装设纵联差动保护，来弥补电流速断保护的不足。

7-19　什么叫母线差动保护双母线方式？什么叫母线差动保护单母线方式？

（1）母线差动保护双母线方式。母线差动保护有选择性（一次接线与二次直流跳闸回路要对应），先跳开母联断路器以区分故障点，再跳开故障母线上所有开关。

（2）母线差动保护单母线方式。①一次为双母线运行。母线差动保护无选择性，一条母线故障，引起两段母线上所有开关跳闸。②一次为单母线运行。母线故障，母线上所有开关跳闸。

7-20　母线差动保护的保护范围包括哪些设备？

母线差动保护的保护范围为母线各段所有出线断路器的母线差动保护用电流互感器之间的一次电气部分，即全部母线和连接在母线上的所有电气设备。

7-21　对振荡闭锁装置的基本要求是什么？

（1）系统发生振荡而没有故障时，应可靠地将保护闭锁。

（2）在保护范围内发生短路故障的同时系统发生振荡，闭锁装置不能将保护闭锁，应允许保护动作。

（3）继电保护在动作过程中系统出现振荡，闭锁装置不应干预保护的工作。

7-22　为什么要装设联锁切机保护？

装设联锁切机保护是提高系统动态稳定的一项措施。所谓联锁切机就是在输电线路发生故障跳闸时或重合不成功时，联锁切除线路送电端发电厂的部分发电机组，从而提高系统的动态稳定性。也有联锁切机保护动作后，作用于发电厂部分机组的主汽门，使其自动关闭，这样可以防止线路过负荷，并可减少机组并列、启机的复杂操作，待系统恢复正常后，机组可快速地带上负荷，避免系统频率大幅度波动。

7-23 遇哪些情况应停用微机线路保护？

（1）装置使用的交流电压、交流电流、开关量输入、开关量输出回路作业。

（2）装置内部作业。

（3）继电保护人员输入定值。

（4）带高频保护的微机线路保护装置如需停用直流电源，应按照调度命令，待两侧高频保护装置停用后，才允许停直流电源。

7-24 微机继电保护的硬件构成通常包括哪几部分？

（1）数据采集系统。

（2）数据处理单元，即微机主系统。

（3）数字量输入/输出接口，即开关量输入和输出系统。

（4）通信接口。

7-25 微机继电保护装置对运行环境有什么要求？

微机继电保护装置室内月最大相对湿度不应超过75%，应防止灰尘和不良气体侵入。微机继电保护装置室内环境温度应在5~30℃范围内，若超过此范围应装设空调。

7-26 防误闭锁装置中电脑钥匙的主要功能是什么？

电脑钥匙的主要功能是辨别被操作设备身份和打开符合规定程序的被操作设备的闭锁装置，以控制操作人员的操作过程。

7-27 零序电流保护在运行中需注意哪些问题？

零序电流保护在运行中需注意以下问题：

（1）当电流回路断线时，可能造成保护误动作。这是一般较灵敏的保护的共同弱点，需要在运行中注意防止。就断线概率而言，它比距离保护电压回路断线的概率要小得多。如果确有必要，还可以利用相邻电流互感器零序电流闭锁的方法防止这种误动作。

（2）当电力系统出现不对称运行时，也会出现零序电流，如变压器三相参数不同所引起的不对称运行，单相重合闸过程中的两相运行，三相重合闸和手动时的三相开关不同期，母线倒闸操作时开关与闸刀并联过程或开关正常环并运行情况下，由于闸刀或开关接触电阻三相不一致而出现零序环流，以及空投变压器在运行中的情况下，可出现较长时间的不平衡励磁涌流和直流分量等，都可能使零序电流保护启动。

（3）地理位置靠近的平行线路，当其中一条线路故障时，可能引起另一条线路出现感应零序电流，造成反方向侧零序方向继电器误动作。如确有此可能时，可以改用负序方向继电器，来防止上述方向继电器误动。

（4）由于零序方向继电器交流回路平时没有零序电流和零序电压，回路断线不易被发现；零序方向继电器电压互感器开口三角侧也不易用较直观的模拟方法检查其方向的正确性，因此较容易因交流回路有问题而使在电网故障时造成保护拒绝动作和误动作。

7-28 什么是零序保护？大电流接地系统中为什么要单独装设零序保护？

在大短路电流接地系统中发生接地故障后，就有零序电流、零序电压和零序功率出现，利用这些电气量构成保护接地短路的继电保护装置统称为零序保护。三相星形接线的过流保护虽然也能保护接地短路，但其灵敏度较低，保护时限较长。采用零序保护就可克服此不足，这是因为：

（1）系统正常运行和发生相间短路时，不会出现零序电流和零序电压，因此零序保护的动作电流可以整定得较小，这有利于提高其灵敏度。

（2）星/三角接线降压变压器，三角侧以后的故障不会在星侧反映出零序电流，所以零序保护的动作时限可以不必与该种变压器以后的线路保护相配合而取较短的动作时限。

7-29 微机故障录波器在电力系统中的主要作用是什么？

微机故障录波器不仅能将故障时的录波数据保存在软盘中，经专用分析软件进行分析，而且可通过微机故障录波器的通信接口，将记录的故障录波数据远传至调度部门，为调度部门分析处理事故及时提供依据。其主要作用如下：

（1）通过对故障录波图的分析，找出事故原因，分析继电保护装置的动作情况，对故障性质及概率进行科学的统计分析，统计分析系统振荡时的有关参数。

（2）为查找故障点提供依据，并通过对已查证落实的故障点的录波，可核对系统参数的准确性，改进计算方法或修正系统计算使用的参数。

（3）积累运行经验，提高运行水平，为继电保护装置动作统计评价提供依据。

7-30 什么是比率制动式纵联差动保护？

所谓比率制动式纵联差动保护是在纵联差动保护基本原理的基础上，引入制动电流，以提高保护的灵敏度。

7-31 断路器控制回路红、绿灯为什么要串电阻？阻值如何选择？

红、绿灯均串在分闸与合闸接触器线圈回路，用来监视其回路的完好性。如果不串接电阻，当灯座发生短路，直流电源将直接加在合闸或分闸接触器上造成误跳或误合，所以必须串接电阻。其电阻值应保证灯座短路后加在分闸或合闸接触器上的电压不超过额定电压的10%，一般220V直流电压串2.5kΩ、25W电阻，110V直流电压串1kΩ、25W电阻即可。

7-32 "掉牌未复归"信号的作用是什么？它是怎样复归的？

在信号盘上的"掉牌未复归"灯光信号，是为使值班人员在记录保护动作和复归保护的过程中不致发生遗漏而设置的。全站的所有信号继电器动作后均使其发亮,故只有全部信号继电器的掉牌复位后才能熄灭。

7-33 零序电流保护的整定值为什么不需要避开负荷电流?

零序电流保护反映的是零序电流,而负荷电流中不包含(或很少包含)零序分量,故不必考虑避开负荷电流。

7-34 电力系统故障动态记录的主要任务是什么?

电力系统故障动态记录的主要任务是记录系统大扰动(如短路故障、系统振荡、频率崩溃、电压崩溃等)发生后的有关系统电参量的变化过程,以及继电保护与安全自动装置的动作行为。

7-35 为什么高压电网中要安装母线保护装置?

母线上发生短路故障的概率虽然比输电线路少,但母线是多元件的汇合点,母线故障如不快速切除,会使事故扩大,甚至破坏系统稳定,危及整个系统的安全运行,后果十分严重。在双母线系统中,若能有选择性地快速切除故障母线,保证健全母线继续运行,将具有重要意义。因此,在高压电网中要求普遍装设母线保护装置。

7-36 母线保护的装设应遵循什么原则?

(1)对发电厂和变电站的35~110kV电压的母线,在下列情况下应装设专用的母线保护:

1)110kV双母线。

2)110kV单母线,重要发电厂或110kV以上重要变电站的35~66kV母线,需要快速切除母线上的故障时。

3)35~66kV电网中,主要变电站的35~66kV双母线或分段单母线需快速而有选择地切除一段或一组母线上的故障,以保证系统安全稳定运行和可靠供电时。

(2)对220~500kV母线,应装设能快速、有选择地切除故障的母线保护。对 3/2 断路器接线，每组母线宜装设两套母线保护。

（3）对于发电厂和主要变电站的 3～10kV 分段母线及并列运行的双母线，一般可由发电机和变压器的后备保护实现对母线的保护。在下列情况下，应装设专用母线保护：

1）需快速而有选择地切除一段或一组母线上的故障，以保证发电厂及电力网安全运行和重要负荷的可靠供电时。

2）当线路断路器不允许切除线路电抗器前的短路时。

7-37 大接地电流系统为什么不利用三相相间电流保护兼作零序电流保护，而要单独采用零序电流保护？

三相式星形接线的相间电流保护，虽然也能反映接地短路，但用来保护接地短路时，在定值上要躲过最大负荷电流，在动作时间上要由用户到电源方向按阶梯原则逐级递增一个时间级差来配合。而专门反映接地短路的零序电流保护，则不需要按此原则来整定，故其灵敏度高，动作时限短，且因线路的零序阻抗比正序阻抗大得多，零序电流保护的保护范围长，上下级保护之间容易配合。故一般不用相间电流保护兼作零序电流保护。

7-38 发电机—变压器组的非电量保护有哪些？

（1）主变压器、高压厂用变压器瓦斯保护。

（2）发电机断水保护。

（3）热工保护。

（4）主变压器温度高保护。

（5）主变压器冷却器全停保护等。

7-39 在运行设备的保护、自动装置上进行的哪些工作，由运行人员执行？

（1）投入或退出保护及自动装置的直流电源。

（2）投入或退出保护装置的出口连接片和其他各连接片。

(3) 用操作屏上的按钮复归信号及掉牌。

7-40 发电机—变压器组保护出口方式有哪些？

(1) 全停。断开发电机—变压器组主断路器，断开灭磁开关，关主汽门，跳厂用A、B分支，启动快切，启动失灵。

(2) 解列灭磁。断开发电机—变压器组主断路器，断开灭磁开关，跳厂用A、B分支，启动快切，启动失灵。

(3) 程序跳闸。关主汽门、由程序逆功率解列灭磁。

7-41 投入保护出口连接片前应注意哪些问题？

电气保护出口连接片投入前，必须核对连接片名称正确，同时用万用表直流电压挡测量连接片两端对地电压（严禁用万用表直接测量连接片两端电压），若连接片一端为正电，另一端为负电，则严禁投入该连接片，必须查明原因后方可投入。

7-42 当运行中的保护或自动装置动作后，值班人员必须记录的有关信息有哪些？

(1) 所动作的保护信号。

(2) 所有跳闸及自动合闸的开关，分相跳闸的应说明是哪一相。

(3) 故障出现时的光字牌及其他信号。

(4) 电压、频率、负荷波动情况及故障现象。

(5) 故障发生的日期、时间。

7-43 变压器差动保护的类型有哪些？

(1) 比率制动式差动保护。为了克服励磁涌流的影响，常采用二次谐波闭锁原理、波形原理或对称识别原理，以防止由于励磁涌流而造成的保护误动。

(2) 标积制动式差动保护。

(3) 零序差动保护。

(4) 工频变化量比率差动保护。

7-44 简述瓦斯保护的动作原理。

变压器的差动保护虽能保护匝间短路，但是，若短路的匝数不多时，该绕组的电流变化不大，保护可能不动作。因此，通常在容量大于 800kVA 的变压器上均装设有瓦斯保护。变压器的铁芯和绕组一般都放在油箱内，利用油作为绝缘和冷却介质。在油箱内发生各种故障（包括轻微的匝间短路）时，在短路电流所产生的电弧作用下，会使油和其他绝缘材料受热而分解，产生气体（即所谓瓦斯）。由于气体比较轻，它要从油箱流向储油柜的上部。当故障严重时，将产生大量气体，会有剧烈的油流和气流涌向储油柜上部。利用这一特点，可构成反映气体流动的保护，通常称为瓦斯保护，是变压器的主保护之一。

7-45 判断重瓦斯保护正确动作与否的依据是什么？

(1) 变压器差动保护是否动作。
(2) 发电机强励是否动作，保护动作前，变压器温度、声音、电压、电流有无变化。
(3) 有无明显故障象征，如灯暗、火光、爆炸声等。
(4) 防爆管和吸潮器有无破裂、喷油现象。
(5) 气体继电器内有无气体，重瓦斯信号是否能复归。

7-46 简述主变压器冷却系统故障保护的原理。

冷却系统故障保护应根据主变压器油的表面温度首先动作于发信号，其次带时限动作于程序跳闸。

当冷却器故障引起主变压器超过安全限值时，并不是立即将主变压器退出运行，常常允许其短时运行一段时间，以便处理冷却器故障。这期间可以降低变压器负荷运行，使变压器温度恢复到正常水平。若在规定时间内温度不能降至正常水平，才切除发电机—变压器组。当主变压器冷却器发生故障时，温度升高，超过限值后温度保护首先动作，发出报警的同时开放冷却器故障保护出口。这时主变压器电流若超过Ⅰ段整定值，先按继电器固有

延时 T_0 动作于减出力,使发电机—变压器组负荷降低,促使主变压器温度下降。若温度保护返回,则发电机—变压器组维持在较低负荷下运行,以减少停运机会;若温度保护仍不能返回,即说明减出力无效,为保证主变压器的安全,主变压器冷却器保护将以Ⅰ段延时,动作于程序跳闸。延时 T 值通常按失去冷却系统后,变压器允许运行时间整定。

7-47 330~500kV 电力网线路主保护配置有何要求?

(1) 设置两套完整、独立的全线速动主保护。

(2) 两套主保护的交流电流、电压回路分别采用电流互感器和电压互感器的二次绕组,直流回路应分别采用专用的直流熔断器供电。

(3) 每一套主保护对全线路内发生的各种类型故障(包括单相接地、两相接地、两相短路、三相短路、非全相运行故障及转移性故障等),均能无时限动作切除故障。

(4) 每套主保护应具有独立选相功能,能按用户要求实现分相跳闸或三相跳闸。

(5) 断路器有两组跳闸线圈,每套主保护分别启动一组跳闸线圈。

(6) 两套主保护分别使用独立的远方信号传输设备。

7-48 330~500kV 电力网线路后备保护配置有何要求?

(1) 线路保护采用近后备保护方式。

(2) 每条线路都应配置能反映线路各种类型故障的后备保护。当双重化的每套主保护都有完善的后备保护时,可不再另设后备保护。只要其中一套主保护无后备,则应再设一套完整的独立的后备保护。

(3) 对相间短路,后备保护宜采用阶段式距离保护。

(4) 对接地短路,应装设接地距离保护并辅以阶段式或反时限零序电流保护;对中长线路,若零序电流保护能满足要求,也可只装设阶段式零序电流保护。接地后备保护应保证在接地电阻不大于 3000Ω 时,能可靠地、有选择性地切除故障。

(5) 正常运行方式下,保护安装处短路,电流速断保护的灵敏度系数在 1.2 以上时,还可装设电流速断保护作为辅助保护。

7-49 试分析发电机纵联差动保护与横联差动保护的作用及保护范围。能否互相取代?

纵联差动保护是实现发电机内部短路故障保护的最有效的保护方法,是发电机定子绕组相间短路的主保护。

横联差动保护是反映发电机定子绕组的一相匝间短路和同一相两并联分支间的匝间短路的保护,对于绕组为星形联结且每相有两个并联引出线的发电机均需装设横联差动保护。

在定子绕组引出线或中性点附近相间短路时,两中性点连线中的电流较小,横差保护可能不动作,出现死区可达 15%~20%,因此不能取代纵联差动保护。

7-50 为什么 220kV 及以上系统要装设断路器失灵保护,其作用是什么?

220kV 及以上的输电线路一般输送的功率大,输送距离远,为提高线路的输送能力和系统的稳定性,往往采用分相断路器和快速保护。由于断路器存在操作失灵的可能性,当线路发生故障而断路器又拒动时,将给电网带来很大威胁,故应装设断路器失灵保护装置,有选择地将失灵拒动的断路器所在(连接)母线的断路器断开,以减少设备损坏,缩小停电范围,提高系统的安全稳定性。

7-51 什么是母线完全差动保护?什么是母线不完全差动保护?

母线完全差动保护是将母线上所有的各连接元件的电流互感器按同名相、同极性连接到差动回路,电流互感器的特性与变比均应相同，若变比不能相同时，可采用补偿变流器进行补偿，满足 $\Sigma I=0$。差动继电器的动作电流按下述条件计算、整定，取其最大值：①躲开外部短路时产生的不平衡电流。②躲开母线连接元件中，最大负荷支路的最大负荷电流，以防止电流二次回路断线时误动。

母线不完全差动保护只需将连接于母线的各有电源元件上的电流互感器接入差动回路，在无电源元件上的电流互感器不接入差动回路。因此，在无电源元件上发生故障时该保护将动作。电流互感器不接入差动回路的无电源元件是电抗器或变压器。

7-52 整组试验有什么反措要求？

用整组试验的方法，即除由电流及电压端子通入与故障情况相符的模拟故障量外，保护装置应处于与投入运行完全相同的状态，检查保护回路及整定值的正确性。不允许用卡继电器触点、短接触点或类似的人为手段做保护装置的整组试验。

7-53 继电保护双重化配置的原则是什么？

继电保护双重化配置的原则：两套独立的 TA、TV 检测元件，两套独立的保护装置，两套独立的断路器跳闸机构，两套独立的控制电缆，两套独立的蓄电池供电。

7-54 对保护装置的巡视项目包括哪些？

每班应按下列项目对继电保护及自动装置进行一次检查：

（1）每班接班后，应检查继电保护和自动装置无异味、无过热、无异声、无振动、无异常信号。

（2）检查继电器罩壳及微机保护柜门等完整，无裂纹。

（3）检查所有户外端子箱密封良好，TV 二次开关在投入位置，TA 无开路现象。

（4）装置所属断路器、隔离开关、熔断器、试验部件插头、连接片等位置应正确。

(5) 继电器触点无抖动、发热、发响现象。

(6) 装置所属各指示灯的燃亮情况及保护的投、停均和当时的实际运行方式相符。

(7) 继电器无动作信号、掉牌及其他异常现象。

(8) 装置内部表计指示应正确。

7-55 系统发生两相相间短路时，短路电流包含什么分量？

正序和负序。

7-56 小接地电流系统中，为什么单相接地保护在多数情况下只是用来发信号，而不动作于跳闸？

小接地电流系统中，一相接地时并不破坏系统电压的对称性，通过故障点的电流仅为系统的电容电流，或是经过消弧线圈补偿后的残流，其数值很小，对电网运行及用户的工作影响较小。为了防止再发生一点接地时形成短路故障，一般要求保护装置及时发出预告信号，以便值班人员酌情处理。

7-57 继电保护快速切除故障对电力系统有哪些好处？

快速切除故障的好处：

(1) 提高电力系统的稳定性。

(2) 电压恢复快，电动机容易自启动并迅速恢复正常，减少对用户的影响。

(3) 减轻电气设备的损坏程度，防止故障进一步扩大。

(4) 短路点易于去游离，提高重合闸的成功率。

7-58 什么叫定时限过流保护？什么叫反时限过流保护？

为了实现过流保护的动作选择性，各保护的动作时间一般按阶梯原则进行整定。即相邻保护的动作时间，自负荷向电源方向逐级增大，且每套保护的动作时间是恒定不变的，与短路电流的大小无关。具有这种动作时限特性的过流保护称为定时限过流保护。反时限过流保护是指动作时间随短路电流的增大而自动减小的保护。使用在输电线路上的反时限过流保护，能更快地切除被保护线路首端的故障。

7-59 什么叫电流速断保护？它有什么特点？

按躲过被保护元件外部短路时流过本保护的最大短路电流进行整定，以保证有选择性地动作的无时限电流保护，称为电流速断保护。

其特点是接线简单，动作可靠，切除故障快，但不能保护线路全长。保护范围受系统运行方式变化的影响较大。

7-60 什么是带时限速断保护？其保护范围是什么？

（1）具有一定时限的过流保护，称带时限速断保护。

（2）其保护范围主要是本线路末端，并延伸至下一段线路的始端。

7-61 在一次设备运行而停用部分保护进行工作时，应特别注意什么？

在一次设备运行而停用部分保护进行工作时，应特别注意断开不经连接片的跳、合闸线及与运行设备有关的连线。

7-62 检修断路器时为什么必须把二次回路断开？

检修断路器时如果不断开二次回路，会危及人身安全并可能造成直流接地、短路，甚至造成保护误动，引起系统故障，所以必须断开二次回路。

7-63 何谓继电保护装置的选择性？

所谓继电保护装置的选择性，是当系统发生故障时，继电保护装置应该有选择地切除故障，以保证非故障部分继续运行，使停电范围尽量缩小。

7-64 何谓继电保护装置的快速性？

继电保护装置的快速性是指继电保护应以允许的可能最快速

度动作于断路器跳闸，以断开故障或中止异常状态的发展。快速切除故障，可以提高电力系统并列运行的稳定性，减少电压降低的工作时间。

7-65 何谓继电保护装置的灵敏性？

灵敏性是指继电保护装置对其保护范围内故障的反映能力，即继电保护装置对被保护设备可能发生的故障和不正常运行方式应能灵敏地感受并反映。上下级保护之间的灵敏性必须配合，这也是保护选择性的条件之一。

7-66 何谓继电保护装置的可靠性？

继电保护装置的可靠性，是指发生了属于它应该动作的故障时，它能可靠动作，即不发生拒绝动作；而在任何其他不属于它动作的情况下，可靠不动作，即不发生误动。

7-67 如何保证继电保护的可靠性？

继电保护的可靠性主要由配置合理、质量和技术性能优良的继电保护装置以及正常的运行维护和管理来保证。任何电力设备（线路、母线、变压器等）都不允许在无继电保护的状态下运行。220kV及以上电网的所有运行设备都必须由两套交、直流输入、输出回路相互独立，并分别控制不同断路器的继电保护装置进行保护。当任一套继电保护装置或任一组断路器拒绝动作时，能由另一套继电保护装置操作另一组断路器切除故障。在所有情况下，要求这两套继电保护装置和断路器所取的直流电源都经由不同的熔断器供电。

7-68 试述电力系统谐波对电网产生的影响。

电力系统谐波对电网的影响主要包括：

（1）谐波对旋转设备和变压器的主要危害是引起附加损耗和发热增加，此外谐波还会引起旋转设备和变压器振动并发出噪声，长时间的振动会造成金属疲劳和机械损坏。

(2) 谐波对线路的主要危害是引起附加损耗。

(3) 谐波可引起系统的电感、电容发生谐振，使谐波放大。当谐波引起系统谐振时，谐波电压升高，谐波电流增大，引起继电保护及安全自动装置误动，损坏系统设备（如电力电容器、电缆、电动机等），引发系统事故，威胁电力系统的安全运行。

(4) 谐波可干扰通信设备，增加电力系统的功率损耗（如线损），使无功补偿设备不能正常运行等，给系统和用户带来危害。

限制电力系统谐波的主要措施：增加换流装置的脉动数，加装交流滤波器、有源电力滤波器，加强谐波管理。

7-69 何谓振荡解列装置？

当电力系统受到较大干扰而发生非同步振荡时，为防止整个系统的稳定被破坏，经过一段时间或超过规定的振荡周期数后，在预定地点将系统进行解列，执行振荡解列的自动装置称为振荡解列装置。

7-70 消除电力系统振荡的主要措施有哪些？

(1) 无论频率升高或降低的发电厂都要按发电机事故过负荷的规定，最大限度地提高励磁电流。

(2) 发电厂应迅速采取措施恢复正常频率。送端高频率的发电厂，迅速降低发电出力，直到振荡消除或恢复到正常频率为止。受端低频率的发电厂，应充分利用备用容量和事故过载能力提高频率，直至消除振荡或恢复到正常频率为止。

(3) 争取在 3~4min 内消除振荡，否则应在适当地点将部分系统解列。

7-71 发电机定子接地保护是如何实现的？采用该种保护方式的原因是什么？

发电机定子接地保护由发电机机端零序电压和中性点侧三次谐波电压共同构成 100% 保护区。

基波零序电压取自机端三相电压互感器的开口三角上，正常时机端和靠近中性点处的零序电压基本等于零；在发电机出口处单相接地时，机端 TV 开口三角形基波零序电压为 100V；在中性点处发生单相接地时，机端 TV 开口三角形基波零序电压为 0V，因此基波零序电压间接地反映了单接地点的位置。而电压继电器的动作电压一般采用 5～10V，故基波零序定子接地保护的保护范围不能超过 90～95%，在机端到中性点之间的任何位置发生单相接地故障都应在保护范围内，所以另外的 5%～10% 死区只能由三次谐波定子电压保护来完成。

正常时机端三次谐波电压总比中性点侧三次谐波电压小，而在靠近中性点附近接地时，三次谐波电压分布正好相反，利用这一特点构成可反映三次谐波的定子接地保护。

7-72 发电机出口 TV 断线时将发电机定子接地保护的基波部分和三次谐波部分都闭锁吗？为什么？

TV 断线时，只是影响发电机出口 TV 的开口三角形，可能引起 95% 定子接地保护的误动，所以需闭锁。但和从发电机中性点引出的三次谐波保护关系不大。

7-73 全停发电机和全停发电机—变压器组有什么区别？

(1) 全停发电机。停汽轮机、停锅炉（机跳炉）、断开发电机出口断路器、灭磁。

(2) 全停发电机—变压器组。停汽轮机、停锅炉（机跳炉）、断开发电机出口断路器、灭磁、断开主变压器高压侧两台断路器、断开厂用高压变压器低压分支 4 台断路器。

7-74 自并励发电机复合电压闭锁过流保护为什么要采取电压记忆措施？

为了避免短路电流的衰减影响保护的灵敏度，自并励磁的发电机后备保护采用带记忆的复合电压闭锁过流保护，即电流启动记忆，由复合电压闭锁的延时保护，发电机闭锁电压采用负序电压和低电压组合。

7-75 发电机的失磁保护为什么要加装负序电压闭锁装置？

在电压互感器一相断线或两相断线及系统非对称性故障时，发电机的失磁保护可能要动作。为了防止失磁保护在以上情况下误动，加装负序电压闭锁装置，使发电机失磁保护在发电机真正失磁时，反映失磁的继电器动作，而负序电压闭锁继电器不动作。

7-76 为什么发电机要装设复合电压启动过流保护？为什么这种保护要使用发电机中性点处的电流互感器？

这是为了作为发电机的差动保护或下一元件的后备保护而设置的，当出现下列两种故障时起作用：

（1）当外部短路，故障元件的保护装置或断路器拒绝动作时。

（2）在发电机差动保护范围内故障，而差动保护拒绝动作时。

为了使这套保护在发电机加压后未并入母线上以前，或从母线上断开以后（电压未降），发生内部短路时，仍能起作用，所以要选用发电机中性点处的电流互感器。

7-77 失磁保护判据的特征是什么？

（1）无功功率方向改变。

（2）超越静稳边界。

（3）进入异步边界。

利用上述三个特征，可以区别是正常运行还是出现了低励或失磁。

7-78 什么叫低频振荡？产生的主要原因是什么？

并列运行的发电机间，在小干扰下发生的频率为 0.2～

2.5Hz 范围内的持续振荡现象叫低频振荡。

低频振荡产生的原因是由于电力系统的负阻尼效应，常出现在弱联系、远距离、重负荷的输电线路上，在采用快速、高放大倍数励磁系统的条件下更容易发生。

7-79 为什么要装设发电机意外加电压保护？

发电机在盘车过程中，由于出口断路器误合闸，突然加电压，使发电机异步启动，它能给机组造成损伤。因此需要有相应的保护，当发生上述事件时，迅速切除电源。一般设置专用的意外加电压保护，可用延时返回的低频元件和过流元件共同存在为判据。该保护正常运行时停用，机组停用后才投入。当然在异常启动时，逆功率保护、失磁保护、阻抗保护也可能动作，但时限较长，设置专用的误合闸保护比较好。

7-80 为什么要装设发电机断路器断口闪络保护？

接在 220kV 以上电压系统中的大型发电机—变压器组，在进行同步并列的过程中，作用于断口上的电压，随待并发电机与系统等效发电机电动势之间的相角差 Δ 的变化而不断变化。当 Δ=180° 时其值最大，为两者电动势之和。当两电动势相等时，则有两倍的相电压作用于断口上，有时要造成断口闪络事故。

断口闪络除给断路器本身造成损坏外，还可能由此引起事故扩大，破坏系统的稳定运行。一般是一相或两相闪络，产生负序电流，威胁发电机的安全。

为了尽快排除断口闪络故障，在大机组上可装设断口闪络保护。断口闪络保护动作的条件是断路器处于三相断开位置时有负序电流出现。断口闪络保护首先动作于灭磁，失效时动作于断路失灵保护。

7-81 主变压器配置了哪些保护？

主变压器配置了主变压器差动保护、主变压器过励磁保护、主变压器复合电压过流保护、主变压器高压侧零序保护、主变压器通风保护、主变压器低压侧过电压保护、主变压器冷却器故障保护、主变压器温度保护、主变压器瓦斯保护、主变压力释放保护、主变压器油位保护（只发信号）。

7-82　厂用高压变压器配置了哪些保护？

厂用高压变压器配置了厂用高压变压器差动保护、厂用高压变压器复合过流保护、厂用高压变压器过负荷调压闭锁、厂用高压变压器通风保护、厂用高压变压器分支 A 过流保护、厂用高压变压器分支 B 过流保护、厂用高压变压器分支 A 零序过流保护、厂用高压变压器分支 B 零序过流保护、厂用高压变压器冷却器故障保护、厂用高压变压器油位保护（发信）、厂用高压变压器温度保护（发信号）、厂用高压变压器瓦斯保护、厂用高压变压器有载调压瓦斯保护、厂用高压变压器压力释放保护。

7-83　励磁变压器配置了哪些保护？

励磁变压器配置了励磁过负荷保护、励磁变压器差动保护、励磁变压器过流保护。

7-84　启动变压器差动保护范围包括哪些？

保护范围包括：启动变压器高压套管、启动变压器、启动变压器低压分支封闭母线（至 6kV 电源进线柜）。

7-85　变压器采用了二次谐波比率制动的差动保护，为什么还要增设差动电流速断保护？

如果区内短路电流非常大，电流互感器严重饱和，短路电流的二次波形将发生畸变，可能出现间断角和包括二次谐波的各种高次谐波。而对于长线或附近装有静止补偿电容器的场合，在变压器发生内部严重故障时，由于谐振也会短时出现较大的衰减二次谐波电流。

对于上述两种情况，二次谐波制动原理的差动保护均可能拒绝动作，因此要采用高定值的差动电流速断保护，这时不需再进行是否是励磁涌流的判断和制动，改由差流元件直接出口。

7-86 变压器差动保护在变压器带负荷后，应检查哪些内容？

在变压器带负荷运行后，应先测六角图（负荷电流相量图），然后用高内阻电压表测执行元件线圈上的不平衡电压。一般情况下，在额定负荷时，此不平衡电压不应超过 0.15V。

7-87 什么是瓦斯保护？有哪些优缺点？

（1）当变压器内部发生故障时，变压器油将分解出大量气体，利用这种气体动作的保护装置称瓦斯保护。

（2）瓦斯保护的动作速度快、灵敏度高，对变压器内部故障有良好的反应能力，但对油箱外套管及连线上的故障反应能力却很差。

7-88 何谓复合电压启动的过流保护？

复合电压启动的过流保护，是在过流保护的基础上，加入由一个负序电压继电器和一个接在相间电压上的低电压继电器组成的复合电压启动元件构成的保护。只有在电流测量元件及电压启动元件均动作时，保护装置才能动作于跳闸。

7-89 气体继电器重瓦斯的流速一般整定为多少？轻瓦斯的动作容积整定值又是多少？

重瓦斯的流速一般整定在 0.6～1m/s，对于强迫油循环的变压器整定为 1.1～1.4m/s；轻瓦斯的动作容积，可根据变压器的容量大小整定在 200～300mm^3 范围内。

7-90 变压器差动保护不平衡电流是怎样产生的？

（1）变压器正常运行时的励磁电流。

（2）由于变压器各侧电流互感器型号不同而引起的不平衡

电流。

(3) 由于实际的电流互感器变比和计算变比不同而引起的不平衡电流。

(4) 由于变压器改变调压分接头而引起的不平衡电流。

7-91 瓦斯保护的保护范围是什么?

(1) 变压器内部的多相短路。

(2) 匝间短路、绕组与铁芯或与外壳间的短路。

(3) 铁芯故障。

(4) 油面下降或漏油。

(5) 分接开关接触不良或导线焊接不良。

7-92 目前变压器差动保护中防止励磁涌流影响的方法有哪些?

(1) 采用具有速饱和铁芯的差动继电器。

(2) 鉴别短路电流和励磁涌流波形的区别,要求间断角为 $60°\sim65°$。

(3) 利用二次谐波制动,制动比为 15%～20%。

7-93 变压器差动保护的稳态情况下不平衡电流产生的原因有哪些?

(1) 由于变压器各侧电流互感器型号不同,即各侧电流互感器的饱和特性和励磁电流不同而引起的不平衡电流。它必须满足电流互感器的 10% 误差曲线的要求。

(2) 由于实际的电流互感器变比和计算变比不同而引起的不平衡电流。

(3) 由于改变变压器调压分接头而引起的不平衡电流。

7-94 变压器差动保护的暂态情况下不平衡电流是怎样产生的?

(1) 由于短路电流的非周期分量主要为电流互感器的励磁电

流,使其铁芯饱和,误差增大而引起不平衡电流。

(2) 变压器空载合闸的励磁涌流,仅在变压器一侧有电流。

7-95 试述变压器瓦斯保护的基本工作原理。

瓦斯保护是变压器的主要保护,能有效地反映变压器内部故障。轻瓦斯继电器由开口杯、干簧触点等组成,作用于信号。重瓦斯继电器由挡板、弹簧、干簧触点等组成,作用于跳闸。正常运行时,气体继电器充满油,开口杯浸在油内,处于上浮位置,干簧触点断开。当变压器内部故障时,故障点局部发生过热,引起附近的变压器油膨胀,油内溶解的空气被逐出,形成气泡上升,同时油和其他材料在电弧和放电等的作用下电离而产生瓦斯。当故障轻微时,排出的瓦斯气体缓慢地上升而进入气体继电器,使油面下降,以开口杯产生的支点为轴逆时针方向的转动,使干簧触点接通,发出信号。

当变压器内部故障严重时,产生强烈的瓦斯气体,使变压器内部压力突增,产生很大的油流向储油柜方向冲击,因油流冲击挡板,挡板克服弹簧的阻力,带动磁铁向干簧触点方向移动,使干簧触点接通,作用于跳闸。

7-96 为什么大型变压器应装设过励磁保护?

根据大型变压器工作磁密 B 与电压、频率之比 U/f 成正比,即电压升高或频率下降都会使工作磁密增加。现代大型变压器,额定工作磁密 $B_N = 17\ 000 \sim 18\ 000T$,饱和工作磁密 $B_S = 19\ 000 \sim 20\ 000T$,两者相差不大。当 U/f 增加时,工作磁密 B 增加,使变压器励磁电流增加,特别是在铁芯饱和之后,励磁电流要急剧增大,造成变压器过励磁。过励磁会使铁损增加,铁芯温度升高;同时还会使漏磁场增强,使靠近铁芯的绕组导线、油箱壁和其他金属构件产生涡流损耗、发热、引起高温,严重时造成局部变形和损伤周围的绝缘介质。因此,对于现代大型变压器,应装设过励磁保护。

7-97 变压器发生穿越性故障时，瓦斯保护会不会发生误动作？怎样避免？

当变压器发生穿越性故障时，瓦斯保护可能会发生误动作。其原因如下：

（1）在穿越性故障电流作用下，绕组或多或少产生辐向位移，将使一次和二次绕组间的油隙增大，油隙内和绕组外侧产生一定的压力差，加速油的流动。当压力差变化大时，气体继电器就可能误动。

（2）穿越性故障电流使绕组发热。虽然短路时间很短，但当短路电流倍数很大时，绕组温度上升很快，使油的体积膨胀，造成气体继电器误动。

这类误动作，可通过调整流速定值来躲过。

7-98 对变压器及厂用变压器装设气体继电器有什么规定？

带有储油柜的800kVA及以上变压器、火电厂400kVA和水电厂180kVA及以上厂用变压器应装设气体继电器。

7-99 变压器的差动保护是根据什么原理装设的？

变压器的差动保护是按循环电流原理装设的。在变压器两侧安装具有相同型号的两台电流互感器，其二次侧采用环流法接线。在正常与外部故障时，差动继电器中没有电流流过，而在变压器内部发生相间短路时，差动继电器中就会有很大的电流流过。

7-100 线路差动保护、主变压器的差动保护、发电机的差动保护有何不同？

从基本原理而言，它们是一样的，并且保护范围都是相应各电流互感器之间所有类型的短路故障。它们只是在设计要求上存在一些细小的差别：

（1）变压器差动保护所用的电流互感器要考虑变比和相角差

的匹配问题。

(2) 线路差动保护要考虑远距离信号传递所带来的问题。

(3) 发电机差动保护要考虑在中性点附近出现短路故障时灵敏度偏低的问题。

(4) 发电机属于大电阻接地系统,在单相接地故障时,其故障电流一般不会大于 10A,所以发电机的单相接地不属于短路故障,差动保护不会动作。但 500kV 系统是大电流接地系统,发生 500kV 单相接地时,差动保护会动作。

7-101 断路器失灵保护中电流控制元件怎样整定?

电流控制元件按最小运行方式下,本端母线故障,对端故障电流最小时应有足够的灵敏度来整定,并保证在母联断路器断开后,电流控制元件应能可靠动作。电流控制元件的整定值一般应大于负荷电流,如果按灵敏度的要求整定后,不能躲过负荷电流,则应满足灵敏度的要求。

7-102 大电流接地系统中发生接地短路时,零序电流的分布与什么有关?

零序电流的分布只与系统的零序网络有关,与电源的数目无关。当增加或减少中性点接地的变压器台数时,系统零序网络将发生变化,从而改变零序电流的分布。当增加或减少接在母线上的发电机台数和中性点不接地变压器台数,而中性点接地变压器的台数不变时,只改变接地电流的大小,而与零序电流的分布无关。

7-103 什么叫电压互感器反充电?对保护装置有什么影响?

通过电压互感器二次侧向不带电的母线充电称为反充电。如 220kV 电压互感器,变比为 2200,停电的一次母线即使未接地,其阻抗(包括母线电容及绝缘电阻)虽然较大,假定为 $1M\Omega$,但从电压互感器二次侧看到的阻抗只有 $1\,000\,000/2200^2 = 0.2\Omega$,近乎短路,故反充电电流较大(反充电电流主要取决于电缆电阻及两个电压互感器的漏抗),将造成运行中的电压互感器二次侧小开关跳开或熔断器熔断,使运行中的保护装置失去电压,可能造成保护装置的误动或拒动。

7-104 什么是自动重合闸?电力系统为什么要采用自动重合闸?

自动重合闸装置是将因故跳开后的断路器按需要自动投入的一种自动装置。电力系统运行经验表明,架空线路绝大多数的故障都是瞬时性的,永久性故障一般不到10%。因此,在由继电保护动作切除短路故障之后,电弧即行熄灭,绝大多数情况下短路处的绝缘可以自动恢复。因此,自动将断路器重合,不仅提高了供电的安全性,减少了停电损失,而且还提高了电力系统的暂态稳定水平,增大了高压线路的送电容量。所以,架空线路要采用自动重合闸装置。

7-105 什么叫重合闸后加速?

在被保护线路发生故障时,保护装置有选择性地将故障部分切除,与此同时重合闸装置动作,进行一次重合。若重合于永久故障时,保护装置不带时限无选择性地动作跳开断路器,这种保护装置称为重合闸后加速。

7-106 综合重合闸装置的作用是什么?

综合重合闸装置的作用:当线路发生单相接地或相间故障时,进行单相或三相跳闸及进行单相或三相一次重合闸。特别是当发生单相接地故障时,可以有选择性地跳开故障相两侧的断路器,使非故障两相继续供电,然后进行单相重合闸。这对超高压电网的稳定运行有着重大意义。

7-107 综合重合闸有几种运行方式?

综合重合闸可由切换开关实现如下四种重合闸方式:
(1)综合重合闸方式。单相故障,跳单相,单相重合(检查同期或检查无压）；相间故障时跳三相，三相重合。重合于永久性故障时跳三相。

（2）三相重合闸方式。任何类型的故障都跳三相，三相重合（检查同期或检查无压），重合于永久性故障时跳三相。

（3）单相重合闸方式。单相故障时跳单相，单相重合，相间故障时三相跳开不重合。

（4）停用方式。任何故障时都跳三相，不重合。

7-108 什么情况下会闭锁线路开关重合闸信号？

（1）开关 SF_6 气室压力低。
（2）开关操动机构储能不足或油压（气压）低。
（3）母线保护动作。
（4）开关失灵保护动作。
（5）线路距离保护Ⅱ段或Ⅲ段动作。
（6）开关断相保护动作。
（7）有远方跳闸信号。
（8）开关手动分闸。
（9）单相重合闸方式下出现相间距离保护动作信号。
（10）手动合闸于故障线路时。
（11）单相重合闸方式下出现三相跳闸时。
（12）重合于永久性故障再次跳闸后。

7-109 选用重合闸方式的一般原则是什么？

（1）重合闸方式必须根据具体的系统结构及运行条件，经过分析后选定。

（2）凡是选用简单的三相重合闸方式能满足具体实际需要的，线路都应当选用三相重合闸方式。对于那些处于集中供电地区的密集环网，线路跳闸后不进行重合闸也能稳定运行的线路，更宜采用整定时间适当的三相重合闸。对于这样的环网线路，快速切除故障是第一位重要的问题。

（3）当发生单相接地故障时，在使用三相重合闸不能保证系统稳定，或者地区系统会出现大面积停电，或者影响重要负荷停电的线路上，应当选用单相或综合重合闸方式。

（4）在大机组出口一般不使用三相重合闸。

7-110 采用单相重合闸为什么可以提高暂态稳定性？

采用单相重合闸后，由于故障时切除的是故障相而不是三相，在切除故障相后至重合闸前的一段时间里，送电端和受电端没有完全失去联系（电气距离与切除三相相比，要小得多），这样可以减少加速面积，增加减速面积，提高暂态稳定性。

7-111 自动重合闸的启动方式有哪几种？各有什么特点？

自动重合闸有两种启动方式：断路器控制开关位置与断路器位置不对应启动方式和保护启动方式。

不对应启动方式的优点：简单可靠，还可以纠正断路器误碰或偷跳，可提高供电可靠性和系统运行的稳定性，在各级电网中具有良好的运行效果，是所有重合闸的基本启动方式。其缺点：当断路器辅助触点接触不良时，不对应启动方式将失效。保护启动方式是不对应启动方式的补充。同时，在单相重合闸过程中需要进行一些保护的闭锁，逻辑回路中需要对故障相实现选相固定等，也需要一个保护启动的重合闸启动元件。其缺点是不能纠正断路器误动。

7-112 重合闸重合于永久故障上对电力系统有什么不利影响？

（1）使电力系统又一次受到故障的冲击。

（2）使断路器的工作条件变得更加严重，因为在连续短时间内，断路器要两次切断电弧。

7-113 运行中的线路，在什么情况下应停用线路重合闸装置？

(1) 装置不能正常工作时。
(2) 不能满足重合闸要求的检查测量条件时。
(3) 可能造成非同期合闸时。
(4) 长期对线路充电时。
(5) 开关遮断容量不允许重合时。
(6) 线路上有带电作业要求时。
(7) 系统有稳定要求时。
(8) 超过开关跳合闸次数时。

7-114 自动重合闸怎样分类？

(1) 按重合闸的动作分类，可以分为机械式和电气式。
(2) 按重合闸作用于断路器的方式，可以分为三相、单相和综合重合闸三种。
(3) 按动作次数，可以分为一次式和二次式（多次式）。
(4) 按重合闸的使用条件，可分为单侧电源重合闸和双侧电源重合闸。双侧电源重合闸又可分为检定无压和检定同期重合闸、非同期重合闸。

7-115 对双侧电源送电线路的重合闸有什么特殊要求？

双侧电源送电线路的重合闸，除满足对自动重合闸装置应有的那些基本要求外，还应满足以下要求：
(1) 当线路上发生故障时，两侧的保护装置可能以不同的时限动作于跳闸。因此，线路两侧的重合闸必须保证在两侧的开关都跳开以后，再进行重合。
(2) 当线路上发生故障跳闸以后，常存在着重合时两侧电源是否同期，是否允许非同期合闸的问题。

7-116 一条线路有两套微机保护，线路投单相重合闸方式，该两套微机保护重合闸应如何使用？

一条线路有两套微机保护，两套微机保护重合闸的把手均打在单相重合闸位置，合闸出口连接片都投入，一套先动作闭锁，另一套重合闸动作。

7-117 什么叫距离保护？距离保护的特点是什么？

距离保护是以距离测量元件为基础构成的保护装置，其动作和选择性取决于本地测量参数（阻抗、电抗、方向）与设定的被保护区段参数的比较结果，而阻抗、电抗又与输电线的长度成正比，故称距离保护。

距离保护主要用于输电线的保护，一般是三段或四段式。第Ⅰ、Ⅱ段带方向性，作为本线路的主保护，其中第Ⅰ段保护本线路的80%～90%，第Ⅱ段保护全线，并作为相邻母线的后备保护。第Ⅲ段带方向或不带方向，有的还设有不带方向的第Ⅳ段，作为本线及相邻线路的后备保护。

整套距离保护包括故障启动、故障距离测量、相应的时间逻辑回路与交流电压回路断线闭锁，有的还配有振荡闭锁等基本环节以及对整套保护的连续监视等装置，有的接地距离保护还配备单独的选相元件。

7-118 距离保护装置一般由哪几部分组成？简述各部分的作用。

为使距离保护装置动作可靠，距离保护装置应由五个基本部分组成。

（1）测量部分。用于对短路点的距离测量和判别短路故障的方向。

（2）启动部分。用来判别系统是否处在故障状态。当短路故障发生时，瞬时启动保护装置。有的距离保护装置的启动部分还兼起后备保护的作用。

（3）振荡闭锁部分。用来防止系统振荡时距离保护误动作。

（4）二次电压回路断线失压闭锁部分。用来防止电压互感器二次回路断线失压时，由于阻抗继电器动作而引起的保护误动作。

（5）逻辑部分。用来实现保护装置应具有的性能和建立保护各段的时限。

7-119　距离保护有哪些闭锁装置？各起什么作用？

距离保护有两种闭锁装置，交流电压断线闭锁和系统振荡闭锁。交流电压断线闭锁：电压互感器二次回路断线时，由于加到继电器的电压下降，好像短路故障一样，保护可能误动作，所以要加闭锁装置。振荡闭锁：在系统发生故障出现负序分量时将保护开放（0.12～0.15s），允许动作，然后再将保护解除工作，防止系统振荡时保护误动作。

7-120　距离保护中为什么要有断线闭锁装置？

当电压互感器二次回路断线造成距离保护失去电压时，由于电流回路仍然有负荷电流，阻抗继电器有可能误动作。为了防止距离保护在电压回路断线时误动作，距离保护中设置了电压回路断线闭锁装置。该装置在距离保护交流电压回路断线时，将整套保护闭锁。对采用负序、零序电流增量元件作为启动元件的距离保护来说，虽然增量元件能起到断线闭锁的作用，但当电压回路断线时，外部又发生故障，由于增量元件的动作将引起保护误动，所以也必须装设断线闭锁装置。

7-121　高频闭锁距离保护有何优缺点？

该保护有如下优点：

（1）能足够灵敏和快速地反映各种对称和不对称故障。

（2）仍能保持远后备保护的作用（当有灵敏度时）。

（3）不受线路分布电容的影响。

缺点如下：

（1）串补电容可使高频距离保护误动或拒动。

（2）电压二次回路断线时将误动。应采取断线闭锁措施，使保护退出运行。

7-122 什么是距离保护的时限特性？

距离保护一般都做成三段式。其第Ⅰ段的保护范围一般为被保护线路全长的 80%～85%，动作时限为保护装置的固有动作时间。第Ⅱ段的保护范围需与下一线路的保护定值相配合，一般为被保护线路的全长及下一线路全长的 30%～40%，其动作时限要与下一线路距离保护第Ⅰ段的动作时限相配合，一般为 0.5s 左右。第Ⅲ段为后备保护，其保护范围较长，包括本线路和下一线路的全长甚至更远，其动作时限按阶梯原则整定。

7-123 怎样防止距离保护在过负荷时误动？

防止距离保护因过负荷而误动作的首要前提是距离元件启动值必须可靠躲开由调度运行部门负责提供的可能最大事故过负荷的数值。当重负荷的长距离线路送电侧距离保护的三段距离元件，采用一般"0°"接线方式不能满足上述前提要求时，可以采用"-30°"接线方式，但在考虑整定和运行试验方面都要特别慎重，以保证接线方式正确无误。一般情况下，这种接线方式不宜多用。"+30°"接线方式在性能上没有可取的优点，不宜使用。为了避免实际发生过的某些过负荷误动作，宜考虑以下措施：

（1）为了防止失压误动作，距离保护各段通常经由负序电流或相电流差突变量构成的启动元件控制，创造了防止正常过负荷误动作的条件。如距离元件因线路静态过负荷而动作时，由于启动元件不动作，不能跳闸。

（2）为了提高保护可靠性及便于运行，当出现距离元件动作而启动元件不动作时，设计的接线回路应使距离保护立即自动闭锁，发出警报信号，以便运行及调度值班人员处理。在确保过负荷已经稳定地消除之后，经调度同意，方可由运行值班人员将自动闭锁回路手动复归（也可经远方控制复归），使保护再投入运行。

需着重指出的是，上述两项措施不能解决事故过负荷引起的误动作。因为系统先发生事故时，启动元件已处于动作状态，不能起闭锁作用，必须从整定值上考虑防止事故过负荷引起的误动作。

7-124 电压互感器和电流互感器的误差对距离保护有什么影响？

电压互感器和电流互感器的误差会影响阻抗继电器距离测量的精确性。具体说来，电流互感器的角误差和变比误差、电压互感器的角误差和变比误差以及电压互感器二次电缆上的电压降，将引起阻抗继电器端子上电压和电流的相位误差以及数值误差，从而影响阻抗测量的精度。

7-125 造成距离保护暂态超越的因素有哪些？

当距离继电器的动作过快时，容易因下述一些原因引起暂态超越：

（1）短路初始时，一次短路电流中存在的直流分量（有串联电容时为低频分量）与高频分量。

（2）外部故障转换时的过渡过程。

（3）电流互感器与电压互感器的二次过渡过程。

（4）继电器内部回路因输入量突然改变而引起的过渡过程等。

7-126 对距离继电器的基本要求是什么？

距离保护在高压及超高压输电线路上获得了广泛的应用。距离继电器是距离保护的主要测量元件，应满足以下基本要求：

（1）在被保护线路上发生直接短路时，继电器的测量电抗应正比于母线与短路点间的距离。

（2）在正方向区外短路时不应超越动作。超越有暂态超越和稳态超越两种：暂态超越是由短路的暂态分量引起的，继电器仅短时动作，一旦暂态分量衰减继电器就返回；稳态超越是由短路处的过渡电阻引起的。

（3）应有明确的方向性。正方向出口短路时无死区，反方向短路时不应误动作。

（4）在区内经大过渡电阻短路时应仍能动作（又称动作特性能覆盖大过渡电阻），但这主要是接地距离继电器要考虑的问题。

（5）在最小负荷阻抗下不动作。

（6）能防止系统振荡时的误动。

7-127 断路器失灵保护时间定值的整定原则是什么？

断路器失灵保护时间定值的整定原则：断路器失灵保护所需动作延时，必须保证让故障线路或设备的保护装置先可靠动作跳闸，应为断路器跳闸时间和保护返回时间之和再加裕度时间，瞬跳故障开关，以较短延时动作于断开母联断路器或分段断路器，再经一时限动作于连接在同一母线上的所有有电源支路的断路器。

7-128 对 3/2 断路器接线方式的断路器，失灵保护有哪些要求？

（1）断路器失灵保护按断路器设置。

（2）鉴别元件采用反映断路器位置状态的相电流元件，应分别检查每台断路器的电流，以判别哪台断路器拒动。

（3）当 3/2 断路器接线方式的一串中的中间断路器拒动，或多角形接线方式的相邻两台断路器中的一台断路器拒动时，应采取远方跳闸装置，使线路对端断路器跳闸并闭锁其重合闸的措施。

7-129 电网调度自动化系统由哪几部分组成？

电网调度自动化系统的基本结构包括控制中心、主站系统、厂站端（RTU）和信息通道三大部分。根据所完成功能的不同，可以将此系统划分为信息采集和执行子系统、信息传输子系统、信息处理子系统和人机联系子系统。

7-130 简述保护连接片的作用。

可以理解为一个简单的不带负荷的隔离开关，起到加入后接通一个保护回路，打开后断开一个保护回路的作用。

7-131 试述双母线完全差动保护的主要优缺点。

优点如下：

（1）各组成元件和接线比较简单，调试方便，易于运行人员掌握。采用速饱和变流器可以较有效地防止由于区外故障一次电流中的直流分量导致电流互感器饱和引起的保护误动作。当元件固定连接时，母线差动保护有很好的选择性。

（2）当母联断路器断开时，母线差动保护仍有选择能力；在两条母线先后发生短路时，母线差动保护仍能可靠地动作。

缺点如下：

（1）方式破坏时，如任一母线上发生短路故障，就会将两条母线上的连接元件全部切除。因此，它适应运行方式变化的能力较差。

（2）由于采用了带速饱和变流器的电流差动继电器，其动作时间较慢（约有 30～40m 的动作延时），不能快速切除故障。

（3）如果启动元件和选择元件的动作电流按躲过外部短路时的最大不平衡电流整定，其灵敏度较低。

7-132 3/2 断路器的短引线保护起什么作用？

主接线采用 3/2 断路器接线方式的一串断路器，当一串断路器中一条线路停用时，则该线路侧的隔离开关将断开，此时保护用电压互感器停用，线路主保护停用，因此在短引线范围故障时，将没有快速保护切除故障。为此需设置短引线保护，即短引线纵联差动保护。在上述故障情况下，该保护可快速动作切除故障。

当线路运行，线路侧隔离开关投入，该短引线保护在线路侧故障时，将无选择地动作，因此必须将该短引线保护停用。一般可由线路侧隔离开关的辅助触点控制，在合闸时使短引线保护停用。

7-133　电网中主要的安全自动装置种类和作用有哪些？

电网中主要的安全自动装置种类和作用：

（1）低频、低压解列装置。地区功率不平衡且缺额较大时，应考虑在适当地点安装低频、低压解列装置，以保证该地区与系统解列后，不因频率或电压崩溃造成全停事故，同时也能保证重要用户供电。

（2）振荡（失步）解列装置。经过稳定计算，在可能失去稳定的联络线上安装振荡解列装置，一旦稳定破坏，该装置自动跳开联络线，将失去稳定的系统与主系统解列，以平息振荡。

（3）切负荷装置。为了解决与系统联系薄弱地区的正常受电问题，在主要变电站安装切负荷装置，当受电地区与主系统失去联系时，该装置动作切除部分负荷，以保证该区域发供电的平衡，也可以保证当一回联络线跳闸时，其他联络线不过负荷。

（4）自动低频、低压减负荷装置。它是电力系统重要的安全自动装置之一，在电力系统发生事故出现功率缺额使电网频率、电压急剧下降时，自动切除部分负荷，防止系统频率、电压崩溃，使系统恢复正常，保证电网的安全稳定运行和对重要用户的连续供电。

（5）大小电流联切装置。主要控制联络线正向、反向过负荷。

（6）切机装置。其作用是保证故障载流元件不严重过负荷；使解列后的电厂或局部地区电网频率不会过高，功率基本平衡，以提高稳定极限。

7-134　纵联保护在电网中的重要作用是什么？

由于纵联保护在电网中可实现全线速动，因此它可保证电力系统并列运行的稳定性，提高输送功率，缩小故障造成的损坏程度，改善后备保护之间的配合性能。

7-135　纵联保护按通道的不同可分为几种类型？

纵联保护按通道的不同可分为以下几种类型：

（1）电力线载波纵联保护（简称高频保护）。

（2）微波纵联保护（简称微波保护）。

（3）光纤纵联保护（简称光纤保护）。

（4）导引线纵联保护（简称导引线保护）。

7-136　纵联保护的信号有哪几种？

纵联保护的信号有以下三种：

（1）闭锁信号。它是阻止保护动作于跳闸的信号。换言之，无闭锁信号是保护作用于跳闸的必要条件。只有同时满足本端保护元件动作和无闭锁信号两个条件时，保护才作用于跳闸。

（2）允许信号。它是允许保护动作于跳闸的信号。换言之，有允许信号是保护动作于跳闸的必要条件。只有同时满足本端保护元件动作和有允许信号两个条件时，保护才动作于跳闸。

（3）跳闸信号。它是直接引起跳闸的信号。此时与保护元件是否动作无关，只要收到跳闸信号，保护就作用于跳闸。

7-137　简述方向比较式高频保护的基本工作原理。

方向比较式高频保护的基本工作原理：比较线路两侧各自看到的故障方向，以综合判断其为被保护线路内部还是外部故障。如果以被保护线路内部故障时看到的故障方向为正方向，则当被保护线路外部故障时，总有一侧看到的是反方向。因此，方向比较式高频保护中的判别元件是本身具有方向性的元件或是动作值能区别正、反方向故障的电流元件。所谓比较线路的故障方向，就是比较两侧特定判别的动作行为。

7-138　遇有哪几种情况应同时退出线路两侧的高频保护？

高频保护装置故障，通道检修或故障。

7-139　交流回路断线主要影响哪些保护？

凡是接入交流回路的保护均受影响，主要有距离保护，相差高频保护，方向高频保护，高频闭锁保护，母线差动保护，变压器低阻抗保护，失磁保护，失灵保护，零序保护，电流速断保护，过流保护，发电机、变压器纵联差动保护，零序横联差动保护等。

7-140　微机母线差动保护与比率制动式母线差动保护的基本原理有什么区别？

传统比率制动式母线差动保护的原理是采用被保护母线各支路（含母联）电流的矢量和作为动作量，以各分路电流的绝对值之和乘以小于1的制动系数作为制动量。在区外故障时可靠不动，区内故障时则具有相当的灵敏度。算法简单但自适应能力差，二次负荷大，易受回路的复杂程度影响。微机型母线差动保护由能够反映单相故障和相间故障的分相式比率差动元件构成。双母线接线差动回路包括母线大差回路和各段母线小差回路。大差回路是除母联断路器和分段断路器外所有支路电流所构成的差动回路，某段母线的小差回路指该段所连接的包括母联断路器和分段断路器的所有支路电流构成的差动回路。大差回路用于判别母线区内和区外故障，小差回路用于故障母线的选择。这两种原理在使用中最大的不同是微机母线差动保护引入大差的概念作为故障判据，反映出系统中母线节点和电流状态，用以判断是否真正发生母线故障，比传统比率制动式母线差动保护更可靠，可以最大限度地减少隔离开关辅助触点位置不对应而造成的母线差动保护误动作。

第八章

电测仪表

8-1　什么是三相电能表的倍率及实际电量？

电能表用电压互感器电压比与电流互感器电流比的乘积就是电能表的倍率。电能表倍率与读数的乘积就是实际电量。

8-2　电能表和功率表指示的数值有哪些不同？

功率表指示的是瞬时的发、供、用电设备所发出、传送和消耗的电功数，而电能表的数值是累计某一段时间内所发出、传送和消耗的电能数。

8-3　使用钳型电流表应注意哪些问题？

应注意以下问题：

（1）选择合适的量程，防止表针冲击损坏。

（2）测量过程中不准切换量程挡，因切换过程中会造成瞬间二次开路，感应出的高压电有可能将绕组的层间或匝间绝缘击穿。

（3）测量三相交流电时，钳住一相导线时，读数为本相导线电流；钳住两相导线时，读数为两相电流的代数和，为第三相的线电流值；钳住三相导线时，三相平衡读数应为零，若有读数表示三相电流不平衡。

另外，在安全方面应注意：

（1）不允许超出绝缘规定的电压。

（2）测量高压应戴绝缘手套并有人监护。

（3）高压回路测量禁止用导线另接电流表，电流表必须固定在钳子上。

（4）低压回路测量允许另接电流表。

8-4　为什么要测量电气设备绝缘电阻？测量结果与哪些因素有关？

测量电气设备绝缘电阻的作用：

（1）可以检查绝缘介质是否受潮。

（2）是否存在局部绝缘开裂或损坏，是判别绝缘性能较简便的方法。

绝缘电阻值与下列因素有关：

（1）通常绝缘电阻值随温度上升而减小。为了将测量值与过去比较，应将测得的绝缘电阻值换算到同温时，才可比较。

（2）绝缘电阻值随空气湿度的增加而减小。为了消除被测物表面泄漏电流的影响，需用干棉纱擦去被测物表面的潮气和脏污。

（3）绝缘电阻值与被测物的电容量大小有关。对电容量大的（如电缆、大型变压器等），在测量前应将绝缘电阻表的屏蔽端接入，否则测量值偏小。

（4）绝缘电阻值与绝缘电阻表的电压等级和应接被测物的额定电压等级有关。应按被测物的额定电压等级，正确选用绝缘电阻表，如测量 35kV 的设备，应选 2500V 绝缘电阻表，若绝缘电阻表电压低，测量值将显示偏大。

8-5　验电器有什么作用？验电器分为哪两种？

使用验电器是为了能直观地确认设备、线路是否带电。验电器按电压分为高压验电器和低压验电器两种。

8-6　使用验电器的注意事项有哪些？

（1）验电器使用前必须确认验电器的电压等级大于或等于所要验电设备的电压等级。

（2）使用前应将验电器在确认有电的电源处试测，证明验电器确实良好，方可使用。

（3）验电器绝缘手柄较短，使用时应特别注意手握部分不得超过隔离环。

（4）验电器前部露出的金属部位不宜过多，为防止验电时导致短路，应用绝缘胶带包裹，只露出前段少量金属部位即可。

（5）使用时，应用右手拿验电器，逐渐靠近被测物体，直到氖灯亮；只有氖灯不亮时，才可以与被测物体直接接触。

（6）室外使用验电器，必须在气候条件良好的情况下。在雪、雨、雾及湿度较大的情况下，不宜使用。

8-7　为什么电缆线路停电后用验电笔验电时，短时间内还有电？

电缆线路相当于一个电容器，停电后线路还存有剩余电荷，对地仍然有电位差。若停电后立即验电，验电笔会显示出线路有电，因此必须经过充分放电，验明无电后方可装设接地线。

8-8　如何用验电器判断相线和中性线？如何判断直流电正、负极？

相线与中性线的区别：在交流电路里，当验电器触及导线（或带电体）时，发亮的为相线，正常情况下，中性线不发亮。

直流电正负极的区别：把验电笔连接在直流电极上，发亮的一端（氖灯电极）为正极。

8-9　为什么测量电缆绝缘前，应先对电缆进行放电？

因为电缆线路相当于一个电容器，电缆运行时会被充电，电缆停电后，电缆芯上积聚的电荷短时间内不能完全释放。此时，若用手触及，则会使人触电，若用绝缘电阻表，会使绝缘电阻表损坏。所以测量绝缘前，应先对地放电。

8-10　为什么绝缘电阻表测量用的引线不能编织在一起使用？

测量绝缘电阻时，为了使测量值尽量准确，两条引线要荡开，不能编织在一起使用。这是因为绝缘电阻表的电压较高，如果将两根导线编织在一起进行测量，当导线绝缘不良或低于被测设备的绝缘水平时，相当于在被测设备上并联了一只低值电阻，将影响测量结果。特别是测量吸收比时，即使是绝缘良好的两根导线编织在一起,也会产生分布电容而影响测量的准确性。

8-11 用绝缘电阻表测量绝缘时,为什么规定测量时间为 1min?

用绝缘电阻测量绝缘电阻时,一般规定以测量 1min 后的读数为准。因为在绝缘体上加上直流电压后,流过绝缘体的电流(吸收电流)将随时间的增长而逐渐下降。而绝缘的直流电阻率是根据稳态传导电流确定的,并且不同材料的绝缘体,其绝缘吸收电流的衰减时间也不同。但试验证明,绝大多数材料其绝缘吸收电流经过 1min 已趋于稳定,所以规定以加压 1min 后的绝缘电阻值来确定绝缘性能的好坏。

8-12 绝缘电阻表测量的快慢是否影响被测电阻阻值?为什么?

不影响。因为绝缘电阻表上的读数反映电压与电流的比值,在电压变化时,通过绝缘电阻表电流线圈的电流,也同时按比例变化,所以电阻值不变。但如果绝缘电阻表发电机的转速太慢,由于此时的电压过低,则会引起较大的测量误差。

8-13 怎样选用绝缘电阻表?

绝缘电阻表的选用,主要是选择其电压及测量范围,高压电气设备需使用电压高的绝缘电阻表,低压电气设备需使用电压低的绝缘电阻表。一般选择原则:500V 以下的电气设备选用 500～1000V 的绝缘电阻表,绝缘子、母线、隔离开关应选用 2500V 以上的绝缘电阻表。绝缘电阻表测量范围的选择原则:要使测量范围适应被测绝缘电阻的数值,避免读数时产生较大的误差。如有些绝缘电阻表的读数不是从零开始,而是从 1MΩ 或 2MΩ 开始,这种表就不适宜用于测定处在潮湿环境中的低压电气设备的绝缘电阻。因为这种设备的绝缘电阻可能小于 1MΩ,使仪表得不到读数,容易误认为绝缘电阻为零,而得出错误结论。

8-14 用绝缘电阻表测量绝缘时，若接地端子（E 端子）与相线端子（L 端子）接错，会产生什么后果？

与绝缘电阻表的相线端子串接的部件都有良好的屏蔽，以防止绝缘电阻表的泄漏电流造成测量误差；而 E 端子处于地电位，没有考虑屏蔽。正常测量时，绝缘电阻表的泄漏电流不会造成误差；但如 E、L 端子接错，由于 E 端子没有屏蔽，被测设备的电流中多了一个绝缘电阻表的泄漏电流，一般测出的绝缘电阻都要比实际值偏低，所以 E、L 端子不能接错。

8-15 如何判断绝缘电阻表正常好用？

绝缘电阻表在使用前先将两接头短接，摇动绝缘电阻表手柄，确认测得绝缘应显示 0，然后将两接头分开，摇动绝缘电阻表手柄，确认测得绝缘显示为无穷大，说明绝缘电阻表正常好用。

8-16 使用绝缘电阻表测量绝缘有何要求？

（1）使用绝缘电阻表测量高压设备绝缘，应由两人担任。

（2）测量用的导线，应使用绝缘导线，其端部应有绝缘套。

（3）测量绝缘时，必须将被测设备从各方面断开，验明无电压，确实证明设备无人工作后，方可进行。在测量中禁止他人接近设备。

（4）在测量绝缘前后，必须将被试设备对地放电。

（5）测量线路绝缘时，应取得对方允许后方可进行。

（6）在有感应电压的线路上（同杆架设的双回线路或单回路与另一线路有平行段）测量绝缘时，必须将另一回线路同时停电，方可进行。

（7）雷电时，严禁测量线路绝缘。

（8）在带电设备附近测量绝缘电阻时，测量人员和绝缘电阻表安放位置，必须选择适当，保持安全距离，以免绝缘电阻表引线或引线支持物触碰带电部分。移动引线时，必须注意监护，防止工作人员触电。

8-17　合格的验电法指什么？

（1）验电器有试验合格证。

（2）验电器的额定电压和设备电压等级相适应。

（3）应先在有电的设备上进行试验或校验，确证验电器良好。

（4）必须在设备进、出线两侧各相分别验电。

（5）验电人员应做好相应的安全措施，并注意验电器与人至相邻带电设备的安全距离。

（6）不能单凭某一信号和表计指示来判断设备是否带电。

第九章

蓄电池

第九章 蓄 电 池

9-1 蓄电池的容量的含义是什么?

蓄电池的容量就是蓄电池的蓄电能力。通常以充足电的蓄电池在放电期间端电压降低 10％时的放电电量来表示。

9-2 蓄电池组的充电方式有几种?

（1）浮充电运行方式。

（2）蓄电池的均衡充电。

9-3 什么是蓄电池浮充电运行方式?

直流系统正常运行时主要由充电设备供给正常的直流负荷，同时还以不大的电流来补充蓄电池的自放电。蓄电池平时不供电，只有在负荷突然增大（如断路器合闸等），充电设备满足不了时，蓄电池才少量放电。这种运行方式称为浮充电运行方式。

9-4 什么是蓄电池均衡充电运行方式?

均衡充电是对蓄电池定期活化的充电。一般蓄电池处于浮充电运行状态，处于饱和状态。定期均衡充电能延长电池寿命，保证容量。一般是恒电流充电，充电屏定期均衡充电的时间间隔一般是 180 天，电池在恒电流下充电就是均衡充电状态，冲饱后会自动转浮充电运行状态。均衡充电电流是电池容量的 1/10H，如 400AH 电池的电流为 40A，充电电压系统自动控制，恒流 40A 充 3h 自动转浮充电运行状态。

9-5 为什么要定期对蓄电池进行充放电?

定期充放电也叫核对性充放电，就是对浮充电运行的蓄电池，经过一定时间要使其极板的物质进行一次较大的充放电反应，以检查蓄电池容量，并可以发现老化电池，及时维护处理，以保证电池的正常运行，定期充放电一般是一年不少于一次。

9-6 在何种情况下，蓄电池室内易引起爆炸? 如何防止?

蓄电池在充电过程中，水被分解产生大量的氢气和氧气。如果这些混合的气体,不能及时排出室外,一遇火花,就会引起爆炸。

预防的方法:

(1) 密封式蓄电池的加液孔上盖的通气孔,经常保持畅通,便于气体逸出。

(2) 蓄电池内部连接和电极连接要牢固,防止松动打火。

(3) 室内保持良好的通风。

(4) 蓄电池室内严禁烟火,室内应装设防爆照明灯具,且控制开关应装在室外。

9-7 蓄电池产生自放电的原因是什么?

电解液中或极板本身含有有害物质,这些杂质沉附在极板上,使杂质与极板之间、极板上各杂质间产生电位差;极板本身各部分之间和极板处于不同浓度的电解液层而各部分之间存在电位差。这些电位差相当于小的局部电池,通过电解液形成电流,使极板上的活性物质溶解或经电化作用,转变为硫酸铅,导致蓄电池容量损失。

9-8 蓄电池正常检查项目有哪些?

(1) 室内温度正常在 10～30℃ 范围内,各接头及连接线无松动现象。

(2) 室内清洁、通风良好,蓄电池表面无磨损、无漏液。

(3) 室内设备完整、照明正常。

(4) 每班对蓄电池进行一次检查,并检查比重在规定值内。电解液颜色正常,液面高度在正常范围以内。电瓶端电压正常。

(5) 极板无弯曲、断裂和短路。

(6) 蓄电池室内禁止明火、吸烟以及可能产生火花的作业,如必须动火,要有动火工作票。

9-9 蓄电池的电动势与哪些因素有关?

蓄电池电动势的大小与极板上的活性物质的电化性质和电解

液的浓度有关。但当极板上的活性物质已经固定，则蓄电池的电动势主要由电解液浓度来决定。

9-10　过充电和欠充电对蓄电池有何影响？

在铅酸蓄电池中，过充电会造成正极板提前损坏，欠充电将使负极板硫化，容量降低。

蓄电池过充电的现象：正、负极板的颜色较鲜艳，蓄电池室的酸味较大，电池气泡较多，电池的电压高于 2.2V，电池的脱落物大部分是正极的。

蓄电池欠充电的现象：正、负极板的颜色不鲜艳，蓄电池室的酸味不明显，电池气泡较少，电池的电压低于 2.1V，电池的脱落物大部分是负极的。

9-11　铅酸电池极板短路或弯曲的原因是什么？

极板短路原因：①有效物质严重脱落引起。②极板、隔板损坏引起。③极板弯曲使极耳短路。④由于金属物掉入。

极板弯曲原因：①充电和放电电流过大。②安装不当。③电解液混入有害物质。

9-12　什么是蓄电池的放电率？

蓄电池放电至终了电压的快慢称为蓄电池的放电率。可用放电电流的大小，或者放电到达终了电压的时间长短来表示。10h 为正常放电率。

9-13　蓄电池组进行大充大放试验的必要性是什么？

铅酸蓄电池的板栅其不同部位的合金成分与结构的分布均有所不同，因而会导致板栅电化学性能的不均衡性，这种不均衡性又会使在浮充电和充、放电状态下的电压产生差异，且会随着充、放电的循环往复，使这种差异不断增大，形成所谓的"落后电池（蓄电池失效）"。目前国内的标准要求，在一组电池中最大浮充电压的差异应不大于 50mV，而发达国家的标准是不大于

20mV。在蓄电池经过一次较大的深度放电后，也会增大电池间的不均衡性。在蓄电池不均衡性比较大或较深度地放电以后，以及在蓄电池运行一个季度时，应采用均衡的方式对电池进行补充充电。在均衡充电时要注意环境温度的变化，并随环境温度的升高而将均衡电压的设定值降低。如环境温度升高1℃，均衡充电的电压值就需降低3mV。

9-14 蓄电池在运行中极板短路有什么特征？

极板短路的特征有三点：

(1) 充电或放电时电压比较低（有时为零）。

(2) 充电过程中电解液比重不能升高。

(3) 充电时冒气泡少且气泡发生的晚。

9-15 蓄电池在运行中极板弯曲有什么特征？

极板弯曲的特征有三点：

(1) 极板弯曲。

(2) 极板龟裂。

(3) 阴极板铅绵肿起并成苔状瘤子。

9-16 直流母线正常检查项目有哪些？

(1) 直流母线电压在 [（2.23V±0.02V）×蓄电池组电池数] 范围内，充电器运行正常。

(2) 充电器内各部件无过热、松动，无异常声音、异常气味。

(3) 均衡充电一般采用恒压限流进行充电，充电电压为2.35V/单体（环境温度为25℃），温度补偿系数为－5mV/℃，充电频率为一次/年。

(4) 直流母线及充电器盘上各开关位置正确，指示灯指示正常。

(5) 各直流母线电压指示值符合充电器当时的运行状态，充电器输出电流指示正常。

（6）充电器盘内各元件完好，一、二次接线正常，无过热、松动、异味及异常声响。

（7）充电器盘面上无异常报警，母线配电盘上无接地报警信号。

9-17　蓄电池遇有哪些情况时需进行均衡充电？

（1）单体电池浮充电压低于 2.18V。

（2）电池放出 55% 以上的额定容量。

（3）搁置不用时间超过三个月。

（4）全浮充电运行一年以上。

9-18　蓄电池的工作原理是什么？

铅酸蓄电池充电时将电能转化为化学能在电池内储存起来，放电时将化学能转化为电能供给外部系统。正极在充电后期产生的氧气通过玻璃纤维隔膜扩散到负极，与负极海绵状铅发生复合反应，生成水又流回电解液，这样既减少了氧气的析出，又使负极处于去极化状态，抵制了负极上氢气的析出，而且采用安全阀，当电池内气体压力达到阀压力时，气体会自动释放，保证了电池的使用安全。

第十章

通信和远动

第十章 通信和远动

10-1 什么是电力系统及电力网?

发电厂通过发电机将机械能转变为电能,经变压器及不同电压等级的线路输送给用户,把这些发电、变电、送电、分配和消耗电能的各种电气设备连接在一起的整体称为电力系统。

在电力系统中除去发电机及用电设备外的剩余部分称为电力网,即升压、降压变压器及各种电压等级的送电线路所组成的网络。

10-2 对电力系统的基本要求是什么?

(1) 保证不间断供电。供电中断会使生产停顿,设备损坏,生活混乱,甚至危及人的生命安全。

(2) 保证供给合格的电能质量。也就是说,保证在电力系统中各点的频率和电压在合格范围内。我国电力系统频率为 $50Hz$,容许偏移 $\pm(0.2\sim0.5)Hz$;电压容许偏移一般为 $\pm 5\% U_N$。

(3) 保证系统运行的经济性。系统运行时尽量多发、多供、少损耗。

10-3 什么叫电力系统的静态稳定?

电力系统运行的静态稳定性也称微变稳定性,它是指当正常运行的电力系统受到很小的扰动时,自动恢复到原来运行状态的能力。

10-4 保证和提高电力系统静态稳定的措施有哪些?

提高静态稳定性的措施很多,但根本性措施是缩短电气距离。主要措施包括:

(1) 减小系统各元件的电抗。减小发电机和变压器的电抗,减小线路电抗(采用分裂导线)。

(2) 提高系统电压水平。

(3) 改善电力系统的结构。

(4) 采用串联电容器补偿装置。

(5) 采用自动调节装置。

(6) 采用直流输电。

在电力系统正常运行中，维持和控制母线电压是调度部门保证电力系统稳定运行的主要和日常工作。维持、控制变电站、发电厂高压母线电压恒定，特别是枢纽厂（站）高压母线电压恒定，相当于输电系统等值分割为若干段，这样每段电气距离将远小于整个输电系统的电气距离，从而保证和提高了电力系统的稳定性。

10-5 什么叫电力系统的暂态稳定？

电力系统运行的暂态稳定性是指当正常运行的电力系统受到较大的扰动，其功率平衡受到相当大的波动时，过渡到一种新的运行状态或回到原来的运行状态，继续保持同步运行的能力。

10-6 引起电力系统异步振荡的主要原因是什么？系统振荡时一般现象是什么？

引起电力系统异步振荡的主要原因：①输电线路的输送功率超过极限值造成静态稳定破坏。②电网发生短路故障，切除大容量的发电、输电或变电设备，负荷瞬间发生较大突变等造成电力系统暂态稳定破坏。③环状系统（或并列双回线）突然开环，使两部分系统联系阻抗突然增大，引起动稳定破坏而失去同步。④大容量机组跳闸或失磁，使系统联络线负荷增大或使系统电压严重下降，造成联络线稳定极限降低，易引起稳定破坏。⑤电源间非同步合闸未能拖入同步。

系统振荡时的一般现象：①发电机、变压器、线路的电压表、电流表及功率表周期性地剧烈摆动，发电机和变压器发出有节奏的轰鸣声。②连接失去同步的发电机或系统的联络线上的电流表和功率表摆动得最大。电压振荡最激烈的地方是系统振荡中心，每一周期约降低至零值一次。随着离振荡中心距离的增加，电压波动逐渐减少。如果联络线的阻抗较大，两侧电厂的电容也很大，则线路两端的电压振荡是较小的。③失去同期的电网，虽有电气联系，但仍有频率差出现，送端频率高，受端频率低并略有摆动。

10-7 低频率运行会给电力系统带来哪些危害？

电力系统低频运行是非常危险的，因为电源与负荷在低频率下的重新平衡很不牢固，也就是说稳定性很差，甚至产生频率崩溃，会严重威胁电网的安全运行，并对发电设备和用户造成严重损坏，主要表现为以下几方面：①引起汽轮机叶片断裂。在运行中，汽轮机叶片由于受不均匀汽流冲击而发生振动，在正常频率运行情况下，汽轮机叶片不发生共振，当低频率运行时，末级叶片可能发生共振或接近于共振，从而使叶片振动应力大大增加，如时间过长，叶片可能损伤甚至断裂。②使发电机出力降低。频率降低，转速下降，发电机两端的风扇鼓进的风量减小，冷却条件变坏，如果仍维持出力不变，则发电机的温度升高，可能超过绝缘材料的温度允许值，为了使温升不超过允许值，势必要降低发电机出力。③使发电机机端电压下降。因为频率下降时，会引起机内电动势下降而导致电压降低。同时，由于频率降低，使发电机转速降低，同轴励磁电流减小，使发电机的机端电压进一步下降。④对厂用电安全运行的影响。当低频运行时，所有厂用交流电动机的转速都相应地下降，因而火电厂的给水泵、风机、磨煤机等辅助设备的出力也将下降，从而影响电厂的出力。其中影响最大的是高压给水泵和磨煤机，由于出力的下降，使电网有功电源更加缺乏，致使频率进一步下降，造成恶性循环。⑤对用户的危害。频率下降，将使用户的电动机转速下降，出力降低，从而影响用户产品的质量和产量。另外，频率下降，将引起电钟不准，电气测量仪器误差增大，安全自动装置及继电保护误动作等。

10-8 何谓"顺调压"、"逆调压"？

"顺调压"就是高峰负荷时允许负荷略低，不低于102.5%

U_e；低谷负荷时允许负荷略高，不高于 107.5%U_e。"逆调压"是指高峰负荷时升高中枢点电压，低谷负荷时降低中枢点电压，高峰时可升到 105%U_e，低谷时降到 100%U_e。

10-9 何谓系统的最大、最小运行方式？

在继电保护的整定计算中，一般都要考虑电力系统的最大与最小运行方式。最大运行方式是指在被保护对象末端短路时，系统的等值阻抗最小，通过保护装置的短路电流为最大的运行方式（即系统全开机、全接线方式）。最小运行方式是指在上述同样的短路情况下，系统等值阻抗最大，通过保护装置的短路电流为最小的运行方式（即系统的检修方式，最少开机、最少接线方式）。

10-10 电气制动的含义是什么？

电气制动指在故障切除后在电厂母线上短时间投入一电阻器，以吸收发电机组因故障获得的加速能量，使发电机组在故障切除后得以快速减速，从而减小最大摇摆角，达到提高稳定水平的目的。

10-11 常见的系统故障有哪些？可能产生什么后果？

常见的系统故障有单相接地、两相接地、两相及三相短路或断线。其后果如下：

（1）产生很大的短路电流，或引起过电压损坏设备。

（2）频率及电压下降，破坏系统稳定，以致系统瓦解，造成大面积停电，或危及人的生命，并造成重大经济损失。

10-12 对电力系统运行有哪些基本要求？

（1）保证可靠的持续供电。

（2）保证良好的电能质量。

（3）保证系统的运行经济性。

10-13 什么是自动发电控制（AGC）？

自动发电控制简称 AGC，它是能量管理系统（EMS）的重要组成部分。按电网调度中心的控制目标将指令发送给有关发电厂或机组，通过发电厂或机组的自动控制调节装置，实现对发电机功率的自动控制。

10-14 系统振荡的处理方法有哪些？

（1）发现系统振荡立即报告电网值班调度员，同时退出机组AGC、AVC，服从电网值班调度员的统一指挥。

（2）在电压不超过运行控制上限条件下，尽量增加机组无功功率。

（3）根据频率变化情况和调度命令调整有功功率。

（4）如振荡时厂用电不能可靠运行，应确保厂用电源系统安全。

（5）如系统振荡时间过长，可申请调度逐台解列机组，直至振荡消失。

10-15 电网调度自动化系统由哪几部分组成？

电网调度自动化系统的基本结构包括控制中心、主站系统、厂站端（RTU）和信息通道三大部分。根据所完成功能的不同，可以将此系统划分为信息采集和执行子系统、信息传输子系统、信息处理子系统和人机联系子系统。

10-16 电网合环运行应具备哪些条件？

（1）相位应一致。如首次合环或检修后可能引起相位变化，必须经测定证明合环点两侧相位一致。

（2）如属于电磁环网，则环网内的变压器接线组别之差为零；特殊情况下，经计算校验继电保护不会误动作及有关环路设备不过负荷，允许变压器接线差30°进行合环操作。

（3）合环后环网内各元件不致过负荷。

（4）各母线电压不应超过规定值。

（5）继电保护与安全自动装置应适应环网运行方式。

(6) 稳定符合规定的要求。

10-17　遇有哪些情况，现场值班人员必须请示值班调度员后方可强送电？

(1) 由于母线故障引起线路跳闸，没有查出明显故障点时。
(2) 环网线路故障跳闸。
(3) 双回线中的一回线故障跳闸。
(4) 可能造成非同期合闸的线路跳闸。

10-18　对线路强送电应考虑哪些问题？

对线路强送电应考虑以下问题：
(1) 首先要考虑可能有永久性故障存在。
(2) 正确选择线路强送端，一般应远离稳定的线路厂、站母线，必要时可改变接线方式后再强送电，要考虑对电网稳定的影响。
(3) 强送端母线上必须有中性点直接接地的变压器。
(4) 强送时要注意对邻近线路暂态稳定的影响，必要时可先降低其输送电力后再进行强送电。
(5) 线路跳闸或重合不成功的同时，伴有明显系统振荡时，不应马上强送，需检查并消除振荡后再考虑是否强送电。

10-19　电力系统中的无功电源有哪几种？

(1) 同步发电机。
(2) 调相机。
(3) 并联补偿电容器。
(4) 串联补偿电容器。
(5) 静止补偿器。

10-20　输电线路加装串联补偿电容器后对汽轮发电机组有何影响？

超高压远距离输电系统中采用串联电容补偿技术后，尤其是大型汽轮发电机组经串联补偿电容器（特别是补偿度较高时）线路接入系统时，某种运行方式或补偿度情况下，很可能在机械与电气系统之间发生谐振，其振荡频率低于电网额定频率，称为次同步谐振。装有串联补偿电容器的输电线路发生电气谐振时，同步发电机在谐振条件下相当于一感应电动机。大型多级汽轮发电机组轴系在低于额定频率范围内一般有4～5个自振频率，容易发生次同步谐振。次同步谐振后果较严重，能短时间内将发电机轴扭断，即使谐振较轻，也会显著消耗大轴机械寿命。

10-21 如何减轻次同步谐振（SSR）对发电机组的大轴寿命的影响？

在主变压器高压侧加装 SSR 阻塞滤波器，限制 SSR 电流进入发电机，以保证机组轴系运行在允许的扭矩应力范围内。并增加汽轮发电机组大轴扭矩应力保护装置，当轴系扭矩应力超过允许值时，保护装置动作解列发电机。

10-22 什么叫电磁环网？对电网运行有何弊端？什么情况下还需保留？

电磁环网是指不同电压等级运行的线路，通过变压器电磁回路的连接而构成的环路。电磁环网对电网运行主要有下列弊端：

（1）易造成系统热稳定破坏。如果在主要的受端负荷中心，用高低压电磁环网供电而又带重负荷时，当高一级电压线路断开后，所有原来带的全部负荷将通过低一级电压线路（可能不止一回）送出，容易出现超过导线热稳定电流的问题。

（2）易造成系统动稳定破坏。正常情况下，两侧系统间的联络阻抗将略小于高压线路的阻抗。而一旦高压线路因故障断开，系统间的联络阻抗将突然显著地增大（突变为两端变压器阻抗与低压线路阻抗之和），而线路阻抗的标幺值又与运行电压的平方成正比，因而极易超过该联络线的暂态稳定极限，可能发生系统振荡。

（3）不利于经济运行。500kV 与 220kV 线路的自然功率值相差极大，同时 500kV 线路的电阻值（多为 $4\times400mm^2$ 导线）也远小于 220kV 线路（多为 2×240 或 $1\times400mm^2$ 导线）的电阻值。在 500kV/220kV 环网运行情况下，许多系统潮流的分配难于达到最经济。

（4）需要装设高压线路因故障停运后联锁切机、切负荷等安全自动装置。但实践说明，若安全自动装置本身拒动、误动将影响电网的安全运行。

一般情况下，往往在高一级电压线路投入运行初期，由于高一级电压网络尚未形成或网络尚不坚强，需要保证输电能力或为保重要负荷时不得不采用电磁环网运行。

10-23 常见母线接线方式有何特点？

（1）单母线接线。单母线接线具有简单清晰、设备少、投资小、运行操作方便且有利于扩建等优点，但可靠性和灵活性较差。当母线或母线隔离开关发生故障或检修时，必须断开母线的全部电源。

（2）双母线接线。双母线接线具有供电可靠、检修方便、调度灵活和便于扩建等优点。但这种接线所用设备多（特别是隔离开关），配电装置复杂，经济性较差；在运行中隔离开关作为操作电器，容易发生误操作，且对实现自动化不便；尤其当母线系统故障时，需短时切除较多电源和线路，这对特别重要的大型发电厂和变电站是不允许的。

（3）单、双母线或母线分段加旁路。其供电可靠性高，运行灵活方便，但投资有所增加，经济性稍差。特别是用旁路断路器带路时，操作复杂，增加了误操作的机会。同时，由于加装旁路断路器，使相应的保护及自动化系统复杂化。

（4）3/2 及 4/3 接线。具有较高的供电可靠性和运行灵活性。任一母线故障或检修，均不致停电；除联络断路器故障时与其相连的两回线路短时停电外,其他任何断路器故障或检修都不会中断供电;甚至两组母线同时故障(或一组检修时另一组故障)的极端情况下,功率仍能继续输送。但此接线使用设备较多,特别是断路器和电流互感器,投资较大,二次控制接线和继电保护都比较复杂。

(5)母线-变压器-发电机组单元接线。具有接线简单,开关设备少,操作简便,宜于扩建,以及因为不设发电机出口电压母线,发电机和主变压器低压侧短路电流有所减小等特点。

10-24 什么是电力系统综合负荷模型?其特点是什么?在稳定计算中如何选择?

电力系统综合负荷模型是反映实际电力系统负荷的频率、电压、时间特性的负荷模型,一般可用下式表达:$P=f_p(u,f,t) Q=f_q(u,f,t)$。若含有时间 t 则反映综合负荷的动态特性,这种模型称为动态负荷模型(动态负荷模型主要有感应电动机模型和差分方程模型两种);反之,若不含有时间 t,则称为静态负荷模型[静态负荷模型主要有多项式模型和幂函数模型两种,其中多项式模型可以看作是恒功率(电压平方项)、恒电流(电压一次方项)、恒阻抗(常数项)三者的线性组合]。

电力系统综合负荷模型的主要特点:①具有区域性。每个实际电力系统都有自己特有的综合负荷模型,与本系统的负荷构成有关。②具有时间性。同一个电力系统,在不同的季节,具有不同的综合负荷模型。③不唯一性。研究的问题不同,采用的综合负荷模型也不同。

在稳定计算中综合负荷模型的选择原则:在没有精确的综合负荷模型的情况下,一般按40%恒功率、60%恒阻抗计算。

10-25 什么叫不对称运行?产生的原因及影响是什么?

任何原因引起电力系统三相对称性(正常运行状况)的破坏,均称为不对称运行。如各相阻抗对称性的破坏、负荷对称性的破坏、电压对称性的破坏等情况下的工作状态。非全相运行是不对称运行的特殊情况。

不对称运行产生的负序、零序电流会带来许多不利影响。电力系统三相阻抗对称性的破坏，将导致电流和电压对称性的破坏，因而会出现负序电流。当变压器的中性点接地时，还会出现零序电流。当负序电流流过发电机时，将产生负序旋转磁场，这个磁场将对发电机产生下列影响：①发电机转子发热。②机组振动增大。③定子绕组由于负荷不平衡出现个别相绕组过热。不对称运行时，变压器三相电流不平衡，每相绕组发热不一致，可能个别相绕组已经过热，而其他相负荷不大，因此必须按发热条件来决定变压器的可用容量。不对称运行时，将引起系统电压的不对称，使电能质量变坏，对用户产生不良影响。对于异步电动机，一般情况下虽不至于破坏其正常工作，但也会引起出力减小，寿命降低。如负序电压达5%时，电动机出力将降低10%～15%；负序电压达7%时，则出力降低达20%～25%。当高压输电线一相断开时，较大的零序电流可能在沿输电线平行架设的通信线路中产生危险的对地电压，危及通信设备和人员的安全，影响通信质量，当输电线与铁路平行时，也可能影响铁道自动闭锁装置的正常工作。因此，电力系统不对称运行对通信设备的电磁影响，应当进行计算，必要时应采取措施，减少干扰，或在通信设备中采用保护装置。继电保护也必须认真考虑。在严重的情况下，如输电线非全相运行时，负序电流和零序电流可以在非全相运行的线路中流通，也可以在与之相连接的线路中流通，可能影响这些线路继电保护的工作状态，甚至引起不正确动作。此外，在长时间非全相运行时，网络中还可能同时发生短路（包括非全相运行的区内和区外），这时很可能使系统的继电保护误动作。此外，电力系统在不对称和非全相运行情况下，零序电流长期通过大地，接地装置的电位升高，跨步电压与接触电压也升高，故接地装置应按不对称状态下保证运行人员的安全来加以检验。不对称运行时，各相电流大小不等，使系统损耗增大，同时系统潮流不能按经济分配，也将影响运行的经济性。

10-26　试述电力系统谐波产生的原因。

谐波产生的原因：高次谐波产生的根本原因是由于电力系统中某些设备和负荷的非线性特性，即所加的电压与产生的电流不成线性（正比）关系而造成的波形畸变。当电力系统向非线性设备及负荷供电时，这些设备或负荷在传递（如变压器）、变换（如交直流换流器）、吸收（如电弧炉）系统发电机所供给的基波能量的同时，又把部分基波能量转换为谐波能量，向系统倒送大量的高次谐波，使电力系统的正弦波形畸变，电能质量降低。当前，电力系统的谐波源主要有三大类。①铁磁饱和型。各种铁芯设备，如变压器、电抗器等，其铁磁饱和特性呈现非线性。②电子开关型。主要为各种交直流换流装置（整流器、逆变器）以及双向晶闸管可控开关设备等，在化工、冶金、矿山、电气铁道等大量工矿企业以及家用电器中广泛使用，并正在蓬勃发展；在系统内部，如直流输电中的整流阀和逆变阀等。③电弧型。各种冶炼电弧炉在熔化期间以及交流电弧焊机在焊接期间，其电弧的点燃和剧烈变动形成的高度非线性，使电流不规则地波动。其非线性呈现电弧电压与电弧电流之间不规则的、随机变化的伏安特性。

10-27　什么是电力系统零序参数？零序参数有何特点？与变压器接线组别、中性点接地方式、输电线架空地线、相邻平行线路有何关系？

对称的三相电路中，流过不同相序的电流时，所遇到的阻抗是不同的，然而同一相序的电压和电流间，仍符合欧姆定律。任一元件两端的相序电压与流过该元件的相应的相序电流之比，称为该元件的序参数（阻抗）。负序电抗是由发电机转子反向运动的旋转磁场所产生的电抗，对于静止元件（变压器、线路、电抗器、电容器等），无论旋转磁场是正向还是反向，其产生的电抗是没有区别的，所以它们的负序电抗等于正序电抗。但对于发电机，其正向与反向旋转磁场引起的电枢反应是不同的，反向旋转磁场是以两倍同步频率轮换切割转子纵轴与横轴磁路的，因此发电机的负序电抗是一介于 X''_d 及 X''_q 的电抗值，远远小于正序电抗 X_d。零序参数（阻抗）与网络结构，特别是和变压器的接线方式及中性点的接地方式有关。一般情况下，零序参数（阻抗）及零序网络结构与正、负序网络不一样。对于变压器，零序电抗则与其结构（三个单相变压器组还是三相变压器）绕组的连接（△或Y）和接地与否等有关。当三相变压器的一侧接成三角形或中性点不接地的星形时，从这一侧来看，变压器的零序电抗总是无穷大的。因为不管另一侧的接法如何，在这一侧加以零序电压时，总不能把零序电流送入变压器。所以，只有当变压器的绕组接成星形，并且中性点接地时，从这星形侧来看变压器，零序电抗才是有限的（虽然有时还是很大的）。对于输电线路，零序电抗与平行线路的回路数、有无架空地线及地线的导电性能等因素有关。零序电流在三相线路中是同相的，互感很大，因而零序电抗要比正序电抗大，而且零序电流将通过地及架空地线返回，架空地线对三相导线起屏蔽作用，使零序磁链减少，即使零序电抗减小。平行架设的两回三相架空输电线路中通过方向相同的零序电流时，不仅第一回路的任意两相对第三相的互感产生助磁作用，而且第二回路的所有三相对第一回路的第三相的互感也产生助磁作用，反过来也一样，这就使这种线路的零序阻抗进一步增大。

10-28 各类稳定的具体含义是什么？

（1）电力系统的静态稳定是指电力系统受到小干扰后不发生非周期性失步，自动恢复到起始运行状态。

（2）电力系统的暂态稳定是指系统在某种运行方式下突然受到大的扰动后，经过一个机电暂态过程达到新的稳定运行状态或回到原来的稳定状态。

（3）电力系统的动态稳定是指电力系统受到干扰后不发生振幅不断增大的振荡而失步。主要有电力系统的低频振荡、机电耦合的次同步振荡、同步电机的自激等。

（4）电力系统的电压稳定是指电力系统维持负荷电压于某一规定的运行极限之内的能力。它与电力系统中的电源配置、网络结构及运行方式、负荷特性等因素有关。当发生电压不稳定时，将导致电压崩溃，造成大面积停电。

（5）频率稳定是指电力系统维持系统频率于某一规定的运行极限内的能力。当频率低于某一临界频率时，电源与负荷的平衡将遭到彻底破坏，一些机组相继退出运行，造成大面积停电，也就是频率崩溃。

10-29 提高电力系统的暂态稳定性的措施有哪些？

提高静态稳定性的措施也可以提高暂态稳定性，不过提高暂态稳定性的措施比提高静态稳定性的措施更多。提高暂态稳定性的措施可分成三大类：一是缩短电气距离，使系统在电气结构上更加紧密；二是减小机械与电磁、负荷与电源的功率或能量的差额并使之达到新的平衡；三是稳定破坏时，为了限制事故进一步扩大而必须采取的措施，如系统解列。提高暂态稳定的具体措施：①继电保护实现快速切除故障。②线路采用自动重合闸。③采用快速励磁系统。④发电机增加强励倍数。⑤汽轮机快速关闭汽门。⑥发电机电气制动。⑦变压器中性点经小电阻接地。⑧长线路中间设置开关站。⑨线路采用强行串联电容器补偿。⑩采用发电机—线路单元接线方式。⑪实现联锁切机。⑫采用静止无功补偿装置。⑬系统设置解列点。

10-30 什么叫标幺值和有名值？采用标幺值进行电力系统计算有什么优点？采用标幺值计算时基值体系如何选取？

有名值是电力系统各物理量及参数的带量纲的数值。标幺值是各物理量及参数的相对值,是不带量纲的数值。标幺值是相对某一基值而言的,同一有名值,当基值选取不一样时,其标幺值也不一样,它们的关系如下:标幺值=有名值/基值。电力系统由许多发电机、变压器、线路、负荷等元件组成,它们分别接入不同电压等级的网络中,当用有名值进行潮流及短路计算时,各元件接入点的物理量及参数必须折算成计算点的有名值进行计算,很不方便,也不便于对计算结果进行分析。采用标幺值进行计算时,则无论各元件及计算点位于哪一电压等级的网络中,均可将它们的物理量与参数标幺值直接用来计算,计算结果也可直接进行分析。当某些变压器的变比不是标准值时,只需对变压器等值电路参数进行修正,不影响计算结果按基值体系的基值电压传递到各电压等级进行有名值的换算。

基值体系中只有两个独立的基值量,一个为基值功率,一般取容易记忆及换算的数值,如取 100、1000MW 等,或取该计算网络中某一些发电元件的额定功率。另一个为基值电压,取各级电压的标称值,标称值可以是额定值的 1.0、1.05 或 1.10 倍,如取 500、330、220、110kV 或 525、346.5、231、115.5kV 或 550、363、242、121kV。其他基值量(电流、阻抗等)可由以上两个基值量算出。

10-31 潮流计算的目的是什么?常用的计算方法有哪几种?快速分解法的特点及适用条件是什么?

潮流计算有以下几个目的:①在电网规划阶段,通过潮流计算,合理规划电源容量及接入点,合理规划网架,选择无功补偿方案,满足规划水平年的大、小方式下潮流交换控制、调峰、调相、调压的要求。②在编制年运行方式时,在预计负荷增长及新设备投运的基础上,选择典型方式进行潮流计算,发现电网中薄弱环节,供调度员日常调度控制参考,并对规划、基建部门提出改进网架结构、加快基建进度的建议。③正常检修及特殊运行方式下的潮流计算，用于日运行方式的编制，指导发电厂开机方式，有功、无功调整方案及负荷调整方案，满足线路、变压器热稳定要求及电压质量要求。④预想事故、设备退出运行对静态安全的影响，分析及做出预想的运行方式调整方案。

常用的潮流计算方法有牛顿-拉夫逊法及快速分解法。快速分解法有两个主要特点：①降阶。在潮流计算的修正方程中利用了有功功率主要与节点电压相位有关，无功功率主要与节点电压幅值有关的特点，实现 $P-Q$ 分解，使系数矩阵由原来的 $2N \times 2N$ 阶降为 $N \times N$ 阶，N 为系统的节点数（不包括缓冲节点）。②因子表固定化。利用了线路两端电压相位差不大的假定，使修正方程系数矩阵元素变为常数，并且就是节点导纳的虚部。由于以上两个特点，使快速分解法每一次迭代的计算量比牛顿法大大减少。快速分解法只具有一次收敛性，因此要求的迭代次数比牛顿法多，但总体上快速分解法的计算速度仍比牛顿法快。快速分解法只适用于高压网的潮流计算，对中、低压网，因线路电阻与电抗的比值大，线路两端电压相位差不大的假定已不成立，用快速分解法计算，会出现不收敛问题。

10-32 电力系统中，短路计算的作用是什么？常用的计算方法是什么？

短路计算的作用：①校验电气设备的机械稳定性和热稳定性。②校验开关的遮断容量。③确定继电保护及安全自动装置的定值。④为系统设计及选择电气主接线提供依据。⑤进行故障分析。⑥确定输电线路对相邻通信线的电磁干扰。

常用的计算方法是阻抗矩阵法，并利用叠加原理，令短路后网络状态等于短路前网络状态＋故障分量状态，在短路点加一与故障前该节点电压大小相等、方向相反的电动势，再利用阻抗矩阵即可求得各节点故障分量的电压值，加上该节点故障前电压即得到短路故障后的节点电压值。继而，可求得短路故障通过各支路的电流。

10-33 简述 220kV 及以上电网继电保护整定计算的基本原则和规定。

(1) 对于 220kV 及以上电压电网的线路继电保护一般都采用近后备原则。当故障元件的一套继电保护装置拒动时，由相互独立的另一套继电保护装置动作切除故障，而当断路器拒绝动作时，启动断路器失灵保护，断开与故障元件相连的所有其他连接电源的断路器。

(2) 对瞬时动作的保护或保护的瞬时段，其整定值应保证在被保护元件外部故障时，可靠不动作，但单元或线路变压器组（包括一条线路带两台终端变压器）的情况除外。

(3) 上、下级继电保护的整定，一般应遵循逐级配合的原则，满足选择性的要求。即在下一级元件故障时，故障元件的继电保护必须在灵敏度和动作时间上均能同时与上一级元件的继电保护取得配合，以保证电网发生故障时有选择性地切除故障。

(4) 继电保护整定计算应以正常运行方式为依据。所谓正常运行方式是指常见的运行方式和与被保护设备相邻近的一回线或一个元件检修的正常检修运行方式。对特殊运行方式，可以按专用的运行规程或者依据当时实际情况临时处理。

(5) 变压器中性点接地运行方式的安排，应尽量保持变电站零序阻抗基本不变。遇到因变压器检修等原因，使变电站的零序阻抗有较大变化的特殊运行方式时，根据当时实际情况临时处理。

(6) 故障类型的选择以单一设备的常见故障为依据，一般以简单故障进行保护装置的整定计算。

(7) 灵敏度按正常运行方式下的不利故障类型进行校验，保护在对侧断路器跳闸前和跳闸后均能满足规定的灵敏度要求。对于纵联保护，在被保护线路末端发生金属性故障时，应有足够的灵敏度（灵敏度应大于2）。

10-34 系统中变压器中性点接地方式的安排一般如何考虑？

变压器中性点接地方式的安排，应尽量保持变电站的零序阻抗基本不变，以确保零序保护有比较稳定的保护范围和灵敏度。遇到因变压器检修等原因使变电站的零序阻抗有较大变化的特殊运行方式时，应根据规程规定或实际情况临时处理。

（1）变电站只有一台变压器时，则中性点应直接接地，计算正常保护定值时，可只考虑变压器中性点接地的正常运行方式。当变压器检修时，可作特殊运行方式处理，如改定值或按规定停用、启用有关保护段。

（2）变电站有两台及以上变压器时，应只将一台变压器中性点直接接地运行，当该变压器停运时，将另一台中性点不接地变压器改为直接接地。如果由于某些原因，变电站正常必须有两台变压器中性点直接接地运行，当其中一台中性点直接接地的变压器停运时，若有第三台变压器，则将第三台变压器改为中性点直接接地运行。否则，按特殊运行方式处理。

（3）双母线运行的变电站有三台及以上变压器时，应按两台变压器中性点直接接地方式运行，并把它们分别接于不同的母线上，当其中一台中性点直接接地的变压器停运时，将另一台中性点不接地变压器直接接地。若不能保持不同母线上各有一个接地点时，作为特殊运行方式处理。

（4）为了改善保护配合关系，当某一短线路检修停运时，可以用增加中性点接地变压器台数的办法来抵消线路停运对零序电流分配关系产生的影响。

（5）自耦变压器和对绝缘有要求的变压器中性点必须直接接地运行。

10-35 什么是线路纵联保护？其特点是什么？

线路纵联保护是当线路发生故障时，使两侧开关同时快速跳闸的一种保护装置，是线路的主保护。它以线路两侧判别量的特定关系作为判据，即两侧均将判别量借助通道传送到对侧，然后两侧分别按照对侧与本侧判别量之间的关系来判别区内故障或区外故障。因此，判别量和通道是纵联保护装置的主要组成部分。

（1）方向高频保护通过比较线路两端各自看到的故障方向，以判断是线路内部故障还是外部故障。如果以被保护线路内部故障时看到的故障方向为正方向，则当被保护线路外部故障时，总有一侧看到的是反方向。其特点：

1）要求正向判别启动元件对线路末端故障有足够的灵敏度。

2）必须采用双频制收发信机。

（2）相差高频保护是比较被保护线路两侧工频电流相位的高频保护。当两侧故障电流相位相同时保护被闭锁，两侧电流相位相反时保护动作跳闸。其特点：

1）能反映全相状态下的各种对称和不对称故障，装置比较简单。

2）不反映系统振荡。在非全相运行状态下和单相重合闸过程中保护能继续运行。

3）不受电压回路断线的影响。

4）对收发信机及通道要求较高，在运行中两侧保护需要联调。

5）当通道或收发信机停用时，整个保护要退出运行，因此需要配备单独的后备保护。

（3）高频闭锁距离保护是以线路上装有方向性的距离保护装置作为基本保护，增加相应的发信与收信设备，通过通道构成的纵联距离保护。其特点：

1）能足够灵敏和快速地反映各种对称与不对称故障。

2）仍保持后备保护的功能。

3）电压二次回路断线时保护将会误动，需采取断线闭锁措施，使保护退出运行。

10-36 相差高频保护有何优缺点?

优点:

(1) 能反映全相状态下的各种对称和不对称故障,装置比较简单。

(2) 不反映系统振荡。在非全相运行状态下和单相重合闸过程中,保护能继续运行。

(3) 保护的工作情况与有无串补电容及其保护间隙是否不对称击穿基本无关。

(4) 不受电压二次回路断线的影响。

缺点:

(1) 重负荷线路,负荷电流改变了线路两端电流的相位,对内部故障保护动作不利。

(2) 当一相断线接地或在非全相运行过程中发生区内故障时,灵敏度变坏,甚至可能拒动。

(3) 对通道要求较高,占用频带较宽。在运行中,线路两端保护需联调。

(4) 线路分布电容严重影响线路两端电流的相位。线路长度过长限制了其使用。

10-37 高频闭锁负序方向保护有何优缺点?

该保护具有下列优点:

(1) 原理比较简单。在全相运行条件下能正确反映各种不对称短路。在三相短路时,只要不对称时间大于 $5\sim7\text{ms}$,保护就可以动作。

(2) 不反映系统振荡,也不反映稳定的三相短路。

(3) 当负序电压和电流为启动值的 3 倍时,保护动作时间为 $10\sim15\text{ms}$。

(4) 负序方向元件一般有较满意的灵敏度。

(5) 对高频收发信机要求较低。

缺点如下：（1）在两相运行条件下（包括单相重合闸过程中）发生故障，保护可能拒动。

（2）线路分布电容的存在，使线路在空载合闸时，由于三相不同时合闸，保护可能误动。当分布电容足够大时，外部短路时该保护也将误动，应采取补偿措施。

（3）在串联补偿线路上，只要串联补偿电容无不对称击穿，则全相运行条件下的短路保护能正确动作。当串联补偿电容在保护区内时，发生系统振荡或外部三相短路且电容器保护间隙不对称击穿，保护将误动。当串联补偿电容位于保护区外时，区内短路且有电容器的不对称击穿，也可能发生保护拒动。

（4）电压二次回路断线时，保护应退出运行。

10-38 非全相运行对高频闭锁负序功率方向保护有什么影响？

当被保护线路上出现非全相运行时，将在断相处产生一个纵向的负序电压，并由此产生负序电流，在输电线路的 A、B 两端，负序功率的方向同时为负，这和内部故障时的情况完全一样。因此，在一侧断开的非全相运行状态下，高频闭锁负序功率方向保护将误动作。

为了克服上述缺点，如果将保护安装地点移到断相点的里侧，则两端负序功率的方向为一正一负，和外部故障时的情况一样，这时保护将处于启动状态，但由于受到高频信号的闭锁而不会误动作。

针对上述两种情况可知，当电压互感器接于线路侧时，保护装置不会误动作，而当电压互感器接于变电站母线侧时，则保护装置将误动作，此时需采取措施将保护闭锁。

10-39 线路选用三相重合闸的条件是什么？

在经过稳定计算校核后，单、双侧电源线路选用三相重合闸的条件如下：

（1）单侧电源线路。单侧电源线路电源侧宜采用一般的三相重合闸，如由几段串联线路构成的电力网，为了补救其电流速断等瞬动保护的无选择性动作，三相重合闸采用带前加速或顺序重合闸方式，此时断开的几段线路自电源侧顺序重合。但对给重要负荷供电的单回线路，为提高其供电可靠性，也可以采用综合重合闸。

（2）双侧电源线路。两端均有电源的线路采用自动重合闸时，应保证在线路两侧断路器均已跳闸，故障点电弧熄灭和绝缘强度已恢复的条件下进行。同时，应考虑断路器在进行重合闸时线路两侧电源是否同期，以及是否允许非同期合闸。因此，双侧电源线路的重合闸可归纳为两类，一类是检定同期重合闸，如一侧检定线路无电压，另一侧检定同期或检定平行线路电流的重合闸等；另一类是不检定同期的重合闸，如非同期重合闸、快速重合闸、解列重合闸及自同期重合闸等。

10-40 线路选用单相重合闸或综合重合闸的条件是什么？

单相重合闸是指线路上发生单相接地故障时，保护动作只跳开故障相的断路器并单相重合；当单相重合不成功或多相故障时，保护动作跳开三相断路器，不再进行重合。由其他任何原因跳开三相断路器时，也不再进行重合。

综合重合闸是指当发生单相接地故障时采用单相重合闸方式，当发生相间短路时采用三相重合闸方式。

在下列情况下，需要考虑采用单相重合闸或综合重合闸方式：

（1）220kV及以上电压单回联络线、两侧电源之间相互联系薄弱的线路（包括经低一级电压线路弱联系的电磁环网），特别是大型汽轮发电机组的高压配出线路。

（2）当电网发生单相接地故障时，如果使用三相重合闸不能保证系统稳定的线路。

（3）允许使用三相重合闸的线路，但使用单相重合闸对系统或恢复供电有较好效果时，可采用综合重合闸方式。例如，两侧电源间联系较紧密的双回线路或并列运行的环网线路，根据稳定计算，重合于三相永久故障不致引起稳定破坏时，可采用综合重合闸方式。当采用三相重合闸时，采取一侧先合，另一侧待对侧重合成功后实现同步重合闸的方式。

（4）经稳定计算校核，允许使用重合闸。

10-41 单相重合闸与三相重合闸各有哪些优缺点？

这两种重合闸的优缺点如下：

（1）使用单相重合闸时会出现非全相运行，除纵联保护需要考虑一些特殊问题外，对零序电流保护的整定和配合产生了很大影响，也使中、短线路的零序电流保护不能充分发挥作用。

（2）使用三相重合闸时，各种保护的出口回路可以直接动作于断路器。使用单相重合闸时，除本身有选项功能的保护外，所有纵联保护、相间距离保护、零序电流保护等，都必须经单相重合闸的选相元件控制，才能动作于断路器。

（3）当线路发生单相接地时，采用三相重合闸会比采用单相重合闸产生较大的操作过电压。这是由于三相跳闸、电流过零时断电，在非故障相上会保留相当于相电压峰值的残余电荷电压，而重合闸的断电时间较短，上述非故障相的电压变化不大，因而在重合时会产生较大的操作过电压。而当使用单相重合闸时，重合时的故障相电压一般只有17%左右（由于线路本身电容分压产生），因而没有操作过电压问题。从较长时间在110kV及220kV电网采用三相重合闸的运行情况来看，对一般中、短线路操作过电压方面的问题并不突出。

（4）采用三相重合闸时，在最不利的情况下，有可能重合于三相短路故障。有的线路经稳定计算认为必须避免这种情况时，可以考虑在三相重合闸中增设简单的相间故障判别元件，使它在单相故障时实现重合，在相间故障时不重合。

10-42　现代电网有哪些特点？

(1) 由较强的超高压系统构成主网架。

(2) 各电网之间联系较强，电压等级相对简化。

(3) 具有足够的调峰、调频、调压容量，能够实现自动发电控制，有较高的供电可靠性。

(4) 具有相应的安全稳定控制系统、高度自动化的监控系统和高度现代化的通信系统。

(5) 具有适应电力市场运营的技术支持系统，有利于合理利用能源。

10-43　区域电网互联的意义与作用是什么？

(1) 可以合理利用能源，加强环境保护，有利于电力工业的可持续发展。

(2) 可安装大容量、高效能的火电机组、水电机组和核电机组，有利于降低造价，节约能源，加快电力建设速度。

(3) 可以利用时差、温差，错开用电高峰，利用各地区用电的非同时性进行负荷调整，减少备用容量和装机容量。

(4) 可以在各地区之间互供电力、互通有无、互为备用，可减少事故备用容量，增强抵御事故能力，提高电网安全水平和供电可靠性。

(5) 能承受较大的冲击负荷，有利于改善电能质量。

(6) 可以跨流域调节水电，并在更大范围内进行水火电经济调度，取得更大的经济效益。

10-44　电网无功补偿的原则是什么？

电网无功补偿按分层分区和就地平衡的原则考虑，并应能随负荷或电压进行调整，保证系统各枢纽点的电压在正常时和事故后均能满足规定的要求，避免经长距离线路或多级变压器传送无功功率。

10-45 简述电力系统电压特性与频率特性的区别。

电力系统的频率特性取决于负荷的频率特性和发电机的频率特性（负荷随频率的变化而变化的特性叫负荷的频率特性，发电机组的出力随频率的变化而变化的特性叫发电机的频率特性），是由系统的有功负荷平衡决定的，且与网络结构（网络阻抗）关系不大。在非振荡情况下，同一电力系统的稳态频率是相同的。因此，系统频率可以集中调整控制。电力系统的电压特性与电力系统的频率特性则不相同。电力系统各节点的电压通常情况下是不完全相同的，主要取决于各区的有功和无功供需平衡情况，也与网络结构（网络阻抗）有较大关系。因此，电压不能全网集中统一调整，只能分区调整控制。

10-46 什么是系统电压监测点、中枢点？有何区别？电压中枢点一般如何选择？

监测电力系统电压值和考核电压质量的节点，称为电压监测点。电力系统中重要的电压支撑节点称为电压中枢点。因此，电压中枢点一定是电压监测点，而电压监测点却不一定是电压中枢点。电压中枢点的选择原则：①区域性水、火电厂的高压母线（高压母线有多回出线）。②分区选择母线短路容量较大的220kV变电站母线。③有大量地方负荷的发电厂母线。

10-47 何谓潜供电流？它对重合闸有何影响？如何防止？

当故障线路的故障相自两侧切除后，非故障相与断开相之间存在的电容耦合和电感耦合，继续向故障相提供的电流称为潜供电流。由于潜供电流的存在，对故障点灭弧产生影响，使短路时弧光通道去游离受到严重阻碍，而自动重合闸只有在故障点电弧熄灭且绝缘强度恢复以后才有可能重合成功。潜供电流值较大时，故障点熄弧时间较长，将使重合闸重合失败。为了减小潜供电流，提高重合闸重合成功率，一方面可采取减小潜供电流的措施，如对 500kV 中长线路高压并联电抗器的中性点加小电抗、短时在线路两侧投入快速单相接地开关等措施；另一方面可采用实测熄弧时间来整定重合闸时间。

10-48 什么叫电力系统理论线损和管理线损？

理论线损是在输送和分配电能过程中无法避免的损失，是由当时电力网的负荷情况和供电设备的参数决定的，这部分损失可以通过理论计算得出。管理线损是电力网实际运行中的其他损失和各种不明损失。例如：由于用户电能表有误差，使电能表的读数偏小；对用户电能表的读数漏抄、错算，带电设备绝缘不良而漏电，以及无电能表用电和窃电等所损失的电量。

10-49 什么叫自然功率？

运行中的输电线路既能产生无功功率（由于分布电容）又能消耗无功功率（由于串联阻抗）。当线路中输送某一数值的有功功率时，线路上的这两种无功功率恰好能相互平衡，这个有功功率的数值叫做线路的自然功率或波阻抗功率。

10-50 电力系统中性点接地方式有几种？什么叫大电流、小电流接地系统？其划分标准如何？

我国电力系统中性点接地方式主要有两种：①中性点直接接地方式（包括中性点经小电阻接地方式）。②中性点不直接接地方式（包括中性点经消弧线圈接地方式）。

中性点直接接地系统（包括中性点经小电阻接地系统），发生单相接地故障时，接地短路电流很大，这种系统称为大电流接地系统。

中性点不直接接地系统（包括中性点经消弧线圈接地系统），发生单相接地故障时，由于不直接构成短路回路，接地故障电流往往比负荷电流小得多，故称其为小电流接地系统。

我国划分标准：$X_0/X_1 \leqslant 4 \sim 5$ 的系统属于大电流接地系统，

$X_0/X_1 > 4\sim5$ 的系统属于小电流接地系统（X_0 为系统零序电抗，X_1 为系统正序电抗）。

10-51　电力系统中性点直接接地和不直接接地系统中，当发生单相接地故障时各有什么特点？

直接接地系统供电可靠性相对较低。这种系统中发生单相接地故障时，出现了除中性点外的另一个接地点，构成了短路回路，接地相电流很大，为了防止损坏设备，必须迅速切除接地相甚至三相。不直接接地系统供电可靠性相对较高，但对绝缘水平的要求也高。这种系统中发生单相接地故障时，不直接构成短路回路，接地相电流不大，不必立即切除接地相，但这时非接地相的对地电压却升高为相电压的 1.7 倍。

10-52　小电流接地系统中，为什么采用中性点经消弧线圈接地？

小电流接地系统中发生单相接地故障时，接地点将通过与接地故障线路对应电压等级的电网的全部对地电容电流。如果此电容电流相当大，就会在接地点产生间歇性电弧，引起过电压，使非故障相对地电压有较大增加。在电弧接地过电压的作用下，可能导致绝缘损坏，造成两点或多点的接地短路，使事故扩大。为此，我国采取的措施是，当小电流接地系统电网发生单相接地故障时，如果接地电容电流超过一定数值（35kV 电网为 10A，10kV 电网为 10A，3~6kV 电网为 30A），就在中性点装设消弧线圈。其目的是利用消弧线圈的感性电流补偿接地故障时的容性电流，使接地故障点电流减少，提高自动熄弧能力并能自动熄弧，保证继续供电。

10-53　什么情况下单相接地故障电流大于三相短路故障电流？

当故障点零序综合阻抗小于正序综合阻抗时，单相接地故电流将大于三相短路故障电流。例如：在大量采用自耦变压器的系统中，由于接地中性点多，系统故障点零序综合阻抗往往小于正序综合阻抗，这时单相接地故障电流大于三相短路故障电流。

10-54 什么叫电力系统的稳定运行？电力系统的稳定共分几类？

当电力系统受到扰动后，能自动地恢复到原来的运行状态，或者凭借控制设备的作用过渡到新的稳定状态运行，即电力系统的稳定运行。

电力系统的稳定从广义角度来看，可分为以下类：

（1）发电机同步运行的稳定性问题（根据电力系统所承受的扰动大小的不同，可分为静态稳定、暂态稳定、动态稳定三大类）。

（2）电力系统无功功率不足引起的电压稳定性问题。

（3）电力系统有功功率不足引起的频率稳定性问题。

10-55 什么叫自动低频减负荷装置？其作用是什么？

为了提高供电质量，保证重要用户供电的可靠性，当系统中出现有功功率缺额引起频率下降时，根据频率下降的程度，自动断开一部分用户，阻止频率下降，以使频率迅速恢复到正常值，这种装置叫自动低频减负荷装置。它不仅可以保证对重要用户的供电，而且可以避免频率下降引起的系统瓦解事故。

10-56 自动低频减负荷装置的整定原则是什么？

（1）自动低频减负荷装置动作，应确保全网及解列后的局部网频率恢复到 49.50Hz 以上，并不得高于 51Hz。

（2）在各种运行方式下自动低频减负荷装置动作，不应导致系统其他设备过负荷和联络线超过稳定极限。

（3）自动低频减负荷装置动作，不应因系统功率缺额造成频率下降而使大机组低频保护动作。

（4）自动低频减负荷顺序应次要负荷先切除，较重要的用户后切除。

（5）自动低频减负荷装置所切除的负荷不应被自动重合闸再次投入，并应与其他安全自动装置合理配合使用。

（6）全网自动低频减负荷装置整定的切除负荷数量应按年预测最大平均负荷计算，并对可能发生的电源事故进行校对。

10-57　简述发电机电气制动的构成原理。制动电阻投入时间的整定原则是什么？

当发电机功率过剩转速升高时，可以采取快速投入在发电机出口或其高压母线的制动电阻，用以消耗发电机的过剩功率。制动电阻可采用水电阻或合金材料电阻，投入制动电阻的开关的合闸时间应尽量短，以提高制动效果。制动电阻投入时间的整定原则应避免系统过制动和制动电阻过负荷，当发电机 dP/dt 过零时应立即切除。

10-58　汽轮机快关汽门有何作用？

汽轮机可通过快关汽门实现两种减功率方式：短暂减功率和持续减功率。短暂减功率用于系统故障初始的暂态过程，减少扰动引起的发电机转子过剩动能，以防止系统暂态稳定被破坏；持续减功率用于防止系统静稳定被破坏、消除失步状态、限制设备过负荷和限制频率升高。

10-59　何谓低频自启动及调相改发电？

低频自启动是指水轮机和燃气轮机在感受系统频率降低到规定值时，自动快速启动，并入电网发电。

调相改发电是指当电网频率降低到规定值时，自动装置将发电机由调相方式改为发电方式，或对抽水蓄能机组停止抽水迅速转换到发电状态。

10-60　试述电力系统低频、低压解列装置的作用。

电力系统中，当大电源切除后可能会引起发供电功率严重不平衡，造成频率或电压降低，如采用自动低频减负荷装置（或措施）还不能满足安全运行要求时，需在某些地点装设低频、低压解列装置，使解列后的局部电网保持安全稳定运行，以确保对重要用户的可靠供电。

10-61 何谓区域性稳定控制系统？

对于一个复杂电网的稳定控制问题，必须靠区域电网中的几个厂站的稳定控制装置协调统一才能完成。即每个厂站的稳定控制装置不仅靠就地测量信号，还要接受其他厂站传来的信号，综合判断才能正确进行稳定控制。这些分散的稳定控制装置的组合，统称为区域性稳定控制系统。

10-62 电力系统通信网的主要功能是什么？

电力系统通信网为电网生产运行、管理、基本建设等方面服务。其主要功能应满足调度电话、行政电话、电网自动化、继电保护、安全自动装置、计算机联网、传真、图像传输等各种业务的需要。

10-63 简述电力系统通信网的子系统及其作用。

电力系统通信网的子系统：①调度通信子系统，该系统为电网调度服务。②数据通信子系统，该系统为调度自动化、继电保护、安全自动装置、计算机联网等各种数据传输提供通道。③交换通信子系统，该系统为电力生产、基建和管理部门之间的信息交换服务。

10-64 调度自动化向调度员提供反映系统现状的信息有哪些？

（1）为电网运行情况的安全监控提供精确而可靠的实时信息，包括有关的负荷与发电情况，输电线路的负荷情况，电压、有功及无功潮流，稳定极限，系统频率等。

（2）当电网运行条件出现重要偏差时，及时自动告警，并指明或同时启动纠偏措施。

(3) 当电网解列时,给出显示,并指出解列处所。

10-65 什么是能量管理系统(EMS)？其主要功能是什么？

能量管理系统(EMS)是现代电网调度自动化系统(含硬、软件)的总称。其主要功能由基础功能和应用功能两个部分组成。基础功能包括计算机、操作系统和 EMS 支撑系统。应用功能包括数据采集与监视(SCADA)、自动发电控制(AGC)与计划、网络应用分析三部分。

10-66 电网调度自动化系统高级应用软件包括哪些？

电网调度自动化系统高级应用软件一般包括：负荷预报、发电计划、网络拓扑分析、电力系统状态估计、电力系统在线潮流、最优潮流、静态安全分析、自动发电控制、调度员培训模拟系统等。

10-67 电网调度自动化系统(SCADA)的作用是什么？

调度中心采集到的电网信息必须经过应用软件的处理,才能最终以各种方式服务于调度生产。在应用软件的支持下,调度员才能监视到电网的运行状况,才能迅速有效地分析电网运行的安全与经济水平,才能迅速完成事故情况下的判断、决策,才能对远方厂、站实施有效的遥控和遥调。

目前,国内调度运行中 SCADA 系统已经使用的基本功能有：①数据采集与传输；②安全监视、控制与告警；③制表打印；④特殊运算；⑤事故追忆。

10-68 AGC 有哪几种控制模式？

AGC 的控制模式有一次控制模式和二次控制模式两种。一次控制模式分为三种：①定频率控制模式；②定联络线功率控制模式；③频率与联络线偏差控制模式。二次控制模式分为两种：①时间误差校正模式；②联络线累积电量误差校正模式。

10-69 在区域电网中，网、省调 AGC 控制模式应如何选择？在大区联网中，AGC 控制模式应如何选择？

在区域电网中，网调一般担负系统调频任务，其 AGC 控制模式应选择定频率控制模式；省调应保证按联络线计划调度，其 AGC 控制模式应选择定联络线功率控制模式。在大区互联电网中，互联电网的频率及联络线交换功率应由参与互联的电网共同控制，其 AGC 控制模式应选择频率与联络线偏差控制模式。

10-70 什么叫发电源？

发电源是 AGC 的一个控制对象，可以是一台机组、几台并列运行的机组或整个电厂或几个并列运行的电厂。AGC 软件包发出的设点控制指令都是针对发电源的。

10-71 发电源设点功率按什么原则计算？

发电源设点功率是根据区域功率（ACE）的大小按不同原则计算的。ACE 按其大小分为死区、正常分配区、允许控制区及紧急支援区。对不同的区域有不同的分配策略。

（1）在死区，只对功率偏离理想值大的发电源实现成对分配策略，计算新的设点，其余发电源不重新分配功率。

（2）在正常分配区，按照正常考虑经济性的参与因子将 ACE 分配到各发电源，计算其设点功率。

（3）在允许控制区，只限制能将 ACE 减小的发电源参与控制，计算其设点功率。

（4）在紧急支援区，按照发电源调整速率的快慢来分配 ACE，计算其设点功率，即让调整速率快的发电源承担更多的调整功率。

10-72 EMS 中网络分析软件有哪两种运行模式？与离线计算软件有什么区别？

EMS 中网络分析软件的运行模式有两种：

（1）实时模式。根据实时量测数据对运行软件的原始数据不断刷新并进行实时计算或按一定周期定期计算，如实时网络拓扑、状态估计、调度员潮流等。

（2）研究模式。运行软件的原始数据不进行刷新，可以是实时快照过来的某一时间断面的数据，也可以是人工置入的数据，可用来对电网运行状态进行研究，如调度员潮流、安全分析等。

EMS中的网络分析软件与离线计算软件有一定的区别：一是实时性，即使是研究模式，也可以从实时系统中取快照进行分析研究；二是快速性要求，为满足快速性，在数学模型上没有离线计算软件考虑得更全面。

10-73　试述网络拓扑分析的概念。

电网的拓扑结构描述电网中各电器元件的图形连接关系。电网是由若干个带电的电气岛组成的，每个电气岛又由许多母线及母线间相连的电器元件组成。每个母线又由若干个母线路元素通过断路器、闸刀相连而成。网络拓扑分析根据电网中各断路器、闸刀的遥信状态，通过一定的搜索算法，将各母线路元素连成某个母线，并将母线与相连的各电器元件组成电气岛，进行网络接线辨识与分析。

10-74　什么叫状态估计？其用途是什么？运用状态估计必须具备什么基本条件？

电力系统状态估计就是利用实时量测系统的冗余性，应用估计算法来检测与剔除坏数据。其作用是提高数据精度及保持数据的前后一致性，为网络分析提供可信的实时潮流数据。

运用状态估计必须保证系统内部是可观测的，系统的量测要有一定的冗余度。在缺少量测的情况下作出的状态估计是不可用的。

10-75　什么叫安全分析、静态安全分析、动态安全分析？

答：安全分析是对运行中的网络或某一研究状态下的网络，

按 N-1 原则，研究一个个运行元件因故障退出运行后，网络的安全情况及安全裕度。静态安全分析是研究元件有无过负荷及母线电压有无越限。动态安全分析是研究线路功率是否超过稳定极限。

10-76 从功能上讲，安全分析是如何划分的？

从功能上划分，安全分析分为两大模块：一块为故障排序，即按 $N-1$ 故障严重程度自动排序；一块为安全评估，对静态安全分析而言，就是进行潮流计算分析，动态安全分析则要进行稳定计算分析。

10-77 最优潮流与传统经济调度的区别是什么？

传统经济调度只对有功功率进行优化，虽然考虑了线损修正，也只考虑了有功功率引起线损的优化。传统经济调度一般不考虑母线电压的约束，对安全约束一般也难以考虑。最优潮流除对有功功率及耗量进行优化外，还对无功功率及网损进行了优化。此外，最优潮流还考虑了母线电压的约束及线路潮流的安全约束。

10-78 调度员培训模拟系统（DTS）的作用是什么？

调度员培训模拟系统主要用于调度员培训，它可以提供一个电网的模拟系统，调度员通过它可以进行模拟现场操作及系统反事故演习，从而提高调度员培训效果，积累电网操作及事故处理的经验。

10-79 对调度员培训模拟系统有哪些基本要求？

调度员培训模拟系统应尽量满足以下三点要求：①真实性。电力系统模型与实际电力系统具有相同的动态、静态特性，尽可能为培训真实地再现实际的电力系统。②一致性。学员台的环境与实际电网调度控制中心的环境要尽量一致，使学员在被培训时有临场感。③灵活性。在教员台可以灵活地控制培训的进行，可以灵活地模拟电力系统的各种操作和故障。

10-80 什么叫单项操作指令？

单项操作指令是指值班调度员发布的只对一个单位，只有一项操作内容，由下级值班调度员或现场运行人员完成的操作指令。

10-81 什么叫逐项操作指令？

逐项操作指令是指值班调度员按操作任务顺序逐项下达，受令单位按指令的顺序逐项执行的操作指令。一般用于涉及两个及以上单位的操作，如线路停送电等。调度员必须事先按操作原则编写操作任务票。操作时由值班调度员逐项下达操作指令，现场值班人员按指令顺序逐项操作。

10-82 什么叫综合操作指令？

综合操作指令是值班调度员对一个单位下达的一个综合操作任务，具体操作项目、顺序由现场运行人员按规定自行填写操作票，在得到值班调度员允许之后即可进行操作。一般用于只涉及一个单位的操作，如变电站倒母线和变压器停送电等。

10-83 哪些情况下要核相？为什么要核相？

对于新投产的线路或更改后的线路，必须进行相位、相序核对，与并列有关的二次回路检修时改动过，也须核对相位、相序。若相位或相序不同的交流电源并列或合环，将产生很大的电流，巨大的电流会造成发电机或电气设备的损坏，因此需要核相。为了正确地并列，不但要一次相序和相位正确，还要求二次相位和相序正确，否则也会发生非同期并列。

10-84 国家规定电力系统标准频率及其允许偏差是多少？

国家规定电力系统标准频率为50Hz。对容量在3000MW及以上的系统，频率允许偏差为50Hz±0.2Hz，电钟指示与标准时间偏差不大于 30s；容量在 3000MW 以下的系统，频率允许偏差为 50Hz±0.5Hz，电钟指示与标准时间偏差不大于 1min。

10-85 电力系统电压调整的常用方法有哪几种？

系统电压的调整必须根据系统的具体要求，在不同的厂站，采用不同的方法，常用电压调整方法有以下几种：

(1) 增减无功功率进行调压，如发电机、调相机、并联电容器、并联电抗器调压。

(2) 改变有功功率和无功功率的分布进行调压，如调压变压器、改变变压器分接头调压。

(3) 改变网络参数进行调压，如串联电容器、投停并列运行变压器、投停空载或轻载高压线路调压。

特殊情况下有时采用调整用电负荷或限电的方法调整电压。

10-86 电力系统的调峰电源主要有哪些？

电力系统的调峰电源一般是常规水电机组、抽水蓄能机组、燃气轮机机组、常规汽轮发电机组和其他新形式调峰电源。

10-87 电网电压调整的方式有哪几种？什么叫逆调压？

电压调整方式一般分为逆调压方式、恒调压方式、顺调压方式三种。

逆调压是指在电压允许偏差范围内，电网供电电压的调整使电网高峰负荷时的电压高于低谷负荷时的电压值，使用户的电压高峰、低谷相对稳定。

10-88 线路停、送电操作的顺序是什么？操作时应注意哪些事项？

线路停电操作顺序：拉开线路两端断路器，拉开线路侧隔离开关、母线侧隔离开关，线路上可能来电的各端合接地开关（或挂接地线）。

线路送电操作顺序：拉开线路各端接地开关（或拆除接地

线），合上线路两端母线侧隔离开关、线路侧隔离开关，合上断路器。

注意事项：

（1）防止空载时线路末端电压升高至允许值以上。

（2）投入或切除空载线路时，应避免电网电压产生过大波动。

（3）避免发电机在无负荷情况下投入空载线路产生自励磁。

10-89　电力变压器停、送电操作，应注意哪些事项？

一般变压器充电时应投入全部继电保护，为保证系统的稳定，充电前应先降低相关线路的有功功率。变压器在充电或停运前，必须将中性点接地开关合上。

一般情况下，220kV 变压器高、低压侧均有电源时，送电时应由高压侧充电，低压侧并列；停电时则先在低压侧解列。环网系统的变压器操作时，应正确选取充电端，以减少并列处的电压差。变压器并列运行时，应符合并列运行的条件。

10-90　电网解环操作应注意哪些问题？

在解环操作前，应检查解环点的有功及无功潮流，确保解环后电网电压质量在规定范围内，潮流变化不超过电网稳定、设备容量等方面的控制范围和继电保护、安全自动装置的配合；解环前后应与有关方面联系。

10-91　电网合环操作应注意哪些问题？

在合环操作时，必须保证合环点两侧相位相同，电压差、相位角应符合规定；应确保合环网络内，潮流变化不超过电网稳定、设备容量等方面的限制。对于比较复杂环网的操作，应先进行计算或校验，操作前后要与有关方面联系。

10-92　电力系统同期并列的条件是什么？

（1）并列开关两侧的相序、相位相同。

（2）并列开关两侧的频率相等，当调整有困难时，允许频率差不大于本网规定。

（3）并列开关两侧的电压相等，当调整有困难时，允许电压差不大于本网规定。

10-93 电力系统解列操作的注意事项是什么？

将解列点有功潮流调整至零，电流调整至最小，如调整有困难，可使小电网向大电网输送少量功率，避免解列后，小电网频率和电压有较大幅度的变化。

10-94 电网中，允许用闸刀直接进行的操作有哪些？

（1）在电网无接地故障时，拉合电压互感器。

（2）在无雷电活动时拉合避雷器。

（3）拉合220kV及以下母线和直接连接在母线上的设备的电容电流，合经试验允许的500kV空载母线和拉合3/2接线母线环流。

（4）在电网无接地故障时，拉合变压器中性点接地开关或消弧线圈。

（5）与开关并联的旁路闸刀，当开关合好时，可以拉合开关的旁路电流。

（6）拉合励磁电流不超过2A的空载变压器、电抗器和电容电流不超过5A的空载线路（但20kV及以上电网应使用户外三相联动闸刀）。

10-95 高频保护启、停用应注意什么？为什么？

高频保护投入跳闸前，必须交换线路两侧高频信号，确认正常后，方可将线路高频保护两侧同时投入跳闸。对环网运行中的线路高频保护，正常运行时两侧必须同时投入跳闸或停用，不允许一侧投入跳闸，另一侧停用，否则区外故障时，因高频保护停用侧不能向对侧发闭锁信号，将造成单侧投入跳闸的高频保护动作跳闸。

10-96 变压器中性点零序过流保护和间隙过压保护能否同时投入？为什么？

变压器中性点零序过流保护和间隙过压保护不能同时投入。变压器中性点零序过流保护在中性点直接接地时方能投入，而间隙过压保护在变压器中性点经放电间隙接地时才能投入，如两者同时投入，将有可能造成上述保护的误动作。

10-97 何谓电力系统事故？引起事故的主要原因有哪些？

所谓电力系统事故是指电力系统设备故障或人员工作失误，影响电能供应数量或质量并超过规定范围的事件。引起电力系统事故的原因是多方面的，如自然灾害、设备缺陷、管理维护不当、检修质量不好、外力破坏、运行方式不合理、继电保护误动作和人员工作失误等。

10-98 从事故范围角度出发，电力系统事故可分为哪几类？各类事故的含义是什么？

电力系统事故依据事故范围大小可分为两大类，即局部事故和系统事故。局部事故是指系统中个别元件发生故障，使局部地区电网运行和电能质量发生变化，用户用电受到影响的事件。系统事故是指系统内主干联络线跳闸或失去大电源，引起全系统频率、电压急剧变化，造成供电电能数量或质量超过规定范围，甚至造成系统瓦解或大面积停电的事件。

10-99 电力系统事故处理的一般原则是什么？

电力系统发生事故时，各单位的运行人员在上级值班调度员的指挥下处理事故，并做到如下几点：

（1）尽快限制事故的发展，消除事故的根源并解除对人身和设备安全的威胁，防止系统稳定被破坏或瓦解。

（2）用一切可能的方法保持设备继续运行，首先保证发电厂及枢纽变电站的自用电源。

（3）尽快对已停电的用户恢复供电，特别是对重要用户的保安电源恢复供电。

（4）调整系统运行方式，使其恢复正常。

10-100 系统发生事故时，要求事故及有关单位运行人员必须立即向调度汇报的主要内容是什么？

系统发生事故时，事故及有关单位应立即准确地向有关上级值班调度员报告概况。汇报内容包括事故发生的时间及现象、开关变位情况、继电保护和安全自动装置动作情况以及频率、电压、潮流的变化和设备状况等。待弄清情况后，再迅速详细汇报。

10-101 事故处理告一段落后，调度值班人员应做些什么工作？

当事故处理告一段落后，调度值班人员应迅速向有关领导汇报事故情况，还应按有关规定及时报上级调度。对于线路故障跳闸（无论重合成功与否）处理完后，应通知维护管理部门查线。事故处理完毕后应详细记录事故情况和处理过程，并于72h内填写好事故报告。

10-102 处理系统低频率事故的方法有哪些？

任何时候保持系统发、供、用电平衡是防止低频率事故的主要措施，因此处理低频率事故的主要方法如下：①调出旋转备用；②迅速启动备用机组；③联网系统的事故支援；④必要时切除负荷（按事先制定的事故拉电序位表执行）。

10-103 事故单位可不待调度指令自行先处理后报告的事故有哪些？

遇有下列情况，事故单位可不待调度指令自行先处理后报告：

(1) 对人身和设备有威胁时,根据现场规程采取措施。

(2) 发电厂、变电站的自用电全部或部分停电时,用其他电源恢复自用电。

(3) 系统事故造成频率降低时,各发电厂增加机组出力和开出备用发电机组并入系统。

(4) 系统频率低至按频率减负荷、低频率解列装置的动作值,而该装置未动作时,在确认无误后立即手动切除该装置应动作切开的开关。

(5) 调度规程及现场规程中明确规定可不待值班调度员指令自行处理的事故。

10-104　什么叫频率异常?什么叫事故频率?什么叫频率事故?

对容量在 3000MW 及以上的系统,频率偏差超过 $50Hz\pm0.2Hz$ 为频率异常,其延续时间超过 1h,为频率事故;频率偏差超过 $50Hz\pm1Hz$ 为事故频率,延续时间超过 15min,为频率事故。

对容量在 3000MW 以下的系统,频率偏差超过 $50Hz\pm0.5Hz$ 为频率异常,其延续时间超过 1h,为频率事故;频率偏差超过 $50Hz\pm1Hz$ 为事故频率,其延续时间超过 15min,为频率事故。

10-105　系统高频率运行的处理方法有哪些?

处理系统高频率运行的主要办法:

(1) 调整电源出力。对火电机组减出力至允许最小技术出力。

(2) 启动抽水蓄能机组抽水运行。

(3) 对弃水运行的水电机组减出力直至停机。

(4) 火电机组停机备用。

10-106　防止系统频率崩溃有哪些主要措施?

(1) 电力系统运行应保证有足够的、合理分布的旋转备用容量和事故备用容量。

（2）水电机组采用低频自启动装置，抽水蓄能机组装设低频切泵及低频自动发电的装置。

（3）采用重要电源事故联切负荷装置。

（4）电力系统应装设并投入足够容量的低频率自动减负荷装置。

（5）制定保证发电厂厂用电及对近区重要负荷供电的措施。

（6）制定系统事故拉电序位表，在需要时紧急手动切除负荷。

10-107　我国规定电网监视控制点电压异常和事故的标准是什么？

（1）电压异常。超出电力系统调度规定的电压曲线数值的±5％且延续时间超过 1h，或超出规定数值的±10％且延续时间超过 30min。

（2）电压事故。超出电力系统调度规定的电压曲线数值的±5％且延续时间超过 2h，或超出规定数值的±10％且延续时间超过 1h。

10-108　电网监视控制点电压降低超过规定范围时，值班调度员应采取哪些措施？

电网监视控制点电压降低超过规定范围时，应采取如下措施：

（1）迅速增加发电机无功出力。

（2）投无功补偿电容器（应有一定的超前时间）。

（3）设法改变系统无功潮流分布。

（4）条件允许时降低发电机有功出力，增加无功出力。

（5）必要时启动备用机组调压。

（6）切除并联电抗器。

（7）确无调压能力时拉闸限电。

10-109 对于局部电网无功功率过剩、电压偏高，应采取哪些基本措施？

（1）发电机高功率因数运行，尽量少发无功。

（2）部分具备进相能力的发电机进相运行，吸收系统无功。

（3）切除并联电容器。

（4）投入并联电抗器。

（5）控制低压电网无功电源上网。

（6）必要且条件允许时改变运行方式。

（7）调相机组改进相运行。

10-110 变电站母线停电的原因主要有哪些？一般根据什么判断是否是母线故障？事故处理过程中应注意什么？

变电站母线停电的原因：母线本身故障；母线上所接元件故障，保护或开关拒动；外部电源全停等。判断是否是母线故障要根据：仪表指示，保护和自动装置动作情况，开关信号及事故现象（如火光、爆炸声等）等。

事故处理过程中应注意，切不可只凭站用电源全停或照明全停而误认为是变电站全停电。同时，应尽快查清是本站母线故障还是因外部原因造成本站母线停电。

10-111 多电源的变电站全停电时，变电站应采取哪些基本方法以便尽快恢复送电？

多电源联系的变电站全停电时，变电站运行值班人员应按规程规定：立即将多电源间可能联系的开关拉开，若双母线母联断路器没有断开应首先拉开母联断路器，防止突然来电造成非同期合闸。每条母线上应保留一个主要电源线路开关在投运状态，或检查有电压测量装置的电源线路，以便及早判明来电时间。

10-112 发电厂高压母线停电时，应采取哪些方法尽快恢复送电？

当发电厂高压母线停电时（包括各种母线接线），可依据规程规定和实际情况采取以下方法恢复送电：

（1）现场值班人员应按规程规定立即拉开停电母线上的全部电源开关（视情况可保留一个外来电源线路开关在合闸投运状态），同时设法恢复受影响的厂用电。

（2）对停电的母线进行试送电，应尽可能利用外来电源线路开关试送电，必要时也可用本厂带有充电保护的母联断路器给停电母线充电。

（3）当有条件且必要时，可利用本厂一台机组对停电母线零起升压，升压成功后再与系统同期并列。

10-113 当母线停电，并伴随因故障引起的爆炸、火光等现象时，应如何处理？

当母线停电，并伴随因故障引起的爆炸、火光等现象时，现场值班人员应立即拉开故障母线上的所有开关，找到故障点并迅速隔离，在请示值班调度员同意后，由值班调度员决定用何种方式对停电母线试送电。

10-114 为尽快消除系统间联络线过负荷，应主要采取哪些措施？

（1）受端系统的发电厂迅速增加出力，或由自动装置快速启动受端水电厂的备用机组，包括调相的水轮发电机快速改发电运行。

（2）送端系统的发电厂降低有功出力，并提高电压，频率调整厂应停止调频率，并可适当降低频率运行，以降低线路的过负荷。

（3）当联络线已达到规定极限负荷时，应立即下令受端切除部分负荷，或由专用的自动装置切除负荷。

（4）有条件时，值班调度员改变系统接线方式，使潮流强迫分配。

10-115 变压器事故过负荷时，应采取哪些措施消除过负荷？

（1）投入备用变压器。

（2）指令有关调度转移负荷。

（3）改变系统接线方式。

（4）按有关规定进行拉闸限电。

10-116 高压开关本身常见的故障有哪些？

高压开关本身常见的故障包括：拒绝合闸、拒绝跳闸、假合闸、假跳闸、三相不同期（触头不同时闭合或断开）、操动机构损坏或压力降低、切断能力不够造成的喷油以及具有分相操作能力的开关不按指令的相别动作等。

10-117 开关机构泄压，一般指哪几种情况？

开关机构泄压一般指开关机构的液压、气压、油位等发生异常，导致开关闭锁分、合闸。系统发生开关闭锁分、合闸时，将直接威胁电网安全运行，应立即进行处理。

10-118 电网调度管理的任务和基本要求是什么？

电网调度管理的任务是依法领导电网的运行、操作以及事故处理，实现下列基本要求：

（1）充分发挥本网内发、供电设备能力，有计划地满足用电需求。

（2）使电网连续、稳定运行，保证供电可靠性。

（3）使电网的电能质量（频率、电压、波形）符合国家规定的标准。

（4）根据电网实际情况，依据法律的、经济的、技术的手段，合理使用燃料和其他能源，使电网处于经济运行。

（5）依照法律、法规、合同、协议正确合理调度，做到公平、公正、公开，依法维护电网企业、发电企业、供电企业、用电企业等各方合法权益。

10-119　各种设备检修时间是如何计算的？

发电厂和变电站设备检修时间的计算是设备从电网中断开停役（拉开开关，关闭主汽门、并炉门）时起，到设备重新投入电网运行（合上开关，开启主汽门、并炉门）或根据电网要求转入备用为止。投入运行（或备用）所进行的一切操作（包括启动、试验以及投运后的试运行）时间，均计算在检修时间内。

输电线路检修时间的计算是从线路转为检修状态（即断路器、隔离开关均断开，出线接地）时起，到省调值班调度员接到申请单位有关线路检修人员撤离现场和工作接地线拆除的竣工报告为止。

10-120　办理带电作业的申请有何规定？

属省调调度管辖范围内的设备带电作业，无须提出书面申请，但在开始作业前应得到省调值班调度员的同意后（有具体要求应作说明）才能进行。带电作业结束后，应及时向省调值班调度员汇报。

属上级调度机构调度管辖范围内的设备带电作业，由省调向上级调度机构值班调度员转报有关带电作业及其要求，并得到上级调度机构值班调度员同意后，省调值班调度员按省调调度管辖设备带电作业的程序执行。

10-121　调频厂选择的原则是什么？

（1）具有足够的调频容量，以满足系统负荷增、减最大的负荷变量。

（2）具有足够的调整速度，以适应系统负荷增、减最快的速度需要。

（3）出力的调整应符合安全和经济运行的原则。

（4）在系统中所处的位置及其与系统联络通道的输送能力。

10-122　线路超暂态稳定限额（或按静态稳定限额）运行时，应注意哪些问题？

（1）做好事故预想，制定发生稳定破坏时的处理办法。

（2）沿线地区有无雷、雨、雾、大风，密切监视天气变化情况。

（3）尽量提高送、受端运行电压。

（4）停用超暂态稳定限额运行线路的重合闸，停止有关电气设备的强送电和倒闸操作。

（5）超暂态稳定限额运行时，必须保持足够的静态稳定储备，禁止超静态稳定限额运行。

（6）超暂态稳定限额运行需得到省级电网主管部门总工程师批准，如影响主网的稳定运行时，需得到上级调度机构值班调度员的同意。

10-123　线路发生故障后，省调值班调度员发布巡线指令时应说明哪些情况？

（1）线路是否已经带电。

（2）若线路无电是否已做好安全措施。

（3）找到故障后是否可以不经联系立即开始处理。

省调值班调度员应将继电保护动作情况告诉巡线单位，并尽可能根据故障录波器测量数据指出故障点，供巡线单位参考。

10-124　发电厂、变电站母线失电的现象有哪些？

发电厂、变电站母线失电是指母线本身无故障而失去电源，判别母线失电的依据是同时出现下列现象：

（1）该母线的电压表指示消失。

（2）该母线的各出线及变压器负荷消失（电流表、功率表指示为零）。

（3）该母线所供厂用电或所用电失去。

10-125　电力系统振荡时的一般现象是什么？

（1）发电机、变压器及联络线的电流表、电压表、功率表周期性地剧烈摆动，发电机、调相机和变压器在表计摆动的同时发出有节奏的嗡鸣声。

（2）失去同步的发电机与系统间的输送功率表、电流表将大幅度往复摆动。

（3）振荡中心电压周期性地降至接近于零，且其附近的电压摆动最大，随着离振荡中心距离的增加，电压波动逐渐减小。白炽灯随电压波动有不同程度的明暗现象。

（4）送端部分系统的频率升高，受端部分系统的频率降低，并略有摆动。

10-126　运行中的线路，在什么情况下应停用线路重合闸装置？

（1）装置不能正常工作时。

（2）不能满足重合闸要求的检查测量条件时。

（3）可能造成非同期合闸时。

（4）长期对线路充电时。

（5）开关遮断容量不允许重合时。

（6）线路上有带电作业要求时。

（7）系统有稳定要求时。

（8）超过开关跳合闸次数时。

10-127　与电压回路有关的安全自动装置主要有哪几类？遇什么情况应停用此类自动装置？

与电压回路有关的安全自动装置主要有如下几类：振荡解列、高低频解列、高低压解列、低压切负荷等。

遇有下列情况可能失去电压时应及时停用与电压回路有关的安全自动装置：①电压互感器退出运行；②交流电压回路断线；③交流电流回路上有工作；④装置直流电源故障。

10-128 《电网调度管理条例》中调度系统包括哪些机构和单位？调度业务联系的基本规定是什么？调度机构分几级？

调度系统包括各级调度机构和电网内的发电厂、变电站的运行值班单位。

调度业务联系的基本规定：下级调度机构必须服从上级调度机构的调度。调度机构调度管辖范围内的发电厂、变电站的运行值班单位，必须服从该级调度机构的调度。

调度机构分为五级：国家调度机构，跨省、自治区、直辖市调度机构，省、自治区、直辖市级调度机构，省辖市（地）级调度机构，县级调度机构。

10-129 值班调度员在出现哪些紧急情况时可以调整日发电、供电调度计划，发布限电、调整发电厂功率、开或者停发电机组等指令，可以向本电网内的发电厂、变电站的运行值班单位发布调度指令？

主要包括以下情况：

(1) 发电、供电设备发生重大事故或者电网发生事故。

(2) 电网频率或者电压超过规定范围。

(3) 输变电设备功率负荷超过规定值。

(4) 主干线路功率值超过规定的稳定限额。

(5) 其他威胁电网安全运行的紧急情况。

10-130 违反《电网调度管理条例》规定的哪些行为，对主管人员和直接责任人员由其所在单位或者上级机关给予行政处分？

主要有以下行为：

(1) 未经上级调度机构许可，不按照上级调度机构下达的发电、供电调度计划执行的。

(2) 不执行有关调度机构批准的检修计划的。

(3) 不执行调度指令和调度机构下达的保证电网安全的措

施的。

（4）不如实反映电网运行情况的。

（5）不如实反映执行调度指令情况的。

（6）调度系统的值班人员玩忽职守、徇私舞弊，尚不构成犯罪的。

10-131　为什么制定《电力供应与使用条例》？国家对电力供应和使用的管理原则是什么？

为了加强电力供应与使用的管理，保障供电、用电双方的合法权益，维护供电、用电秩序，安全、经济、合理地供电和用电，制定了《电力供应与使用条例》。

国家对电力供应和使用实行安全用电、节约用电、计划用电的管理原则。供电企业和用户应当遵守国家有关规定，采取有效措施，做好安全用电、节约用电、计划用电工作。

10-132　在发电、供电系统正常运行情况下，供电企业因故需要停止供电时，应当按照哪些要求事先通知用户或者进行公告？

除《电力供应与使用条例》另有规定外，在发电、供电系统正常运行的情况下，供电企业应当连续向用户供电；因故需要停止供电时，应当按照下列要求事先通知用户或者进行公告：

（1）因供电设施计划检修需要停止供电时，供电企业应当提前7天通知用户或者进行公告。

（2）因供电设施临时检修需要停止供电时，供电企业应当提前24h通知重要用户。

（3）因发电、供电系统发生故障需要停电、限电时，供电企业应当按照事先确定的限电序位进行停电或者限电。引起停电或者限电的原因消除后，供电企业应当及时恢复供电。

10-133　什么叫"三违"？什么是"三不放过"？

"三违"是指"违章指挥，违章操作，违反劳动纪律"的简称。

"三不放过"是指发生事故应立即进行调查分析,调查分析事故必须实事求是,尊重科学,严肃认真,要做到事故原因不清楚不放过,事故责任者和应受教育者没有受到教育不放过,没有采取防范措施不放过。

10-134 电力系统频率偏差超出什么范围构成一类障碍?

我国规定,电力系统频率偏差超出以下数值则构成一类障碍:

(1) 装机容量在3000MW及以上电力系统,频率偏差超出$50Hz\pm0.2Hz$,延续时间30min以上;或频率偏差超出$50Hz\pm1Hz$,延续时间10min以上。

(2) 装机容量在3000MW以下电力系统,频率偏差超出$50Hz\pm0.5Hz$,延续时间30min以上;或频率偏差超出$50Hz\pm1Hz$,延续时间10min以上。

10-135 电力系统监视控制点电压超过什么范围构成一类障碍?

我国规定,电力系统监视控制点电压超过电力系统调度规定的电压曲线数值的$\pm5\%$,并且延续时间超过1h;或超过规定数值的$\pm10\%$,并且延续时间超过30min,则构成一类障碍。

10-136 在电气设备操作中发生什么情况则构成事故?

在电气设备操作中,发生下列情况则构成事故:带负荷拉、合隔离开关,带电挂接地线(合接地开关),带接地线(接地开关)合断路器(隔离开关)。

10-137 合理的电网结构应满足哪些基本要求?

(1) 为保持电力系统正常运行的稳定性和频率、电压的正常水平,系统应有足够的静态稳定储备和有功、无功备用容量,并有必要的调节手段。在正常负荷波动和调节有功、无功潮流时,均不应发生自发振荡。

（2）要有合理的电网结构。

（3）在正常方式（包括正常检修方式）下，系统任一元件（发电机、线路、变压器、母线）发生单一故障时，不应导致主系统发生非同步运行，不应发生频率崩溃和电压崩溃。

（4）在事故后经调整的运行方式下，电力系统仍应有按规定的静稳定储备，其他元件按规定的事故过负荷运行。

（5）电力系统发生稳定破坏时，必须有预定措施，以缩小事故范围，减少事故损失。

10-138　电力系统发生大扰动时，安全稳定标准是如何划分的？

根据电网结构和故障性质不同，电力系统发生大扰动时的安全稳定标准分为四类：

（1）保持稳定运行和电网的正常供电。

（2）保持稳定运行，但允许损失部分负荷。

（3）当系统不能保持稳定运行时，必须防止系统崩溃，并尽量减少负荷损失。

（4）在满足规定的条件下，允许局部系统作短时非同步运行。

10-139　电力系统稳定计算分析的主要任务是什么？

（1）确定电力系统的静态稳定、暂态稳定和动态稳定的水平，提出稳定运行限额。

（2）分析和研究提高稳定的措施。

（3）研究非同步运行后的再同步问题。

10-140　什么是电力系统的正常运行方式、事故后运行方式和特殊运行方式？

正常运行方式是指正常检修方式和按负荷曲线及季节变化的水电大发、火电大发、最大、最小负荷和最大、最小开机方式下较长期出现的运行方式。事故后运行方式是指电力系统事故消除后，在恢复到正常方式前所出现的短期稳定运行方式。特殊运行方式是指主干线路、大联络变压器等设备检修及其他对系统稳定运行影响较为严重的运行方式。

10-141　什么是电力系统静态稳定？静态稳定的计算条件是什么？

静态稳定是指电力系统受到小干扰后，不发生自发振荡和非同期性的失步，自动恢复到起始运行状态的能力。静态稳定的计算条件：①在系统规划计算中，为了简化校验内容，发电机用暂态恒定电动势和暂态阻抗代表，负荷用恒定阻抗代表。②在系统设计和生产运行计算中，当校验重要主干输电线路的输送功率时，发电机用暂态恒定电动势和暂态阻抗代表，考虑负荷特性。

10-142　什么是电力系统暂态稳定？电力系统暂态稳定的计算条件是什么？

电力系统暂态稳定是指在电力系统受到大干扰后，各同步电机保持同步运行并过渡到新的或恢复到原来稳态运行方式的能力。通常指保持第一或第二个振荡周期不失步。电力系统暂态稳定的计算条件：①在最不利的地点发生金属性故障。②不考虑短路电流中的直流分量。③发电机可用暂态电阻及暂态恒定电动势代表。④考虑负荷特性（在做系统规划时可用恒定阻抗代表负荷）。⑤继电保护、重合闸和有关安全自动装置的动作状态和时间，应结合实际可能情况考虑。

10-143　什么是电力系统动态稳定？电力系统动态稳定的计算条件是什么？

电力系统动态稳定是指电力系统受到小的或大的干扰后，在自动调节器和控制装置的作用下，保持长过程的运行稳定性的能力。电力系统动态稳定的计算条件：①发电机用相应的数字模型代表。②考虑调压器和调速器的等值方程式以及自动装置的动作特性。③考虑负荷的电压和频率动态特性。

10-144 何谓电力系统"三道防线"?

"三道防线"是指在电力系统受到不同扰动时,对保证电网安全可靠供电方面提出的要求:

(1) 当电网发生常见的概率高的单一故障时,电力系统应当保持稳定运行,同时保持对用户的正常供电。

(2) 当电网发生性质较严重但概率较低的单一故障时,要求电力系统保持稳定运行,但允许损失部分负荷(或直接切除某些负荷,或因系统频率下降,负荷自然降低)。

(3) 当电网发生罕见的多重故障(包括单一故障同时继电保护动作不正确等)时,电力系统可能不能保持稳定,但必须有预定的措施,以尽可能缩小故障影响范围和缩短影响时间。

10-145 规划、设计电力系统应满足哪些基本要求?

规划、设计电力系统,应满足经济性、可靠性与灵活性的基本要求,包括:

(1) 正确处理近期需要与今后发展,基本建设与生产运行,经济与安全,一次系统(发、送、变、配)与二次系统(自动化、通信、安全自动、继电保护)的配套建设和协调发展等主要关系,以求得最佳的综合经济效益。

(2) 电力系统应当具有《电力系统安全稳定导则》所规定的抗扰动能力,防止发生灾害性的大面积停电。

(3) 设计与计划部门在设计与安排大型工程项目时,应力求使其建设过程中的每个阶段能与既有的电力系统相适应,并能为电力系统安全与经济运行提供必要的灵活性。

10-146 电力系统有功功率备用容量的确定原则是什么?

规划、设计和运行的电力系统,均应备有必要的有功功率备用容量，以保持系统经常在额定频率下运行。备用容量包括：

（1）负荷备用容量。为最大发电负荷的 2%～5%，低值适用于大系统，高值适用于小系统。

（2）事故备用容量。为最大发电负荷的 10% 左右，但不小于系统一台最大机组的容量。

（3）检修备用容量。一般应结合系统负荷特点、水火电比重、设备质量、检修水平等情况确定，以满足可以周期性地检修所有运行机组的要求，一般宜为最大发电负荷的 8%～15%。

10-147 系统中设置变压器带负荷调压的原则是什么？

（1）在电网电压可能有较大变化的 220kV 及以上的降压变压器及联络变压器（如接于出力变化大的电厂或接于时而为送端、时而为受端的母线等），可采用带负荷调压方式。

（2）除上述外，其他 220kV 及以上变压器，一般不宜采用带负荷调压方式。

（3）对 110kV 及以下的变压器，宜考虑至少有一级电压的变压器采用带负荷调压方式。

10-148 设置电网解列点的原则是什么？电网在哪些情况下应能实现自动解列？

电网解列点的设置，应满足解列后各地区各自同步运行与供需基本平衡的要求。解列的开关不宜过多。

一般在下列情况下，电网应能实现自动解列：

（1）电力系统间的弱联络线。

（2）主要由电网供电的带地区电源的终端变电站或在地区电源与主网联络的适当地点。

（3）事故时专带厂用电的机组。

（4）暂时未解环的高低压电磁环网。

10-149 说明调度术语中"同意"、"许可"、"直接"、"间

接"的含义。

（1）同意。上级值班调度员对下级值班调度员或厂站值班人员提出的申请、要求等予以同意。

（2）许可。在改变电气设备的状态和方式前，根据有关规定，由有关人员提出操作项目，值班调度员同意其操作。

（3）直接。值班调度员直接向值班人员发布调度命令的调度方式。

（4）间接。值班调度员通过下级调度机构的值班调度员向其他值班人员转达调度命令的调度方式。

第十一章

安全和节约用电

11-1 "防误闭锁装置"应该能实现哪五种防误功能?

(1) 防止误分及误合断路器。

(2) 防止带负荷拉、合隔离开关。

(3) 防止带电挂(合)接地线(接地开关)。

(4) 防止带地线(接地开关)合断路器。

(5) 防止误入带电间隔。

11-2 低压带电作业时应注意什么?

一般情况下,电气维护和检修工作均应在停电的情况下进行,但在某种特殊情况下,也允许带电作业,但应注意:

(1) 工作时应有两人进行,一人操作,一人监护。

(2) 使用的工具必须带绝缘手柄,严禁使用没有绝缘柄的锉刀、金属尺和带金属柄的毛刷、毛掸等工具。

(3) 工作时应戴绝缘手套、穿长袖衣服、穿绝缘鞋、戴安全帽,并站在干燥的绝缘物上。

(4) 工作中要保持高度的注意力,手与带电设备的安全距离应保持在100mm以上,人体与带电设备应保持足够的安全距离。

(5) 在带电的低压配电装置上工作时,应采取防止相间短路和单相接地短路的隔离措施。

11-3 在带电的电压互感器二次回路上工作时应采取哪些安全措施?

(1) 严格防止电压互感器二次侧短路或接地。

(2) 工作时应使用绝缘工具、戴绝缘手套,必要时,工作前停用有关保护装置。

(3) 二次侧接临时负荷,必须装有专用的隔离开关和熔断器。

11-4 什么是中性点位移现象?

在三相电路中电源电压三相对称的情况下,不管有无中性线，中性点的电压都等于零。如果三相负荷不对称，且没有中性线或中性线阻抗较大，则三相负荷中性点就会出现电压，这种现象称为中性点位移现象。

11-5 什么是电源的星形、三角形连接方式？

(1) 电源的星形连接。将电源的三相绕组的末端 X、Y、Z 连成一节点，而始端 A、B、C 分别用导线引出接到负荷，这种接线方式叫电源的星形连接，或称为 Y 连接。

三相绕组末端所连成的公共点叫做电源的中性点，如果从中性点引出一根导线，叫做中性线。对称三相电源星形连接时，线电压是相电压的 $\sqrt{3}$ 倍，且线电压相位超前有关相电压 30°。

(2) 电源的三角形连接。将电源的三相绕组依次首尾相连接构成闭合回路，再以首端 A、B、C 引出导线接至负荷，这种接线方式叫做电源的三角形连接，或称为 △ 连接。

三角形连接时每相绕组的电压即为供电系统的线电压。

11-6 三相电路中负荷有哪些连接方式？

三相电路中的负荷有星形和三角形两种连接方式。

(1) 负荷的星形连接。将负荷的三相绕组的末端 X、Y、Z 连成一节点，而始端 A、B、C 分别用导线引出接到电源，这种接线方式叫负荷的星形连接，或称为 Y 连接。

如果忽略导线的阻抗不计，那么负荷端的线电压就与电源端的线电压相等。星形连接分有中性线和无中性线两种，有中性线的低压电网称为三相四线制，无中性线的称为三相三线制。星形连接有以下特点：

1) 线电压相位超前有关相电压 30°。
2) 线电压有效值是相电压有效值的 $\sqrt{3}$ 倍。
3) 线电流等于相电流。

(2) 负荷的三角形连接。将负荷的三相绕组依次首尾相连接构成闭合回路，再以首端 A、B、C 引出导线接至电源，这种接线方式叫做负荷的三角形连接，或称为△连接。它有以下特点：

1) 相电压等于线电压。

2) 线电流是相电流的$\sqrt{3}$倍。

11-7 什么是交流电路中的有功功率、无功功率和视在功率？其关系式是什么？为什么电动机的额定容量用有功功率表示，而变压器的额定容量用视在功率表示？

(1) 交流电路中有功功率指一个周期内瞬时功率的平均值，它是电路中实际消耗的功率，是电阻部分消耗的功率。无功功率指电路中储能元件电感及电容与外部电路进行能量交换的速率的幅值，这里的能量并不是消耗而是交换。视在功率是电路中电压与电流有效值的乘积，它只是形式上的功率。

(2) 有功功率的符号为 P，无功功率的符号为 Q，视在功率的符号为 S，其间的关系为 $S=\sqrt{P^2+Q^2}$。

(3) 电动机的额定容量指其轴上输出的机械功率，因此必须用以千瓦为单位的有功功率表示。变压器的额定容量取决于其允许的电流，其电流不仅与负荷的有功功率有关而且与负荷的功率因数有关，功率因数很低时即使有功负荷很低，电流也可能很大，所以用视在功率表示容量。

11-8 接地线的安全使用有哪些规定？

(1) 接地线应使用多股软裸铜线，其截面应符合短路电流的要求，但不得小于 25mm^2，接地线必须编号后使用。

(2) 在使用前应进行详细检查，损坏的部分必须及时修理、更换。

(3) 禁止使用不合规定的导线替代。接地线必须使用线夹固定，严禁用缠绕的方法进行。

(4) 装设接地线前必须验证设备确无电压，先接接地端，后接导体端，必须接触良好；拆接地线时顺序相反，先拆导体端，后拆接地端。

（5）装、拆接地线必须使用绝缘棒和绝缘手套。

11-9　接地线有什么作用？

当高压设备停电检修或进行其他工作时，为了防止停电设备突然来电和邻近高压带电设备对停电设备所产生的感应电压对人体的危害，需要用携带型接地线将停电设备已停电的三相电源短路接地，同时将设备上的残余电荷对地放掉。

11-10　如何使用悬挂接地线？

（1）装接地线时，必须验明设备确无电压后才能进行；装、拆接地线必须使用绝缘手套。接地线在每次装设以前必须经过仔细检查，损坏的接地线应及时修理或更换。严禁使用不符合规定的导线作接地或短路之用；接地线必须使用专用的线夹固定在接地良好的导体上，严禁用缠绕的方法进行接地或短路。

（2）装设接地线必须先接接地端，后接导体端，且必须接触良好。拆接地线的顺序与此相反。

（3）装、拆接地线时，必须确认装、拆位置的正确后才能进行。

（4）装、拆接地线应作好记录，交接班时应交代清楚。

11-11　在停电设备上装设和拆除接地线应注意什么？

在停电设备上装设和拆除接地线应注意以下几点：

（1）验明停电设备确无电压后，才能将其接地并三相短路。

（2）对可能送电到停电设备的各个方面都要装设接地线。

（3）使用的接地线应为多股软裸铜线，其截面应符合短路电流的要求。

（4）装设接地线必须先装接地端，后接导体端，且必须接触良好。拆除接地线的顺序与此相反。装、拆接地线均应使用绝缘棒和戴绝缘手套。

（5）接地线必须使用专用线夹固定在导体上，严禁用缠绕方法进行接地或短路。

（6）装、拆接地线应作好记录，交接班时应交代清楚。

11-12 线手套、绝缘手套、绝缘鞋、绝缘靴分别用于哪些场合？

（1）线手套一般在低压设备上工作时使用，防止误碰带电设备，保证人身安全。手套受潮或脏污严重时禁止使用。

（2）绝缘鞋为电工必备之物，在现场工作场合必须穿，以防止人身触电。

（3）绝缘手套、绝缘靴使用在特定的环境中，如高压系统的倒闸操作，装、拆高压系统接地线等需要采取特别防止发生高压触电的特定场合。

11-13 使用绝缘手套有哪些注意事项？

（1）使用经检验合格的绝缘手套（每半年检验一次）。

（2）使用前还要对绝缘手套进行气密性检查，具体方法：将手套从口部向上卷，稍用力将空气压至手掌及指头部分，检查上述部位有无漏气，如有则不能使用。

（3）使用时注意防止尖锐物体刺破手套。

（4）戴手套时应将外衣袖口放入手套的伸长部分。

（5）使用后注意存放在干燥处，并不得接触油类及腐蚀性药品等。

（6）绝缘手套使用后必须擦干净，在专用柜内与其他工具分开存放。

11-14 使用绝缘棒的注意事项有哪些？

（1）操作前，棒表面应用清洁的干布擦净，使棒表面干燥、清洁。

（2）操作时应戴绝缘手套、穿绝缘鞋或站在绝缘垫（台）上。

(3) 操作者的手握部位不得超过隔离环。

(4) 绝缘棒的型号、规格必须符合规定,切不可任意取用。

(5) 在下雨、下雪或潮湿的天气,室外使用绝缘棒时,棒上应装有防雨的伞形罩,使绝缘棒的伞下部分保持干燥。没有伞形罩的绝缘棒,不宜在上述天气中使用。

(6) 在使用绝缘棒时要注意防止碰撞,以免损坏表面的绝缘层。

(7) 绝缘棒应按规定进行定期绝缘试验。

11-15 使用绝缘靴的注意事项有哪些?

绝缘鞋(靴)的使用及注意事项:应根据作业场所、电压高低正确选用绝缘鞋,低压绝缘鞋禁止在高压电气设备上作为安全辅助用具使用,高压绝缘鞋(靴)可以在高压和低压电气设备上作为安全辅助用具使用。但无论是穿低压或高压绝缘鞋(靴),均不得直接用手接触电气设备。穿用绝缘靴时,应将裤管套入靴筒内。穿用绝缘鞋时,裤管不宜长及鞋底外沿条高度,更不能长及地面,保持布帮干燥。非耐酸、碱、油的橡胶底,不可与酸、碱、油类物质接触,并应防止尖锐物刺伤。低压绝缘鞋若底花纹磨光,露出内部颜色时则不能作为绝缘鞋使用。

11-16 装设接地线时,为什么严禁用缠绕的方法进行?

这是由于缠绕会引起接触不良,在通过短路电流时,易造成过早的烧毁。同时,当通过短路电流时,在接触电阻上所产生的较大电压降将作用于停电设备上。因此,短路线必须使用专用的线夹固定在导体上,而接地端应固定在专用的接地螺栓上或用专用的夹具固定在接地体上。

11-17 二次回路通电试验或耐压试验时,应注意什么?

(1) 被试回路不能接错,所接设备断开点清楚,严防试验电压穿越到其他设备上。

（2）通知运行与检修的有关人员，必要时派人到现场检查，确实无人工作后方可试验，试验时各端应有人监护看守，防止触电伤人。

（3）二次回路耐压试验时，需将互感器二次绕组的保护接地线拆开，试验结束后立即恢复。

（4）电压互感器二次通电试验时，应将高低压开关（熔断器）拉开，严防倒供电或穿越到其他回路上，防止触电伤人。

11-18 高压设备发生接地需要巡视时，应采取哪些措施？

高压设备发生接地时，室内不得接近故障点 4m 以内，室外不得接近故障点 8m 以内。进入上述范围人员必须穿绝缘鞋，接触设备的外壳和架构时，应戴绝缘手套。

11-19 什么是人身触电？触电形式有几种？

电流通过人体是人身触电。

触电形式有单相触电、两相触电、跨步电压触电、接触触电四种形式。

11-20 防止直接触电可采取哪些防护措施？

（1）绝缘。即用绝缘物防止触及带电体，可将带电体加以绝缘，或将工作者加以绝缘，或者在带电体与工作人员之间加以隔离来实现这种保护，但绝缘有失效的可能。

（2）屏护。即用屏障、遮栏、围栏、护罩、箱盒等将带电体与外界相隔离。

（3）障碍。即设置障碍以防止无意触及或接近带电体，但它不能防止绕过障碍去触及带电体的行为。

（4）间距。即通过保持带电体与地面、其他带电体、其他设备和人体之间一定的安全距离，来防止人体触及或接近带电体。

（5）漏电保护装置。即采用一些高灵敏、快速动作的保护装置,当人体触及带电体或绝缘损坏漏电时,在几毫秒内切断整个电路,使人体避免受到严重伤害,这种保护只用作附加保护,不应单独使用。

(6) 安全电压。即在有触电危险的场合采用相应电压等级的安全电压,当额定电压在24V以下时,通常不必另行采取防止触电的措施。

11-21　防止间接触电要采取哪些防护措施?

(1) 接地、接零保护。即当电气设备发生故障时,通过接地和接零回路,迫使线路上的保护装置迅速动作而切除故障,防止间接触电事故的发生。

(2) 不导电环境。即防止工作绝缘损坏时,人体同时触及不同电位的两点。

(3) 电气隔离。即采用输入电路与输出电路上隔离的变压器或独立电源供电,以实现电气隔离,防止裸露导体故障带电时造成触电事故。

(4) 等电位环境。即把所有容易同时接近的裸露导体互相连接起来,以防止危险的接触电压。等电位范围不应小于可能触及带电体的范围。

第十二章

直流及 UPS 系统

12-1　直流系统在发电厂中起什么作用?

直流系统在发电厂中为控制、信号、继电保护、自动装置及事故照明等提供可靠的直流电源。它还为操作提供可靠的操作电源。直流系统的可靠与否,对发电厂的安全运行起着至关重要的作用,是发电厂安全运行的保证。

12-2　直流负荷干线熔断器熔断时如何处理?

(1) 因接触不良或过负荷熔断者,更换熔断器送电。

(2) 因短路熔断者,测绝缘寻找故障,故障消除后送电;故障点不明用小定值熔断器试送,消除故障后恢复原熔断器定值。

12-3　直流动力母线接带哪些负荷?

直流动力母线主要是接大的直流动力负荷,如断路器合闸及储能电源、直流润滑油泵、直流密封油泵、UPS的直流电源及事故照明等。该系统正常情况下不带负荷或接带瞬时负荷,因此只保留浮充电电流。事故情况下靠蓄电池放电维持直流母线电压。

12-4　直流系统发生正极接地或负极接地对运行有哪些危害?

直流系统发生正极接地有造成保护误动作的可能。因为电磁操动机构的跳闸线圈通常都接于负极电源,倘若这些回路再发生接地或绝缘不良就可能会引起保护误动作。直流系统负极接地时,如果操作回路中再有一点发生接地,就可能使跳闸或合闸回路短路,造成保护或断路器拒动,或烧毁继电器,或使熔断器熔断等。

12-5　查找直流电源接地应注意什么?

(1) 查找和处理必须两人进行。

(2) 查找接地点禁止使用灯泡查找的方法。

(3) 查找时不得造成直流短路或另一点接地。

（4）断路前应采取措施防止直流失电压引起保护及自动装置误动。

12-6　查找直流接地的操作步骤和注意事项有哪些？

根据运行方式、操作情况、气候影响进行判断可能接地的处所，采取拉路寻找、分段处理的方法，以先信号和照明部分后操作部分，先室外部分后室内部分为原则。在切断各专用直流回路时，切断时间不得超过 3s，无论回路接地与否均应合上。当发现某一专用直流回路有接地时，应及时找出接地点，尽快消除。

查找直流接地的注意事项如下：

（1）查找接地点禁止使用灯泡寻找的方法。
（2）用仪表进行测量工作时，必须使用高内阻电压表。
（3）当直流发生接地时，禁止在二次回路上工作。
（4）处理时不得造成直流短路和另一点接地。
（5）查找和处理必须由两人同时进行。
（6）拉路前应采取必要措施，以防止直流失电可能引起保护及自动装置的误动。

12-7　直流母线电压消失，如何处理？

（1）直流母线电压消失，则蓄电池出口熔断器必熔断，很可能由母线短路引起。

（2）若故障点明显，应立即将其隔离，恢复母线送电。

（3）若故障点不明显，应断开失电母线上全部负荷开关，在测母线绝缘合格后，用充电装置对母线送电；正常后再装上蓄电池组出口熔断器，然后依次对各负荷测绝缘合格后送电。

（4）如同时发现某个负荷熔断器熔断或严重发热，则应查明该回路确无短路后，方可对其送电。

（5）直流母线发生短路后，应对蓄电池组进行一次全面检查。

12-8　直流系统的运行方式有哪些？

直流系统有单回路集中供电、单回路独立供电、双回路集中供电、辐射供电回路四种运行方式。

12-9　集控直流系统的主要作用是什么？

集控直流系统为以下装置或设备提供直流电源：控制装置、保护装置、直流电机、事故照明等。

12-10　网控直流系统的主要作用是什么？

网控直流系统为以下装置或设备提供直流电源：开关操作、继电保护装置、自动装置、故障录波、远动设备、事故照明。

12-11　直流母线电压的允许变化范围是多少？

直流母线电压的允许变化范围为±10%。

12-12　对并联电池组的电池有什么要求？

并联电池组中各电池的电动势要相等，否则电动势大的电池会对电动势小的电池放电，在电池组内部形成环流。另外，各个电池的内阻也应相同，否则内阻小的电池的放电电流会过大。新旧程度不同的电池不宜并联使用。

12-13　直流分路负荷电源中断的现象是什么？

（1）机组控制盘"直流消失"光字信号发出，警铃响。
（2）由直流供电的指示灯熄灭。
（3）分路负荷操作端变灰。

12-14　用试停方法查找直流接地有时找不到接地点在哪个系统，可能是什么原因？

当直流接地发生在充电设备、蓄电池本身和直流母线上时，用拉路方法是找不到接地点的。当直流采取环路供电方式时，如不首先断开环路也是不能找到接地点的。除上述情况外，还有直流串电（寄生回路）、同极两点接地、直流系统绝缘不良、多处出现虚接地点，形成很高的接地电压，在表计上出现接地指示。所以在拉路查找时，往往不能一下全部拉掉接地点，因而仍然有接地现象的存在。

12-15　为什么要装设直流绝缘监视装置？

变电站的直流系统中一极接地长期工作是不允许的，因为在同一极的另一地点再发生接地时，就可能造成信号装置、继电保护和控制电路的误动作。另外在有一极接地时，假如再发生另一极接地就将造成直流短路。

12-16　用拉路法选择直流母线接地的注意事项是什么？

（1）查找接地时，不能造成短路或另一点接地。

（2）拉路时间不宜太长。

（3）查找和处理时必须有两个人协同进行。

（4）拉路前应采取必要的措施，以防止直流失压可能引起保护及自动装置的误动。

（5）合理安排好查找顺序。

12-17　直流系统有两点同极性接地时，应如何查找？

当直流系统同一极性有两点接地时，用拉路法往往不能找出接地点，在做好防止保护及自动装置误动措施后，应采取停止全部直流负荷的方法查找。

（1）按照事先排好的顺序，逐路停止。

（2）当接地消失后，逐路重新送电。

（3）当送上某一路负荷，又发接地信号时，说明此路负荷有接地，重新将其停止，再送下一路负荷。

（4）依此类推，直到找出全部接地点。

12-18　直流母线电压过低或过高有何危害？如何处理？

直流母线电压过低会造成断路器保护动作不可靠及自动装置动作不准确等现象。直流母线电压过高会使长期带电的电气设备过热损坏。

处理：

（1）运行中的直流系统，若出现直流母线电压过低的信号时，值班人员应设法检查并消除，检查浮充电电流是否正常。直流负荷突然增大时，应迅速调整放电调压器或分压开关，使母线电压保持在正常规定。

（2）当出现直流母线电压过高的信号时，应降低浮充电电流使母线电压恢复正常。

12-19　直流母线充电器由哪几部分组成，各有什么作用？

直流母线充电器由交流配电单元、充电模块、直流馈电、集中监控单元、绝缘监测单元等部分组成。两路交流输入经交流配电单元选择其中一路交流输入提供给充电模块；充电模块输出稳定的直流，对蓄电池补充充电和提供控制输出，为负荷提供正常的工作电流；绝缘监测单元可在线监测直流母线和各支路的对地绝缘状况；集中监控单元可实现对交流配电单元、充电模块、直流馈电、绝缘监测单元、直流母线和蓄电池等运行参数的采集与各单元的控制和管理，并可通过远程接口接受后台操作员的监测。

12-20　直流充电器启动前有哪些检查项目？

（1）启动前应将所有工作票收回，拆除所有临时安全措施，现场清洁无遗留物。

（2）测交、直流侧绝缘电阻合格，一、二次回路完好。

（3）新投运或大修后，应有检修详细交代，设备标志齐全。

（4）装置接地线可靠接地。

（5）检查蓄电池出口以及充电器交、直流侧熔断器完好，容量合适。

12-21　直流充电器启动如何操作？

（1）合上充电器交流输入开关，交流电源指示红灯亮。

（2）合上充电器控制、保护熔断器或开关。

（3）合上电源模块面板上的空气开关和启动按钮，约 5s，电源模块面板上的工作指示灯点亮，电源模块工作，这时电源模块有输出，电源模块的显示器显示充电机输出电压及电流。

（4）合上充电器直流输出开关，屏上的电压表及电流表能正确显示各部位的电压及电流，集中监控器开始工作并显示数据。

（5）合上直流母线侧充电器进线开关。

12-22　充电器停止如何操作？

（1）按下充电器停止按钮，检查母线电压正常，蓄电池正常。

（2）断开直流母线侧充电器进线开关。

（3）断开充电器直流输出开关，断开充电器交流输入开关。

（4）投入备用充电器运行，检查充电正常。

12-23　直流充电装置的运行检查项目有哪些？

三相交流输入电压是否平衡或缺相，运行噪声有无异常，各保护信号是否正常，交流输入电压值、直流输出电压值、直流输出电流值等各表计显示是否正确，正对地和负对地的绝缘状态是否良好。

12-24　充电机交、直流开关跳闸的处理方法有哪些？

（1）恢复报警，查看监控装置，查明故障原因，同时投入备用充电机或倒另一充电机带。

（2）当交流侧开关跳闸时，应对整流变压器、快速熔断器等做重点检查，发现异常问题时，将充电机停电并通知维护班人员处理。

（3）若因交流电压瞬时中断或过负荷保护动作，可手动复位并检查设备正常后，即可恢复充电机，与直流母线重新并网运行。

（4）若因直流回路负荷波动造成过电压继电器动作开关跳闸时，可手动复位并检查设备正常后，即可恢复充电机的运行。

（5）若因直流回路电流过负荷造成过电流继电器动作开关跳闸时，可手动复位并对保护范围内设备进行详细检查，将原因消除后，可将充电机投入运行。

（6）当直流侧开关跳闸时，应检查母线电压和分路负荷是否正常，如果不正常应将故障分路开关拉开，检查母线是否恢复正常，若恢复正常，则将该路停电处理。

12-25　直流分路负荷电源中断的处理方法有哪些？

（1）测量设备绝缘合格且无明显故障时，可将设备送电。

（2）发现负荷侧设备有明显故障时，必须查明原因并消除后方可送电。

（3）如因回路故障，电源开关再次跳闸，不应再送电，应及时处理。

（4）如短时间不能恢复时，应将所控制的交流设备停电。

（5）恢复该路负荷送电时，应考虑送电的冲击对负荷有无影响，如相关保护是否需要停用等。

12-26　浮充电电流过大或过小有什么危害？

浮充电电流的大小取决于蓄电池的自放电率。浮充电的结果，应刚好补偿蓄电池的自放电。如果浮充电电流太小，蓄电池的放电就长期得不到补偿，而使极板硫化；同时引起整组直流母线电压降低。相反，如果浮充电电流过大，蓄电池就会发生过充电，引起极板有效物质脱落，缩短蓄电池的使用寿命，同时还多余地消耗了电能，从而使运行不经济。因此，在实际应用中应很好掌握浮充电电流的大小，以保证蓄电池的安全。

12-27　两个直流电源并列有何规定？

（1）直流系统并列必须极性相同、电压相等方可并列切换。

(2) 新投产、大小修后必须核对极性。

(3) 严禁两个直流系统在发生不同极性接地时并列。

12-28 直流系统测绝缘有何规定？

(1) 蓄电池组绝缘电阻用高内阻电压表测量不低于 $0.2M\Omega$。

(2) 全部直流系统（不包括蓄电池）用 500V 绝缘电阻表测量不低于 $0.5M\Omega$。

(3) 直流母线用 500V 绝缘电阻表测量不低于 $50M\Omega$。

(4) 充电器只允许测量对地绝缘，直流侧大于 $1M\Omega$，交流侧大于 $2M\Omega$。

12-29 UPS 装置的工作原理及构成如何？

UPS 装置的工作原理是把电网交流电压经整流器和滤波器后送入逆变器，逆变器将输入的直流电压变换成所需合格的交流电压，再经交流滤波器除去高次谐波后，向负荷供电。为了达到稳压恒频输出的目的，机内采用了反馈控制系统。此外还配置了蓄电池（机内或机外）作为储能单元。一旦市电中断，可立即自动切换成蓄电池供电。一般 UPS 均有旁路开关与备用电源相连（备用电源可以是另一路交流电，也可以是柴油发电机），这样不仅有利于 UPS 不停电维修，而且当负荷启动电流太大时，还可以自动切换至备用电源供电，启动过程结束后，再自动恢复 UPS 供电。UPS 由整流器、逆变器、静态开关、检修旁路开关、蓄电池隔离二极管、控制单元、输入隔离变压器、检测变送器及保护单元等组成。

12-30 UPS 有几路电源？分别取自哪里？

一般 UPS 系统输入有三路电源：

(1) 工作电源。取自厂用低压母线。

(2) 直流电源。取自直流 220V 母线。

(3) 旁路电源。取自保安电源母线。

12-31 UPS 系统的作用是什么?

UPS 系统作为全厂正常、异常及事故情况下,向厂内计算机、通信设备以及某些重要的不能中断的重要负荷,提供安全、可靠、稳定不间断、不受倒闸操作影响的交流电源。

12-32 简述 UPS 装置投运前的检查项目。

(1) 检查所有柜体的接地是否牢固以及有无损坏。

(2) 检查 UPS 系统接线正确,各接头无松动。

(3) UPS 系统各开关均在断开位置。

(4) 检查 UPS 整流器电源输入电压正常。

(5) 检查 UPS 各元件完好,符合投运条件。

(6) 由检修测量各部绝缘电阻合格。

(7) 冷却风道畅通,进、出风口无异物。

(8) 各元件之间的连接牢固。所有的印刷电路板均正确地安装,插头均可靠地插牢。

12-33 简述 UPS 装置运行中的检查项目。

(1) 手动旁路开关必须在自动位置。

(2) 盘内各元件无异常电磁声、无异味,接头处无过热现象。

(3) 盘内冷却风扇运转正常。

(4) 逆变器输出电压、负荷电压、旁路输出电压、整流输出电压均正常,输出频率正常。

(5) UPS 装置输出电流及负荷电流正常。

(6) 蓄电池供电回路正常。

(7) 无异常报警信号,光字信号指示与实际运行方式相对应。

12-34 简述 UPS 系统的主要负荷。

(1) 分散控制系统(Distributed Control System,DCS)包

括数据采集系统（Data Acquisition System，DAS）、协调控制系统（Coordinated Control System，CCS）、顺序控制系统（Sequence Control System，SCS）、燃烧器管理系统（Burners Manager System，BMS）。

（2）故障状态显示和报警系统，火灾探测及报警系统。

（3）通信系统。

（4）电气及电子变送器、记录仪以及显示仪表等。

（5）数字式电液控制系统（Digital Electronic Hydraulic Control System，DEH）、给水泵汽轮机电液控制系统（Micro Electronic Hydraulic Control System，MEH）和炉膛安全监控系统（Furnace Safeguard Supervisory System，FSSS）等自动控制和监测系统。

（6）汽轮机就地仪表。

（7）锅炉就地仪表。

12-35 UPS 系统逆变器温度高的可能原因是什么？

通风机故障或环境温度过高。

12-36 在 UPS 故障情况下，如何实现切换？

当 UPS 的整流器故障时，UPS 切换到直流系统（蓄电池）供电；当 UPS 的逆变器故障时，UPS 通过静态开关切换到旁路电源供电。

第十三章

智能电网技术

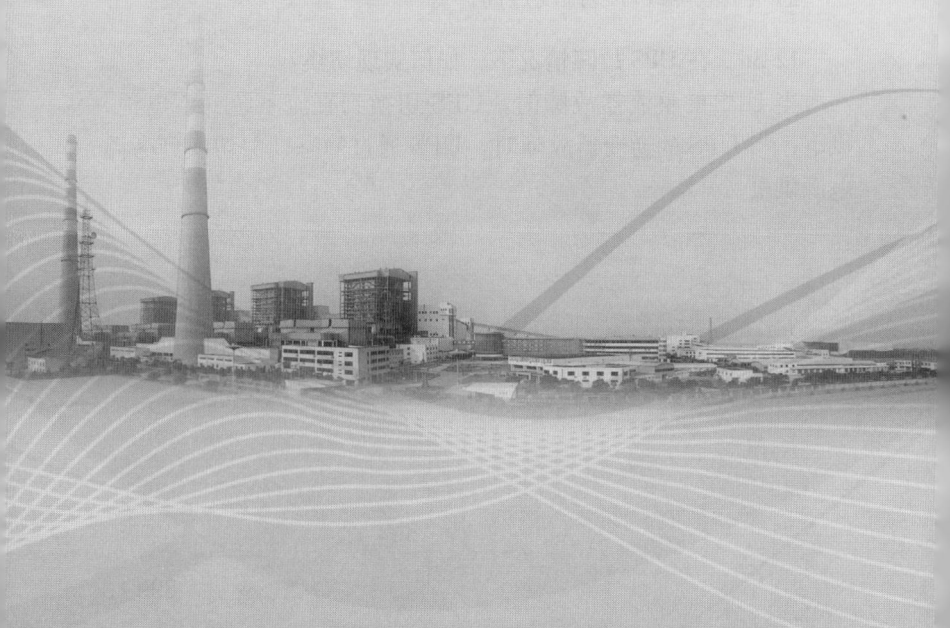

第十三章 智能电网技术

13-1 智能电网的智能化主要体现在哪几方面？

（1）可观测。采用先进的传感量测技术，实现对电网的准确感知。

（2）可控制。可对观测对象进行有效控制。

（3）实时分析和决策。实现从数据、信息到智能化决策的提升。

（4）自适应和自愈。实现自动优化调整和故障自我恢复。

13-2 什么是智能电网？

在现代电网的发展过程中，各国结合其电力工业发展的具体情况，通过不同领域的研究和实践，形成了各自的发展方向和技术路线，也反映出各国对未来电网发展模式的不同理解。近年来，随着各种先进技术在电网中的广泛应用，智能化已经成为电网发展的必然趋势，发展智能电网已在世界范围内达成共识。

从技术发展和应用的角度看，世界各国、各领域的专家、学者普遍认同以下观点：智能电网是将先进的传感量测技术、信息通信技术、分析决策技术、自动控制技术和能源电力技术相结合，并与电网基础设施高度集成而形成的新型现代化电网。

13-3 智能电网具备哪些主要特征？

（1）坚强。在电网发生大扰动和故障时，仍能保持对用户的供电能力，而不发生大面积停电事故；在自然灾害、极端气候条件下或外力破坏下仍能保证电网的安全运行；具有确保电力信息安全的能力。

（2）自愈。具有实时、在线和连续的安全评估和分析能力，强大的预警和预防控制能力，以及自动故障诊断、故障隔离和系统自我恢复的能力。

（3）兼容。支持可再生能源的有序、合理接入，适应分布式电源和微电网的接入，能够实现与用户的交互和高效互动，满足用户多样化的电力需求并提供对用户的增值服务。

(4) 经济。支持电力市场运营和电力交易的有效开展,实现资源的优化配置,降低电网损耗,提高能源利用效率。

(5) 集成。实现电网信息的高度集成和共享,采用统一的平台和模型,实现标准化、规范化和精益化管理。

(6) 优化。优化资产的利用,降低投资成本和运行维护成本。

13-4 智能电网的先进性主要体现在哪些方面?

现有电网总体上是一个刚性系统,智能化程度不高。电源的接入与退出、电能量的传输等都缺乏较好的灵活性,电网的协调控制能力不理想;系统自愈及自恢复能力完全依赖于物理冗余;对用户的服务形式简单、信息单向,缺乏良好的信息共享机制。

与现有电网相比,智能电网体现出电力流、信息流和业务流高度融合的显著特点,其先进性和优势主要表现在:

(1) 具有坚强的电网基础体系和技术支撑体系,能够抵御各类外部干扰和攻击,能够适应大规模清洁能源和可再生能源的接入,电网的坚强性得到巩固和提升。

(2) 信息技术、传感器技术、自动控制技术与电网基础设施有机融合,可获取电网的全景信息,及时发现、预见可能发生的故障。故障发生时,电网可以快速隔离故障,实现自我恢复,从而避免大面积停电的发生。

(3) 柔性交/直流输电、网厂协调、智能调度、电力储能、配电自动化等技术的广泛应用,使电网运行控制更加灵活、经济,并能适应大量分布式电源、微电网及电动汽车充放电设施的接入。

(4) 通信、信息和现代管理技术的综合运用,将大大提高电力设备使用效率,降低电能损耗,使电网运行更加经济和高效。

(5) 实现实时和非实时信息的高度集成、共享与利用,为运行管理展示全面、完整和精细的电网运营状态图,同时能够提供相应的辅助决策支持、控制实施方案和应对预案。

(6) 建立双向互动的服务模式，用户可以实时了解供电能力、电能质量、电价状况和停电信息，合理安排电器使用；电力企业可以获取用户的详细用电信息，为其提供更多的增值服务。

13-5 为什么说智能电网是电网发展的必然趋势？

电网已成为工业化、信息化社会发展的基础和重要组成部分。同时，电网也在不断吸纳工业化、信息化成果，使各种先进技术在电网中得到集成应用，极大提升了电网系统功能。

(1) 智能电网是电网技术发展的必然趋势。近年来，通信、计算机、自动化等技术在电网中得到广泛深入的应用，并与传统电力技术有机融合，极大地提升了电网的智能化水平。传感器技术与信息技术在电网中的应用，为系统状态分析和辅助决策提供了技术支持，使电网自愈成为可能。调度技术、自动化技术和柔性输电技术的成熟发展，为可再生能源和分布式电源的开发利用提供了基本保障。通信网络的完善和用户信息采集技术的推广应用，促进了电网与用户的双向互动。随着各种新技术的进一步发展、应用并与物理电网高度集成，智能电网应运而生。

(2) 发展智能电网是社会经济发展的必然选择。为实现清洁能源的开发、输送和消纳，电网必须提高其灵活性和兼容性。为抵御日益频繁的自然灾害和外界干扰，电网必须依靠智能化手段不断提高其安全防御能力和自愈能力。为降低运营成本，促进节能减排，电网运行必须更为经济高效，同时须对用电设备进行智能控制，尽可能减少用电消耗。分布式发电、储能技术和电动汽车的快速发展，改变了传统的供用电模式，促使电力流、信息流、业务流不断融合，以满足日益多样化的用户需求。

电力技术的发展，使电网逐渐呈现出诸多新特征，如自愈、兼容、集成、优化，而电力市场的变革，又对电网的自动化、信息化水平提出了更高要求，从而使智能电网成为电网发展的必然趋势。

13-6 智能电网将对世界经济社会发展产生哪些促进作用？

智能电网建设对于应对全球气候变化，促进世界经济社会可持续发展具有重要作用。主要表现在：

(1) 促进清洁能源的开发利用，减少温室气体排放，推动低碳经济发展。

(2) 优化能源结构，实现多种能源形式的互补，确保能源供应的安全稳定。

(3) 有效提高能源输送和使用效率，增强电网运行的安全性、可靠性和灵活性。

(4) 推动相关领域的技术创新，促进装备制造和信息通信等行业的技术升级，扩大就业，促进社会经济可持续发展。

(5) 实现电网与用户的双向互动，革新电力服务的传统模式，为用户提供更加优质、便捷的服务，提高人民生活质量。

13-7 建设智能电网对我国电网发展具有哪些重要意义？

智能电网是我国电网发展的必然趋势，它将谱写电网建设的新篇章。其重要意义体现在以下方面：

(1) 具备强大的资源优化配置能力。我国智能电网建成后，将形成结构坚强的受端电网和送端电网，电力承载能力显著加强，形成"强交、强直"的特高压输电网络，实现大水电、大煤电、大核电、大规模可再生能源的跨区域、远距离、大容量、低损耗、高效率输送，区域间电力交换能力明显提升。

(2) 具备更高的安全稳定运行水平。电网的安全稳定性和供电可靠性将大幅提升，电网各级防线之间紧密协调，具备抵御突发性事件和严重故障的能力，能够有效避免大范围连锁故障的发生，显著提高供电可靠性，减少停电损失。

(3) 适应并促进清洁能源发展。电网将具备风电机组功率预测和动态建模、低电压穿越和有功无功控制以及常规机组快速调节等控制机制,结合大容量储能技术的推广应用,对清洁能源并网的运行控制能力将显著提升,使清洁能源成为更加经济、高效、可靠的能源供给方式。

(4) 实现高度智能化的电网调度。全面建成横向集成、纵向贯通的智能电网调度技术支持系统,实现电网在线智能分析、预警和决策,以及各类新型发输电技术设备的高效调控和交直流混合电网的精益化控制。

(5) 满足电动汽车等新型电力用户的服务要求。将形成完善的电动汽车充放电配套基础设施网,满足电动汽车行业的发展需要,适应用户需求,实现电动汽车与电网的高效互动。

(6) 实现电网资产高效利用和全寿命周期管理。可实现电网设施全寿命周期内的统筹管理。通过智能电网调度和需求侧管理,电网资产利用小时数大幅提升,电网资产利用效率显著提高。

(7) 实现电力用户与电网之间的便捷互动。将形成智能用电互动平台,完善需求侧管理,为用户提供优质的电力服务。同时,电网可综合利用分布式电源、智能电能表、分时电价政策以及电动汽车充放电机制,有效平衡电网负荷,降低负荷峰谷差,减少电网及电源建设成本。

(8) 实现电网管理信息化和精益化。将形成覆盖电网各个环节的通信网络体系,实现电网数据管理、信息运行维护综合监管、电网空间信息服务以及生产和调度应用集成等功能,全面实现电网管理的信息化和精益化。

(9) 发挥电网基础设施的增值服务潜力。在提供电力的同时,服务国家"三网融合"战略,为用户提供社区广告、网络电视、语音等集成服务,为供水、热力、燃气等行业的信息化、互动化提供平台支持,拓展及提升电网基础设施增值服务的范围和能力,有力推动智能城市的发展。

(10) 促进电网相关产业的快速发展。电力工业属于资金密集型和技术密集型行业,具有投资大、产业链长等特点。建设智能电网,有利于促进装备制造和通信信息等行业的技术升级,为我国占领世界电力装备制造领域的制高点奠定础。

13-8　我国建设智能电网具有哪些有利条件?

多年来,我国电力行业大力加强电网基础建设,同时密切关注国际电力技术发展方向,重视各种新技术的研究创新和集成应用,自主创新能力快速提升,电网运行管理的信息化、自动化水平大幅提高,科技资源得到优化,建立了位居世界技术前沿的研发队伍和技术装备,为建设智能电网创造了良好条件。

(1) 在电网网架建设方面,网架结构不断加强和完善,特高压交流试验示范工程和特高压直流示范工程成功投运并稳定运行;全面掌握了特高压输变电的核心技术,为电网发展奠定了坚实基础。

(2) 在大电网运行控制方面,具有"统一调度"的体制优势和丰富的运行技术经验,调度技术装备水平国际领先,自主研发的调度自动化系统和继电保护装置获得广泛应用。

(3) 在通信信息平台建设方面,建成了"三纵四横"的电力通信主干网络,形成了以光纤通信为主,微波、载波等多种通信方式并存的通信网络格局;SG186工程取得阶段性成果,ERP、营销、生产等业务应用系统已完成试点建设并开始大规模推广应用。

(4) 在试验检测手段方面,已根据智能电网技术发展的需要,组建了大型风电并网、太阳能发电和用电技术等研究检测中心。

(5) 在智能电网发展实践方面,各环节试点工作已全面开展,智能电网调度技术支持系统、智能变电站、用电信息采集系统、电动汽车充电设施、配电自动化、电力光纤到户等试点工程进展顺利。

（6）在大规模可再生能源并网及储能方面，深入开展了集中并网、电化学储能等关键技术的研究，建立了风电接入电网仿真分析平台，制定了风电场接入电力系统的相关技术标准。

（7）在电动汽车充放电技术领域，我国在充放电设施的接入、监控和计费等方面开展了大量研究，并已在部分城市建成电动汽车充电运营站点。

（8）在电网发展机制方面，我国电网企业业务范围涵盖从输电、变电、配电到用电的各个环节，在统一规划、统一标准、快速推进等方面均存在明显的优势。

13-9 什么是坚强智能电网？

坚强智能电网是以特高压电网为骨干网架、各级电网协调发展的坚强网强为基础，以通信信息平台为支撑，具有信息化、自动化、互动化特征，包含电力系统的发电、输电、变电、配电、用电和调度的各个环节，覆盖所有电压等级，实现"电力流、信息流、业务流"的高度一体化融合的现代电网。

13-10 为什么必须以坚强为基础来发展智能电网？

坚强的内涵是指具有坚强的网架结构、强大的电力输送能力和安全可靠的电力供应。坚强的网架结构是保障安全可靠电力供应的基础和前提；强大的电力输送能力，是与电力需求快速增长相适应的发展要求，是坚强的重要内容；安全可靠的电力供应是经济发展和社会稳定的前提和基础，是电网坚强内涵的具体体现。

以坚强为基础来发展智能电网，可以提高电网防御多重故障、防止外力破坏和防灾抗灾的能力，能够增强电网供电的安全可靠性；可以提高电网对新能源的接纳能力，推动分布式和大规模新能源的跨越式发展；可以提高电网更大范围的能源资源优化配置能力，可充分发挥其在能源综合运输体系中的重要作用。所以，必须以坚强为基础来发展智能电网。

13-11 为什么要建设以特高压电网为骨干网架的坚强智能电网?

随着国民经济的持续快速发展和人民生活水平的不断提高,我国电力需求较快增长的趋势在较长时间内不会改变。同时,我国能源与生产力布局呈逆向分布,能源运输形势长期紧张。但目前我国电网发展相对滞后,在能源综合运输体系中的作用还不明显。这些在客观上要求加快转变电力发展方式,提升电网大范围优化配置能源的能力,建设以特高压电网为骨干网架的坚强智能电网是满足这一要求的必然选择。

特高压输电具有远距离、大容量、低损耗、高效率的优势,建设以特高压电网为骨干网架的坚强智能电网,能够促进大煤电、大水电、大核电、大型可再生能源基地的集约化开发利用。同时,特高压电网可以提升电网抵御突发性事件和严重故障的能力,进一步提高电力系统运行的可靠性和稳定性,使坚强智能电网建设具备坚实的网架基础。

因此,在坚强智能电网建设中,必须以特高压电网为骨干网架,连接大型能源基地及主要负荷中心,以更好地保障国家能源供应和能源安全,满足经济社会快速发展的需要。

13-12 建设坚强智能电网的社会经济效益主要表现在哪些方面?

坚强智能电网的发展,使得电网功能逐步扩展到促进能源资源优化配置、保障电力系统安全稳定运行、提供多元开放的电力服务、推动战略性新兴产业发展等多个方面。作为我国重要的能源输送和配置平台,坚强智能电网从投资建设到生产运营的全过程都将为国民经济发展、能源生产和利用、环境保护等方面带来巨大效益。

(1) 在电力系统方面。可以节约系统有效装机容量;降低系统总发电燃料费用;提高电网设备利用效率,减少建设投资;提升电网输送效率，降低线损。

（2）在用电客户方面。可以实现双向互动，提供便捷服务；提高终端能源利用效率，节约电量消费；提高供电可靠性，改善电能质量。

（3）在节能与环境方面。可以提高能源利用效率，带来节能减排效益；促进清洁能源开发，实现替代减排效益；提升土地资源整体利用率，节约土地占用。

（4）其他方面。可以带动经济发展，拉动就业；保障能源供应安全；变输煤为输电，提高能源转换效率，减少交通运输压力。

13-13 建设坚强智能电网对于节能减排有何重要意义？

坚强智能电网建设对于促进节能减排、发展低碳经济具有重要意义：①支持清洁能源机组大规模入网，加快清洁能源发展，推动我国能源结构的优化调整；②引导用户合理安排用电时段，降低高峰负荷，稳定火电机组出力，降低发电煤耗；③促进特高压、柔性输电、经济调度等先进技术的推广和应用，降低输电损失率，提高电网运行经济性；④实现电网与用户有效互动，推广智能用电技术，提高用电效率；⑤推动电动汽车的大规模应用，促进低碳经济发展，实现减排效益。

13-14 建设坚强智能电网对于清洁能源发展有何重要作用？

目前，风能、太阳能等清洁能源的开发利用以生产电能的形式为主，建设坚强智能电网可以显著提高电网对清洁能源的接入、消纳和调节能力，有力推动清洁能源的发展。①智能电网应用先进的控制技术以及储能技术，完善清洁能源发电并网的技术标准，提高了清洁能源接纳能力。②智能电网合理规划大规模清洁能源基地网架结构和送端电源结构，应用特高压、柔性输电等技术，满足了大规模清洁能源电力输送的要求。③智能电网对大规模间歇性清洁能源进行合理、经济调度，提高了清洁能源生产运行的经济性。④智能化的配用电设备,能够实现对分布式能源的接纳与协调控制,实现与用户的友好互动,使用户享受新能源电力带来的便利。

13-15 建设坚强智能电网对于提升能源资源的优化配置能力有何重要意义?

我国能源资源与能源需求呈逆向分布,80%以上的煤炭、水能和风能资源分布在西部、北部地区,而75%以上的能源需求集中在东部、中部地区。能源资源与能源需求分布不平衡的基本国情,要求我国必须在全国范围内实行能源资源优化配置。建设坚强智能电网,为能源资源优化配置提供了一个良好的平台。坚强智能电网建成后,将形成结构坚强的受端电网和送端电网,电力承载能力显著加强,形成"强交、强直"的特高压输电网络,实现大水电、大煤电、火核电、大规模可再生能源的跨区域、远距离、大容量、低损耗、高效率输送,显著提升电网大范围能源资源优化配置能力。

13-16 建设坚强智能电网对于电力系统的发展有何重大意义?

(1) 能有效地提高电力系统的安全性和供电可靠性。利用智能电网强大的"自愈"功能,可以准确、迅速地隔离故障元件,并且在较少人为干预的情况下使系统迅速恢复到正常状态,从而提高系统供电的安全性和可靠性。

(2) 实现电网可持续发展。坚强智能电网建设可以促进电网技术创新,实现技术、设备、运行和管理等各个方面的提升,以适应电力市场需求,推动电网科学、可持续发展。

(3) 减少有效装机容量。利用我国不同地区电力负荷特性差异大的特点,通过智能化的统一调度,获得错峰和调峰等联网效益;同时通过分时电价机制,引导用户低谷用电,减小高峰负荷,从而减少有效装机容量。

（4）降低系统发电燃料费用。建设坚强智能电网，可以满足煤电基地的集约化开发，优化我国电源布局，从而降低燃料运输成本；同时，通过降低负荷峰谷差，可提高火电机组使用效率，降低煤耗，减少发电成本。

（5）提高电网设备利用效率。首先，通过改善电力负荷曲线，降低峰谷差，提高电网设备利用效率；其次，通过发挥自我诊断能力，延长电网基础设施寿命。

（6）降低线损。以特高压输电技术为重要基础的坚强智能电网，将大大降低电能输送中的损失率；智能调度系统、灵活输电技术以及与用户的实时双向交互，都可以优化潮流分布，减少线损；同时，分布式电源的建设与应用，也减少了电力远距离传输的网损。

13-17 智能电网将给人们的生活带来哪些好处？

坚强智能电网的建设，将推动智能小区、智能城市的发展，提升人们的生活品质。①让生活更便捷。家庭智能用电系统既可以实现对空调、热水器等智能家电的实时控制和远程控制；又可以为电信网、互联网、广播电视网等提供接入服务；还能够通过智能电能表实现自动抄表和自动转账交费等功能。②让生活更低碳。智能电网可以接入小型家庭风力发电和屋顶光伏发电等装置，并推动电动汽车的大规模应用，从而提高清洁能源消费比重，减少城市污染。③让生活更经济。智能电网可以促进电力用户角色转变，使其兼有用电和售电两重属性；能够为用户搭建一个家庭用电综合服务平台，帮助用户合理选择用电方式，节约用能，有效降低用能费用支出。

13-18 坚强智能电网建设的指导思想是什么？

建设坚强智能电网，要坚持解放思想，立足科学发展，依靠科技创新，调动社会各方力量，做到统筹兼顾。在智能电网建设过程中，要更加注重电网与经济、社会、环境的协调发展；更加注重电网与能源行业的协调发展；更加注重发电、输电、变电、配电、用电、调度各环节的协调发展；更加注重规划、设计、建设、运行、营销、服务等各项业务的高度协同；更加注重应用先进的通信信息和自动控制等技术提高电网的智能化水平。

13-19 坚强智能电网建设的基本原则是什么？

坚强智能电网建设的基本原则是：①坚持统一规划、协调发展。发挥规划统领作用，保障各级电网协调发展，保证发电、输电、变电、配电、用电、调度及通信信息平台智能化同步规划、同步建设。②坚持统一标准、试点先行。建立国家电网公司统一的坚强智能电网技术标准和管理规范，提升电网通用设计水平，在试点先行的基础上，有序推进、加快发展。③坚持统一建设、突出重点。加强坚强智能电网建设的统一组织、策划和实施，着力解决骨干网架和配电网"两头薄弱"问题，重点建设好具有战略性的电网智能化工程。④坚持创新引领、注重质量。全面推动理论创新、技术创新、管理创新和实践创新，提升电网技术含量和装备水平，提高电网发展质量和效率。

13-20 坚强智能电网的总体发展目标是什么？

到2020年，基本建成以特高压电网为骨干网架，各级电网协调发展，以信息化、自动化、互动化为特征的坚强国家电网，全面提高电网的安全性、经济性、适应性和互动性。

13-21 坚强智能电网建设的两条主线是什么？

两条主线是指技术主线和管理主线。技术上体现为信息化、自动化、互动化；管理上体现为集团化、集约化、精益化、标准化。

信息化、自动化、互动化是智能电网的基本技术特征。信息化是坚强智能电网的实施基础，实现实时和非实时信息的高度集成、共享与利用；自动化是坚强智能电网的重要实现手段，依靠先进的自动控制策略，全面提高电网运行控制自动化水平；互动化是坚强智能电网的内在要求，实现电源、电网和用户资源的友好互动和相互协调。

集团化、集约化、精益化、标准化有机联系、相辅相成，基本内涵是实现从条块分割向协同运作转变、从资源分散向优化配置转变、从管理粗放向精益运营转变，目标是实现整体效益最大化。

13-22 坚强智能电网建设分为哪三个阶段？

第一阶段为规划试点阶段（2009～2010年）：重点开展坚强智能电网发展规划工作，制定技术标准和管理规范，开展关键技术研发和设备研制，开展各环节的试点工作。

第二阶段为全面建设阶段（2011～2015年）：加快特高压电网和城乡配电网建设，初步形成智能电网运行控制和互动服务体系，关键技术和装备实现重大突破和广泛应用。

第三阶段为引领提升阶段（2016～2020年）：基本建成坚强智能电网，使电网的资源配置能力、安全水平、运行效率，以及电网与电源、用户之间的互动性显著提高。

上述三个阶段是为实现坚强智能电网建设目标做出的整体性安排，并不能截然分开。技术研发、设备研制、试点验证、标准完善和推广应用等工作将贯穿始终。针对不同阶段的建设需求，将陆续安排新的技术研究和工程试点项目，待成熟后统一组织推广应用。

13-23 坚强智能电网体系架构包括哪四个部分？

坚强智能电网的体系架构包括电网基础体系、技术支撑体系、智能应用体系和标准规范体系四个部分。电网基础体系是电网系统的物质载体，是实现"坚强"的重要基础；技术支撑体系是指先进的通信、信息、控制等应用技术，是实现"智能"的基础；智能应用体系是保障电网安全、经济、高效运行，最大效率地利用能源和社会资源，为用户提供增值服务的具体体现；标准规范体系是指技术、管理方面的标准、规范，以及试验、认证、评估体系，是建设坚强智能电网的制度保障。

13-24　坚强智能电网的内涵包括哪五个方面？

坚强智能电网的内涵包括坚强可靠、经济高效、清洁环保、透明开放和友好互动五个方面。坚强可靠是指具有坚强的网架结构、强大的电力输送能力和安全可靠的电力供应；经济高效是指提高电网运行和输送效率，降低运营成本，促进能源资源和电力资产的高效利用；清洁环保是指促进可再生能源发展与利用，降低能源消耗和污染物排放，提高清洁电能在终端能源消费中的比重；透明开放是指电网、电源和用户的信息透明共享以及电网的无歧视开放；友好互动是指实现电网运行方式的灵活调整，友好兼容各类电源和用户的接入与退出，促进发电企业和用户主动参与电网运行调节。

13-25　智能用电的发展目标是什么？

智能用电的发展目标是建设和完善智能双向互动服务平台和相关技术支持系统，实现与电力用户"电力流、信息流、业务流"的双向互动，全面提升国家电网公司双向互动用电服务能力。构建智能用电服务体系，实现营销管理的现代化运行和营销业务的智能化应用；全面开展双向互动用电服务，实现电网与用户的双向互动，提升用户服务质量，满足用户多元化需求；推动智能用电领域技术创新，带动相关产业发展；推动终端用户用能模式的转变，提升用电效率，提高电能在终端能源消费中的比重。

13-26　智能用电主要涉及哪些技术领域？

（1）双向互动服务技术领域。包括智能用电体系架构、信息模型、用户需求分析及响应、互动业务流程与运作模式等互动营销运行与支撑技术；包括互动平台、终端设备及系统研发。

（2）用电信息采集技术领域。包括数据加密、安全认证、信息安全传输、信息交互等数据采集技术，先进传感、谐波计量、安全防护、低功耗等智能电能表技术；包括采集终端、智能电能表等设备及系统研发。

（3）智能用能服务技术领域。包括现场和远程能效诊断、能效测量（含装置）等智能需求侧管理技术，用户侧分布式电源及储能入网监控系统技术，电能利用效率模拟分析、能效评估、用能评测等用电能效提升技术；包括交互设备及系统研发。

（4）电动汽车充放电技术领域。包括电动汽车与电网间能量转换控制、电动汽车和充电设施与电网间通信、双向计量计费、柔性充电控制、充电网络运行对配电网运行影响等电动汽车充放电关键技术；包括充放电设备及系统研发。

（5）智能量测技术领域。包括智能用电设备及系统测试标准体系和功能规范、测试理论与技术条件、标准检定装置及系统研发等计量传溯源测试技术，高级计量、智能控制、远程编程及诊断等智能量测技术；包括量测设备及系统研发。

13-27 国家电网公司在智能用电方面已开展了哪些工作？

国家电网公司在智能用电技术领域已开展了大量的研究和实践，部分研究应用已达到国际先进水平，主要体现在以下方面：

（1）关键技术和标准研究。开展了用电信息采集系统、智能电能表、电动汽车充电设备与设施、电力光纤到户等关键技术研究等；制定了用电信息采集（含智能电能表）技术领域的38项企业标准，电动汽车充放电技术领域的16项企业标准。

（2）关键设备研制。目前已研制了智能电能表、大容量充电机、光纤复合低压电缆、用户智能交互终端等智能用电关键设备。

（3）需求侧管理实践。不断推进机制创新，运用经济价格杠杆，合理配置需方资源；依托行政手段和电力负荷管理系统，实现有序用电工作的预案编制和可靠实施；建设展示厅和专业网站，开展需求侧管理的互动交流与宣传。

（4）电网与用户互动服务。初步建立了用户服务网站和呼叫中心，开展了网上营业厅等新型互动服务模式的探索。

（5）营销自动化系统建设。建立了涵盖电力营销所有业务和服务节点的营销业务应用系统，大用户负荷管理系统和低压集中抄表系统已大量应用。